国家出版基金项目

"十三五"国家重点图书出版规划项目

中国水电关键技术丛书

# 双护盾 TBM 施工
# 超前地质预报

中国电建集团成都勘测设计研究院有限公司

郝元麟　张世殊　等　著

中国水利水电出版社
www.waterpub.com.cn
·北京·

## 内 容 提 要

本书系国家出版基金项目《中国水电关键技术丛书》之一，是双护盾 TBM 施工超前地质预报的第一部专著。本书针对双护盾 TBM 施工设备庞大、环境封闭、内部空间狭小、电磁干扰强烈等特点，研发了地质信息采集新手段，改进了现有物探测试技术，提出了隧道主要不良地质问题的判译技术，建立了隧道掘进过程中临灾阶段的预警方式，探讨了围岩分类的新思路，构建了多尺度、多手段、综合地质预报技术体系；同时对超前地质预报的信息化、网络化和智能化应用进行了研究和展望，实现了双护盾 TBM 掘进封闭环境条件下地质信息采集、超前地质预报、地质信息应用等全过程的重大技术进步。

本书可供水电、水利、交通、国防工程等领域的科研、勘察、设计、施工人员，以及高等院校有关专业的师生学习参考。

## 图书在版编目（ＣＩＰ）数据

双护盾TBM施工超前地质预报 / 郝元麟等著. -- 北京：中国水利水电出版社，2020.10
（中国水电关键技术丛书）
ISBN 978-7-5170-9197-4

Ⅰ．①双… Ⅱ．①郝… Ⅲ．①水工隧洞－隧道施工－工程地质－预报 Ⅳ．①P642

中国版本图书馆CIP数据核字(2020)第227360号

| 书　　名 | 中国水电关键技术丛书<br>**双护盾 TBM 施工超前地质预报**<br>SHUANGHUDUN TBM SHIGONG CHAOQIAN DIZHI YUBAO |
|---|---|
| 作　　者 | 中国电建集团成都勘测设计研究院有限公司<br>郝元麟　张世殊　等 著 |
| 出 版 发 行 | 中国水利水电出版社<br>（北京市海淀区玉渊潭南路 1 号 D 座　　100038）<br>网址：www. waterpub. com. cn<br>E - mail：sales@waterpub. com. cn<br>电话：(010) 68367658（营销中心） |
| 经　　售 | 北京科水图书销售中心（零售）<br>电话：(010) 88383994、63202643、68545874<br>全国各地新华书店和相关出版物销售网点 |
| 排　　版 | 中国水利水电出版社微机排版中心 |
| 印　　刷 | 北京印匠彩色印刷有限公司 |
| 规　　格 | 184mm×260mm　16 开本　13.25 印张　322 千字 |
| 版　　次 | 2020 年 10 月第 1 版　2020 年 10 月第 1 次印刷 |
| 定　　价 | **120.00 元** |

# 《中国水电关键技术丛书》编撰委员会

# 《中国水电关键技术丛书》组织单位

中国大坝工程学会
中国水力发电工程学会
水电水利规划设计总院
中国水利水电出版社

# 《双护盾 TBM 施工超前地质预报》
## 编写人员

郝元麟　张世殊　姚林林　冉从彦　钟　果
赵小平　彭仕雄　孟陆波　马春驰　霍宇翔

## 审　稿　人　员

余　挺　王寿根　胡金山

　　历经 70 年发展，特别是改革开放 40 年，中国水电建设取得了举世瞩目的伟大成就，一批世界级的高坝大库在中国建成投产，水电工程技术取得新的突破和进展。在推动世界水电工程技术发展的历程中，世界各国都作出了自己的贡献，而中国，成为继欧美发达国家之后，21 世纪世界水电工程技术的主要推动者和引领者。

　　截至 2018 年年底，中国水库大坝总数达 9.8 万座，水库总库容约 9000 亿 $m^3$，水电装机容量达 350GW。中国是世界上大坝数量最多、也是高坝数量最多的国家：60m 以上的高坝近 1000 座，100m 以上的高坝 223 座，200m 以上的特高坝 23 座；千万千瓦级的特大型水电站 4 座，其中，三峡水电站装机容量 22500MW，为世界第一大水电站。中国水电开发始终以促进国民经济发展和满足社会需求为动力，以战略规划和科技创新为引领，以科技成果工程化促进工程建设，突破了工程建设与管理中的一系列难题，实现了安全发展和绿色发展。中国水电工程在大江大河治理、防洪减灾、兴利惠民、促进国家经济社会发展方面发挥了不可替代的重要作用。

　　总结中国水电发展的成功经验，我认为，最为重要也是特别值得借鉴的有以下几个方面：一是需求导向与目标导向相结合，始终服务国家和区域经济社会的发展；二是科学规划河流梯级格局，合理利用水资源和水能资源；三是建立健全水电投资开发和建设管理体制，加快水电开发进程；四是依托重大工程，持续开展科学技术攻关，破解工程建设难题，降低工程风险；五是在妥善安置移民和保护生态的前提下，统筹兼顾各方利益，实现共商共建共享。

　　在水利部原任领导汪恕诚、张基尧的关心支持下，2016 年，中国大坝工程学会、中国水力发电工程学会、水电水利规划设计总院、中国水利水电出版社联合发起编撰出版《中国水电关键技术丛书》，得到水电行业的积极响应，数百位工程实践经验丰富的学科带头人和专业技术负责人等水电科技工作者，基于自身专业研究成果和工程实践经验，精心选题，着手编撰水电工程技术成果总结。为高质量地完成编撰任务，参加丛书编撰的作者，投入极大热情，倾注大量心血，反复推敲打磨，精益求精，终使丛书各卷得以陆续出版，实属不易，难能可贵。

　　21 世纪初叶，中国的水电开发成为推动世界水电快速发展的重要力量，形成了中国特色的水电工程技术，这是编撰丛书的缘由。丛书回顾了中国水电工程建设近30年所取得的成就，总结了大量科学研究成果和工程实践经验，基本概括了当前水电工程建设的最新技术发展。丛书具有以下特点：一是技术总结系统，既有历史视角的比较，又有国际视野的检视，体现了科学知识体系化的特征；二是内容丰富、翔实、实用，涉及专业多，原理、方法、技术路径和工程措施一应俱全；三是富于创新引导，对同一重大关键技术难题，存在多种可能的解决方案，并非唯一，要依据具体工程情况和面临的条件进行技术路径选择，深入论证，择优取舍；四是工程案例丰富，结合中国大型水电工程设计建设，给出了详细的技术参数，具有很强的参考价值；五是中国特色突出，贯彻科学发展观和新发展理念，总结了中国水电工程技术的最新理论和工程实践成果。

与世界上大多数发展中国家一样，中国面临着人口持续增长、经济社会发展不平衡和人民追求美好生活的迫切要求，而受全球气候变化和极端天气的影响，水资源短缺、自然灾害频发和能源电力供需的矛盾还将加剧。面对这一严峻形势，无论是从中国的发展来看，还是从全球的发展来看，修坝筑库、开发水电都将不可或缺，这是实现经济社会可持续发展的必然选择。

中国水电工程技术既是中国的，也是世界的。我相信，丛书的出版，为中国水电工作者，也为世界上的专家同仁，开启了一扇深入了解中国水电工程技术发展的窗口；通过分享工程技术与管理的先进成果，后发国家借鉴和吸取先行国家的经验与教训，可避免少走弯路，加快水电开发进程，降低开发成本，实现战略赶超。从这个意义上讲，丛书的出版不仅能为当前和未来中国水电工程建设提供非常有价值的参考，也将为世界上发展中国家的河流开发建设提供重要启示和借鉴。

作为中国水电事业的建设者、奋斗者，见证了中国水电事业的蓬勃发展，我为中国水电工程的技术进步而骄傲，也为丛书的出版而高兴。希望丛书的出版还能够为加强工程技术国际交流与合作，推动"一带一路"沿线国家基础设施建设，促进水电工程技术取得新进展发挥积极作用。衷心感谢为此作出贡献的中国水电科技工作者，以及丛书的撰稿、审稿和编辑人员。

中国工程院院士

2019 年 10 月

　　水电是全球公认并为世界大多数国家大力开发利用的清洁能源。水库大坝和水电开发在防范洪涝干旱灾害、开发利用水资源和水能资源、保护生态环境、促进人类文明进步和经济社会发展等方面起到了无可替代的重要作用。在中国，发展水电是调整能源结构、优化资源配置、发展低碳经济、节能减排和保护生态的关键措施。新中国成立后，特别是改革开放以来，中国水电建设迅猛发展，技术日新月异，已从水电小国、弱国，发展成为世界水电大国和强国，中国水电已经完成从"融入"到"引领"的历史性转变。

　　迄今，中国水电事业走过了 70 年的艰辛和辉煌历程，水电工程建设从"独立自主、自力更生"到"改革开放、引进吸收"，从"计划经济、国家投资"到"市场经济、企业投资"，从"水电安置性移民"到"水电开发性移民"，一系列改革开放政策和科学技术创新，极大地促进了中国水电事业的发展。不仅在高坝大库建设、大型水电站开发，而且在水电站运行管理、流域梯级联合调度等方面都取得了突破性进展，这些进步使中国水电工程建设和运行管理技术水平达到了一个新的高度。有鉴于此，中国大坝工程学会、中国水力发电工程学会、水电水利规划设计总院和中国水利水电出版社联合组织策划出版了《中国水电关键技术丛书》，力图总结提炼中国水电建设的先进技术、原创成果，打造立足水电科技前沿、传播水电高端知识、反映水电科技实力的精品力作，为开发建设和谐水电、助力推进中国水电"走出去"提供支撑和保障。

　　为切实做好丛书的编撰工作，2015 年 9 月，四家组织策划单位成立了"丛书编撰工作启动筹备组"，经反复讨论与修改，征求行业各方面意见，草拟了丛书编撰工作大纲。2016 年 2 月，《中国水电关键技术丛书》编撰委员会成立，水利部原部长、时任中国大坝协会（现为中国大坝工程学会）理事长汪恕诚，国务院南水北调工程建设委员会办公室原主任、时任中国水力发电工程学会理事长张基尧担任编委会主任，中国电力建设集团有限公司总工程师周建平、水电水利规划设计总院院长郑声安担任丛书主编。各分册编撰工作实行分册主编负责制。来自水电行业 100 余家企业、科研院所及高等院校等单位的 500 多位专家学者参与了丛书的编撰和审阅工作，丛书作者队伍和校审专家聚集了国内水电及相关专业最强撰稿阵容。这是当今新时代赋予水电工作者的一项重要历史使命，功在当代、利惠千秋。

丛书紧扣大坝建设和水电开发实际，以全新角度总结了中国水电工程技术及其管理创新的最新研究和实践成果。工程技术方面的内容涵盖河流开发规划，水库泥沙治理，工程地质勘测，高心墙土石坝、高面板堆石坝、混凝土重力坝、碾压混凝土坝建设，高坝水力学及泄洪消能，滑坡及高边坡治理，地质灾害防治，水工隧洞及大型地下洞室施工，深厚覆盖层地基处理，水电工程安全高效绿色施工，大型水轮发电机组制造安装，岩土工程数值分析等内容；管理创新方面的内容涵盖水电发展战略、生态环境保护、水库移民安置、水电建设管理、水电站运行管理、水电站群联合优化调度、国际河流开发、大坝安全管理、流域梯级安全管理和风险防控等内容。

丛书遵循的编撰原则为：一是科学性原则，即系统、科学地总结中国水电关键技术和管理创新成果，体现中国当前水电工程技术水平；二是权威性原则，即结构严谨，数据翔实，发挥各编写单位技术优势，遵照国家和行业标准，内容反映中国水电建设领域最具先进性和代表性的新技术、新工艺、新理念和新方法等，做到理论与实践相结合。

丛书分别入选"十三五"国家重点图书出版规划项目和国家出版基金项目，首批包括50余种。丛书是个开放性平台，随着中国水电工程技术的进步，一些成熟的关键技术专著也将陆续纳入丛书的出版范围。丛书的出版必将为中国水电工程技术及其管理创新的继续发展和长足进步提供理论与技术借鉴，也将为进一步攻克水电工程建设技术难题、开发绿色和谐水电提供技术支撑和保障。同时，在"一带一路"倡议下，丛书也必将切实为提升中国水电的国际影响力和竞争力，加快中国水电技术、标准、装备的国际化发挥重要作用。

在丛书编写过程中，得到了水利水电行业规划、设计、施工、科研、教学及业主等有关单位的大力支持和帮助，各分册编写人员反复讨论书稿内容，仔细核对相关数据，字斟句酌，殚精竭虑，付出了极大的心血，克服了诸多困难。在此，谨向所有关心、支持和参与编撰工作的领导、专家、科研人员和编辑出版人员表示诚挚的感谢，并诚恳欢迎广大读者给予批评指正。

**《中国水电关键技术丛书》** 编撰委员会

2019 年 10 月

21世纪将是地下工程建设的新时代。随着我国经济的快速发展和基础建设的需求，在国家实行西部大开发的背景下，大量的水利、水电、铁路、公路等工程项目将由沿海、中原向西部延伸。在向"世界屋脊"进军的征途中，将不可避免地遭遇深埋、特长隧道建设问题，受地形、地质和交通条件等限制，双护盾TBM将会广泛应用在该地区的隧道施工中。

隧道施工是在特定的地质环境下进行的，超前地质预报可以预先了解整个隧道区的基本地质条件，研判隧道开挖过程中可能遭遇的关键工程地质问题，预报成果能够指导隧道施工方案的制定，最大限度地避免隧道内地质灾害的发生，确保施工安全和施工进度。

经过近百年的工程实践和技术探索，双护盾TBM隧道掘进机技术得到了迅猛发展，其设计、制造和施工技术也已日趋成熟。双护盾TBM具有施工速度快、安全高效、经济环保、集成化和自动化程度高等显著优点，因此越来越受工程界的青睐，广泛应用于国内外不同领域的隧道工程中。双护盾TBM对隧道的地质条件要求较高，只有提前对隧道的地质条件进行充分认识才能更好地发挥其快速、高效的特点。能否准确掌握隧道前方的地质条件成了双护盾TBM顺利掘进和效率发挥的关键因素。因此，双护盾TBM施工的超前地质预报工作十分重要。

隧道超前地质预报是根据隧道地质条件，采用地质勘探、物探、监测、试验等手段相结合，利用多种分析方法对获得的地质信息进行综合判断，预测隧道施工掌子面前方可能遇到的各种工程地质问题和施工问题，提出防范处理措施建议的一项工作。地质预报的准确性受隧道地质条件的复杂性、工程地质问题的多样性、物探手段的单一性、测试信息的多解性、分析方法的经验性等诸多因素影响。近百年来，工程地质界大量学者致力于隧道超前地质预报研究，但该技术仍是一个国际前沿课题，也是一个难题。

在双护盾TBM隧道施工中，由于岩壁受阻挡、作业空间有限、电磁环境复杂多变等因素限制，许多传统地质预报手段在该环境下难以操作、适应性差，从而也给地质预报工作带来了新的挑战，双护盾TBM施工环境下的超前地质预报技术亟待提高。

近年来，中国电建集团成都勘测研究院有限公司依托相关工程实践，联合成都理工大学等科研院校，在双护盾 TBM 施工超前地质预报领域开展了技术攻关，取得了一批创新性研究成果，在高地应力条件下双护盾 TBM 施工超前地质预报、围岩分类、卡机预警与脱困技术等方面达到国际领先水平，有力地促进了该领域的技术进步。

本书系统总结了双护盾 TBM 设备、施工工艺特点和面临的主要工程地质问题，分析了传统地质信息采集和超前地质预报手段的缺陷，研发了双护盾 TBM 施工条件下地质信息原位观测及测试装置，创建了掘进全过程地质数据采集技术，破解了双护盾 TBM 全封闭施工环境下无法获取有效地质信息的难题；提出了连续掘进条件下超前地质钻探技术，采用新型震源激发方式建立了 GTRT 物探测试方法，创新了适应于双护盾 TBM 的地质预报手段；研究了基于数值模拟的物探成果判译技术，探讨了模糊神经网络模型下的多尺度、多手段、动态超前综合预报成果的信息化、网络化、智能化信息应用技术；建立了基于岩渣判识结合掘进参数信息的临灾预警方法，丰富了双护盾 TBM 施工超前地质预报内容，完善了隧道掘进过程中临灾阶段的预警技术。同时，基于岩渣形态、掘进参数和 GTRT 波速等评价指标，构建了"DT 围岩综合分类"评价方法，突破了双护盾 TBM 施工下传统围岩分类方法难以实施的技术瓶颈。

本书共分 6 章：第 1 章为概述，介绍了研究目的和意义、目前国内外研究水平及状况、研究内容及主要研究成果；第 2 章介绍了双护盾 TBM 设备组成、施工工艺、衬砌支护方式等施工特点及双护盾 TBM 隧道施工面临的主要地质问题；第 3 章介绍了岩壁观测成像、岩渣取样分析、岩体力学指标便捷测试以及地应力和围岩变形的测试、监测等地质信息采集新技术；第 4 章介绍了超前地质预报工作的目的及内容、预报手段及适宜性，提出了 TBM 连续掘进条件下超前地质钻探技术、GTRT 超前预报物探技术、地震波法物探测试判译技术、双护盾 TBM 隧道微震监测与岩爆预警技术以及多尺度、多手段动态超前地质预报综合分析技术；第 5 章介绍了现有围岩分类及 TBM 模型研究，提出了 DT 三因素围岩综合分类的双护盾 TBM 施工围岩分类新方法；第 6 章对研究成果进行了概括性总结和评价，展望了未来的研究方向。

第 1 章由张世殊、赵小平编写；第 2 章由姚林林、冉从彦编写；第 3 章由姚林林、霍宇翔、钟果编写；第 4 章由姚林林、孟陆波、马春驰编写；第 5 章由钟果、赵小平编写；第 6 章由冉从彦、彭仕雄编写。全书经郝元麟、张世殊统稿，全书汇总、文字和插图处理由姚林林、钟果、赵小平负责。

中国电建集团成都勘测设计研究院有限公司联合成都理工大学等开展了

相关研究工作。本书编写过程中得到了中国电建集团成都勘测设计研究院有限公司科技信息档案部、勘测设计分公司、基础设施分公司等相关单位和人员的大力支持和帮助，在此表示衷心感谢！

限于作者水平，书中错误在所难免，恳请读者批评指正！

**编者**

2020 年 2 月

# 目录

# 第 1 章

# 概述

## 1.1　研究意义

随着中国基础设施的大规模建设和西部大开发战略的深入实施，国家对西部地区水资源开发、公路铁路交通基础设施建设和深部矿产资源开发提出了巨大需求。未来一段时期内，西部地区将要建设一大批特大型水电站和跨流域调水工程，同时公路、铁路、高速路网也正在向西部延伸。我国西部地区将会有大量的铁路、公路、水利、水电等各种大型基础设施项目需要开工建设。受西部地区地形地质条件限制，在这些重大工程中，隧道施工将会成为关键性的控制工程。

隧道工程是一种典型的线性工程，长度往往可达数十千米，需要穿越多个地形地貌、地层岩性、地质构造和水文地质单元，地形地貌和地质条件复杂多变，隧道工程建设在很大程度上受地质条件的制约。特别是在隧道施工过程中，由于开挖所诱发的各类地质灾害具有不可选择性、复杂性、特殊性和突发性，常常成为制约隧道修建的主要因素。隧道沿线的地质条件与施工安全和施工效率密切相关，因施工引起的地质灾害使得隧道修建严重受挫在国内外不乏其例。在隧道施工过程中，全面准确地进行地质信息收集并科学合理地对掌子面前方的地质条件和可能发生的地质灾害开展超前地质预报，将对隧道的安全施工和顺利贯通发挥举足轻重的作用。成功的预测促使施工方及时采取应对措施，防患于未然；反之，则往往在突发的地质灾害面前束手无策，使施工遭受重大挫折。因此，超前地质预报工作对隧道安全施工具有重要意义。

钻爆法施工也称矿山法施工，是隧道施工最为传统的施工工艺，在国内外都曾在相当长一段时期内占据主导地位。钻爆法施工具有施工灵活、技术成熟、经济低廉等优点。而且对地质条件适应范围广，可以适应坚硬完整的围岩，也可以适应较为软弱破碎的围岩。另外，隧道的形状和尺寸也不受施工工艺的限制。目前钻爆法施工技术可以满足不同工程需求的各种形状和尺寸的地下洞室开挖。因此，即使在机械技术快速发展的今天，大部分隧道仍选择采用钻爆法施工。另外，依托大量钻爆法施工隧道具体工程实践，逐步发展完善形成了一套成熟的地质工作和地质预报体系。无论是进行地质观察编录还是各种预报测试手段，在钻爆法隧道施工中均便于实施和开展，可有效进行相应的施工地质工作和地质预报工作。然而，钻爆法不可避免地存在着施工效率低、速度慢、劳动强度高、施工风险高、施工环境差以及自动化一体化程度低等缺点。在地形条件复杂地区，由于施工支洞、斜井布设不便，造成隧道单头掘进长度大，尤其是针对一些高原地区深埋长大隧道，围岩塌方掉块、岩爆、高地温等灾害频发，采用钻爆法施工的劣势将会更加凸显。譬如，由于隧道单头掘进长度大，施工速度慢、效率低，造成施工工期过长；高原地区深埋长大隧道由于长度大、地温高、通风降温效果差，加之钻爆法施工烟尘大，往往造成洞内空气质量差、环境温度高，严重影响洞内作业人员健康和工作效率；在高地应力隧道内岩爆普遍且极具突发性，采用钻爆法施工将会对洞内设备和人员造成严重的安全隐患。

随着机械工程技术的不断进步，1851 年，首台蒸汽机驱动的隧道掘进机（tunnel boring machine，TBM）问世，并逐步发展成为一种现代化的隧道开挖工艺。隧道掘进机是集掘进、支护、作业面照明、排水、除尘、通风、降温和出渣运输为一体的高科技隧道施工设备。TBM 施工方法具有"掘进速度快、施工扰动小、成洞质量佳、自动化一体化程度高、施工环境优、综合经济社会效益强"等显著优势。目前，国内外采用 TBM 施工的隧道工程月进尺普遍可达 300～500m。同时，由于采用机械化和自动化施工，作业人数明显减少，劳动强度明显降低。由于 TBM 施工工艺相比传统钻爆法施工具有明显优势，问世以来在国内外大量隧道工程中得到了推广应用。近些年，随着钻爆法人力成本的快速增加，越来越多的隧道工程尤其是越岭深埋长大隧道优先采用隧道掘进机进行施工。目前，敞开式 TBM 是大量工程所采用的一种常见全断面掘进机型式，在工程实际施工过程中相比较钻爆法而言，其快速高效、高度机械化、安全环保、经济效益高等特点得到了全面体现。但由于其支护和掘进不能同时进行，支护过程往往占用大量时间，其掘进效率未能得到充分发挥。同时，护盾长度相对较短，仅对刀盘等重要机械设备进行了保护，安全防护力度相对较弱。

随着 TBM 技术的不断成熟，结构型式上也不断完善，护盾式 TBM 尤其是双护盾 TBM 逐渐得到了工程界的普遍认同，大量工程逐渐采用双护盾 TBM 施工。双护盾 TBM 相较敞开式 TBM 盾体长度加长而且采用管片支护，盾体和管片实现无缝衔接，确保内部设备和人员始终处于钢盾体和混凝土管片的保护下，人员设备的防护程度明显得到提升，在高地应力隧道中，面对岩爆威胁，能起到更好的防护效果。而且，双护盾 TBM 掘进和支护作业同步进行，实现了连续不间断换步掘进，使得掘进效率比敞开式 TBM 大幅提高。双护盾 TBM 在对掘进功效和安全性能进行全面提升的同时也给施工过程中的地质工作带来了新的困扰。双护盾 TBM 内部环境更为封闭，无论是掌子面还是洞周开挖岩壁全部被盾体和管片阻挡，内部作业人员无法进行有效的地质观察编录，即便通过盾体预设的观察窗和设备缝隙可以看到局部的新鲜开挖岩面，但是可供观察范围仍十分有限，可以看到的岩面还不到全部开挖岩面面积的 1‰，获取的地质信息往往十分零星和局限。传统隧道施工地质工作方法中的依靠对开挖掌子面和侧壁岩体进行地质观察编录和综合地质分析的方法在双护盾施工环境下都变得极其不适用，从而也造成地质工作常常走入"管中窥豹"和"盲人摸象"的困境。由于地质编录工作难以有效实施，也进一步引起赖以全面了解新近开挖洞段基本地质条件的超前地质预报综合分析工作也无法开展。地质分析是地质预报的核心和灵魂，离开对现有地质条件全面了解分析基础上的超前地质预报，其准确性和可靠性都将难以令人信服。而且，双护盾 TBM 的设备特点造成目前一些如 TRT、TSP、地质雷达以及超前导坑等大量成熟的预报手段在双护盾 TBM 新的施工工艺下也难以顺利实施，这都为地质预报工作带来了严重的困扰。同时，由于受地质编录工作限制，岩体的强度、完整性、地下水、地应力等相关评价指标难以获取，依托现行各行业的围岩质量分类评价方法也难以在双护盾 TBM 施工隧道中进行应用，无法对施工开挖和支护设计进行有效指导。然而，双护盾 TBM 施工由于设备庞大、施工灵活性差，围岩岩性变化、岩体强度、矿物成分、岩体完整性、地下水状态、地应力特征等都会影响刀具磨损和施工进度，而且，由于内部作业空间狭小，不便于大型机械作业，隧道地质灾害处理难度大，因此，无论是围岩塌方、岩体变形、岩溶，还是涌突水等工程地质问题对双护盾TBM施工造成的影响比传统钻爆法施工要大得多。所以，双护盾TBM施工对地质条件更为敏感，对地质的依赖性更强。目前，封闭环境下地质信息采集难以开展，以及造成的超前地质预报和围岩分类工作无法科学合理实施，与双护盾TBM对地质条件的高依赖性之间的矛盾，成了制约双护盾TBM机械性能难以充分发挥的关键因素。

为了充分确保双护盾TBM机械功效的充分发挥，保障双护盾TBM施工工艺的高效安全实施，如何有效地在双护盾TBM施工封闭环境下进行地质信息编录收集，并在此基础上进行科学合理的超前地质预报和围岩分类评价工作，是一项新的技术难题。开展相应的针对性研究工作将十分必要也十分有益。

## 1.2 国内外技术现状

### 1.2.1 双护盾TBM施工地质信息采集技术现状

双护盾TBM隧道施工过程中对地质条件的依赖性强，只有全面准确地对隧道区的工程地质条件作出科学合理的评价，才能为超前地质预报综合分析、施工参数的调整、重大方案的决策提供科学依据，从而避免或减少地质灾害的发生，指导施工的安全顺利进行，充分发挥机械设备的优势和性能。而对工程地质条件作出科学合理评价的前提在于对隧道各种地质信息的全面和准确采集，隧道工程的地质信息采集工作是一项传统而又基础的工作，地质资料收集的详细程度和准确性直接影响整个工程建设的可行性、经济性和安全性。

通常，隧道地质资料收集和采集的内容主要包含地层岩性分布特征、构造发育程度、岩体风化卸荷状态、地下水出露情况和地应力场分布规律等相关信息，进而对地质条件和可能的工程地质问题进行综合分析和判断。

长期以来，常规的隧道地质资料收集方法就是基于前期不同勘察阶段以及施工阶段，借助地质调查、地质测绘、地质编录、勘探、物探、室内及现场测试试验等传统手段对工程涉及的基本地质条件和工程地质问题进行查明，为设计工作提供地质依据，同时对施工过程进行指导。但在双护盾TBM施工环境下，由于采用全封闭的高速持续掘进方式，使得开挖的掌子面和洞周岩壁被刀盘、护盾和衬砌管片结构所阻挡，导致开挖岩面无法观察、试验样品无法取样、相关测试受到限制，从而传统地质信息采集工作模式在双护盾TBM施工环境下无法准确、全面、有效地开展。

针对TBM封闭条件下掌子面无法暴露进而无法进行地质观察和编录的这一问题，相关学者和工程技术人员也进行了大量有益的探索，然而大多仍是将传统地质信息采集方法如地质观察编录等手段沿用到TBM的施工环境下。如袁振平等提出利用TBM检修时间，地质工程师对掌子面和边墙围岩进行地质识别获取岩石岩性、构造发育特征以及地下水出露情况等，并在鄂北地区水资源配置工程的宝林隧道中进行了应用，但该方法对敞开式TBM在$L_1$区洞周岩壁在支护前新鲜岩壁大范围暴露的情况下较为适用，在双护盾TBM

岩体完全封闭的情况下则难以开展。靳永久等在万家寨引黄工程双护盾 TBM 施工中利用停机维修保养时段通过侧窗、掌子面的刀头间隙局部地观察围岩，尽管有时能直接观察掌子面，但由于观察视域有限，所以对这些部位节理特征以及相关地质信息的获取亦不全面。袁宝玮等为了解决地质编录效率低与 TBM 施工速度快的矛盾，研究了将数码相机应用于 TBM 隧洞施工过程，利用照片影像来直观、准确、快速地记录开挖过程中揭露的地质现象，该方法也仅仅适用于敞开式 TBM 的 $L_1$ 区新鲜岩壁大范围暴露的情况，对双护盾 TBM 同样无法实施。TBM 施工产生的岩渣普遍得到了大量学者和技术人员的重视，如袁振平等就曾对岩渣进行了详细研究，利用岩渣对岩体的风化程度和岩体节理裂隙发育特征进行了分析并辅助进行了岩体类别的判断，且在鄂北地区水资源配置工程的宝林隧道中进行了应用。许建业等在万家寨引黄工程 TBM 施工中研究了不同围岩类别的岩渣形态特征，在此基础上靳永久等基于岩渣形态特征研究了利用岩渣对节理裂隙宽度、发育组数、充填物特征以及粗糙度方面进行编录的方法，并在万家寨引黄工程 TBM 施工中进行了应用，但是尽管通过大量观察然后进行综合分析，也仅能对围岩节理特征有一个概括性的了解。

综上所述，双护盾 TBM 由于环境封闭造成开挖岩壁暴露十分有限，基于地质观察和地质编录的传统手段均难以开展。尽管国内外学者注意到该施工方式下新的施工工艺带来的岩渣特征可以为地质资料的获取提供有利途径，但由于不如直接对岩壁观察直观和全面也仅能对岩体特征进行一个概括性的了解，对地质信息的采集仅起到一定的辅助作用。如何通过多种手段全面在双护盾 TBM 全封闭环境下进行地质信息准确采集亟待解决，否则隧道施工将具有极大的盲目性和安全隐患。

## 1.2.2　双护盾 TBM 施工超前地质预报技术现状

广义的隧道工程地质预报工作在人类进行隧道工程施工之初就已经伴随着开挖工作而开展。最初，人类已经可以通过地形、土壤类型、地下水情况对地下工程的可行性和安全性进行简单的初步评价。这也是地质预报工作的雏形。后来，随着地质科学、勘探和物探技术的不断进步，逐步形成了建立在前期地质调查、各种预报手段测试及综合地质分析等各项工作之上的真正意义的隧道超前地质预报。

隧道超前地质预报是一个国际前沿课题，也是一个难题，国内外一直都在不断地研究之中。在国外，早在 20 世纪 40—50 年代就开展了隧道施工超前地质预报工作。在 20 世纪 50 年代，苏联学者就开始研究将直流电法用于煤矿井下探测，经过多年的探索，积累了丰富的经验。1972 年 8 月，在美国芝加哥召开了快速掘进与隧道工程会议，隧道施工超前地质预报在国际上得到了各国工程界的重视，20 世纪 80 年代以后许多国家都将这类问题列为重点研究课题。得益于整个地球物理勘测技术的进步和工程建设的需求，作为应用地球物理学的一个分支的物探超前地质预报方法更是得到飞速发展。许多国家都组织了大批科学家研究基于物探手段的隧道超前地质预报技术，这个阶段比较典型的有美国 NSA 工程公司研发的 TRT（tunnel reflection tomography）超前地质预报系统和瑞士 Amberg 公司研发的 TSP（tunnel seismic predition）超前地质预报系统。各种预报技术也在工程中进行了应用，如奥地利横穿阿尔卑斯山的 Unterwald 隧道施工中全程利用

TRT 进行了超前地质预报；圣哥达阿尔卑斯山深埋公路隧道中成功运用了温度预测的方法；苏联在阿尔帕-谢万隧洞成功地进行了施工温度预测；瑞士的 Vereina 隧道全长达到 19058m，在施工全程连续采用 TSP 超前预报系统技术进行了超前地质预报，获得了良好的效果；日本青函海底隧道采用了超前导洞、超前水平钻探结合声波勘探对隧道进行了超前地质预报。

20 世纪 70 年代，谷德振等根据掌子面地质性状和矿巷施工进度成功地预测了矿巷前方将会遇到断层并引发塌方，开启了我国隧道施工期超前预报研究和应用的序幕。在 20 世纪 80 年代，随着国内山区铁路工程的大规模建设，超前地质预报得到了高度重视，在大秦线军都山隧道、京广线大瑶山隧道、西康线秦岭隧道及渝怀线圆梁山隧道等项目中，普遍进行了超前地质预报研究工作。如在军都山隧道中，孙广忠等以地质描述为基础，配合钻速测试和声波测试进行掌子面前方短距离地质预报；大瑶山隧道采用浅层地震反射波超前探测、超前声波探测和超前水平钻探等方法进行预报；秦岭隧道采用平行导坑和物探测试进行灾害预报；位于岩溶地层中的圆梁山隧道采用 TSP、地质雷达、HSP、红外探水、超前水平钻探等综合技术进行施工过程的超前预报工作。20 世纪 90 年代以前，地质预报所使用的技术方法和仪器设备主要是引进的，通过设备和技术的引进，对推动国内地质预报中的物探设备和技术发展起了很重要的作用。20 世纪 90 年代以来，在对国外设备和技术引进的基础上，工程地球物理得到了长足发展，通过与工程勘察研究领域的不断结合，超前地质预报物探技术逐渐实现了技术和设备研发的自主化。国内的超前地质预报物探手段有：铁道系统在 20 世纪 90 年代初开始研发的利用地震波反射原理的负视速度法；中铁西南科学研究院研制的水平声波反射法（HSP）；北京市水电物探研究所研制的隧道超前地质预报系统（TGP）等。

国内外的超前地质预报技术在 20 世纪 80 年代以来的几十年中得到了长足发展，其主要成就在于利用工程应用地球物理学研制了各种物探探测仪器和技术，并将之应用在隧道施工过程中的超前地质预报中。而基于地质分析判断的传统地质分析法，自 20 世纪 70 年代谷德振等根据掌子面地质性状和矿巷施工进度成功地预测了矿巷前方将会遇到断层并引发塌方以来，仅在军都山隧道中进行了应用和发展。超前导洞和超前水平钻探在国内的秦岭隧道、圆梁山隧道及日本著名的青函海底隧道进行了广泛应用。目前，利用地质分析法、超前导洞和超前水平钻探及各种物探技术已经能够对钻爆法施工环境下的地质条件进行良好的预测预报，但具体工程中使用的方法和种类各有差异。

随着科学技术的进步，隧道掘进方法和技术不断改进。1851 年，Charles Wilson 制造了首台蒸汽机驱动的 TBM，通过后来的不断发展，各种全断面隧道掘进机被研制成功，19 世纪 60—70 年代，在国际上不同隧道工程中得到了良好的应用。目前，世界范围内的 TBM 生产商有 30 余家，最具实力的是美国 Robbins 公司、德国 Herrenknecht AG 公司、德国 Wirth Group 公司等。国内全断面 TBM 的研究开发始于 1964 年，经过半个世纪的不断进步，国内以中国中铁工程装备集团有限公司、中国铁建重工集团有限公司和北方重工集团有限公司为代表的设备研发单位也不断研制成功了各种类型的全断面岩石掘进机。目前，TBM 技术已经相当成熟，结构上不断完善，有敞开式 TBM、单护盾 TBM、双护盾 TBM 等不同类型，以适应不同的地质条件。TBM 施工已成为一种技术成熟的隧道施工方式，并在国内外许多工程中得到了良好应用。目前，针对钻爆法隧道施工的超前地质预报方法很多，但是由于 TBM 隧道作业空间有限、电磁环境复杂多变等原因，能够应用于 TBM 施工隧道的超前地质预报方法还比较少，尚处于起步阶段。

　　现今主要是根据钻爆法中各种预报手段在 TBM 施工环境下的可行性，选择可行的、成熟的、可靠的手段进行适当改进，引入到 TBM 施工环境下的预报工作中。但隧道掘进机施工方法有其特殊性和复杂性，掘进机本身是一个庞然大物，电磁环境极为复杂，诱发电磁场发生畸变，引起强烈干扰，导致在钻爆法隧道施工中可用的瞬变电磁技术和地质雷达技术均无法用于 TBM 施工环境。同时，掘进机占据了隧道掌子面后方的大部分空间，导致超前地质预报的观测空间极为狭小，难以布置对掌子面前方地球物理响应敏感的观测模式，在钻爆法施工中可用的 TSP、TRT、TST 等技术难以照搬到 TBM 施工环境中。多年来，研究者致力于研究探索 TBM 施工特殊环境中的有效观测模式及可用超前地质预报技术。地震反射法首先被引入 TBM 施工环境的超前探测领域，以 TBM 掘进破岩振动作为震源的被动地震超前探测技术被认为是适应 TBM 施工自动探测的较好思路。G. Kneib 等将随钻地震探测技术引入 TBM 自动探测，提出了隧道随钻地震超前探测技术（tunnel seismic while drilling，TSWD），将地震波传感器安装在 TBM 护盾或隧道边墙上来测量地震反射信息，通过数字滤波等技术压制被动震源中的干扰。但是由于刀盘及刀具破岩激发的声波信号频带较宽且频率复杂，频带密集、杂乱，各种杂波干扰严重，有效波的识别与分离十分困难，需要进一步解决该问题，以提高被动源地震超前探测技术的可靠性和适应性。德国 GFZ（Geo Forschungs-Zentrum）研发的 ISP 主动源地震超前探测技术，利用气锤产生较强的重复脉冲信号，也可利用磁致伸缩震源产生重复的高分辨率信号，将三分量接收传感器安装在隧道的边墙上接收地震记录，从而实现隧道地震主动源超前探测。据世界主要 TBM 生产商德国海瑞克公司资料，ISP 仪器仅被用于 4 台 TBM 机械。德国 GD（Geohydraulic Data）公司研发的 BEAM 技术最先用于 TBM 环境中的超前地质预报，而后发展到了钻爆法隧道中，BEAM 技术实现了探测仪器、传感器与 TBM 装备的集成和一体化，可进行自动测量，工作效率较高。但由于其探测方法和理论的局限，BEAM 技术在定位精度、探测距离、分辨率等方面存在很大问题，难以满足隧道施工需要。我国学者李术才初步提出了 TBM 搭载三维聚焦激电的设计思路与实现方案，致力于突破 TBM 环境中聚焦激电的三维定位、水量估算的难题，目前在兰州供水工程中进行了实际应用。

　　综上所述，目前 TBM 施工环境中的超前地质预报技术都十分注重与 TBM 机械的一体化和探测自动化，这代表了 TBM 施工环境探测技术的特殊需要和发展趋势。但从技术原理和探测效果本身来看，TBM 施工环境超前地质预报技术研究进展并不理想，现有技术的定量化水平及精度较低，都难以满足工程实际需要，且由于已有技术种类较少，还未引入综合探测和联合解译的思想与技术，国内外 TBM 施工环境超前地质预报技术的系统研究程度还较低。

## 1.2.3　双护盾 TBM 施工围岩分类技术现状

　　围岩分类是地下工程施工过程中的核心工作，其成果直接关系着围岩支护类型的选择及工程造价。围岩类别的划分主要取决于围岩的工程地质条件，如岩石的单轴抗压强度、岩体的质量指标 RQD、结构面的间距、结构面的性状、地下水和地应力等，这些指标也一般是在地下洞室周边采取直接的现场编录、原位测试获取，或采取室内试验的间接手段获取。目前，国内外常用的围岩分类方法有 Q 系统法、BQ 法、HC 法、RMR 法、CSMR 法及 TMR 法等。

传统的围岩分类方法都是基于岩块抗压强度、完整性系数、RQD、节理状态及方向等可直接获取的指标，采取不同的分级方法和修正系数，通过定性、定量或半定量的评价方法，来对围岩进行分类。但该方法仅适用于传统的钻爆法施工，而对于 TBM 施工，尤其是双护盾 TBM 施工环境下，由于掌子面和洞壁围岩几乎被刀盘、护盾和衬砌管片全部遮挡，可供围岩分类的指标难以获取，使得传统的围岩分类方法不适用。

针对这种情况，国内外一些学者在结合 TBM 机器特性的基础上，对围岩分类及 TBM 掘进效率等方面进行了相关的研究工作。如 N. R. Barton 在岩体分级 Q 系统的基础上，考虑岩-机相互作用，添加了一些新的参数，提出了基于可预测的 TBM 净掘进速度、利用率和施工速度的 $Q_{TBM}$ 模型；刘跃丽等结合洞壁地质资料，根据掘进过程中的出渣和掘进参数，提出了围岩的分类方法，并预测了掘进前方围岩的情况；侯浩等结合山西万家寨引黄工程隧道双护盾 TBM 的施工，进行了隧道围岩的适宜性分类；李仓松等以《水利水电工程地质勘察规范》（GB 50487—2008）中的围岩分类方法为基础，结合出渣、TBM 工作效率及涌水情况对隧道围岩进行了分级；张宁等针对西南某水电工程深埋长引水隧洞，依据岩体完整性系数、岩石单轴抗压强度和岩体结构特征对围岩进行了分类；吴煜宇等通过围岩的可掘进性进行了围岩分类方法的研究；杨继华等参照 RMR 法，通过伸缩护盾的间隙和刀盘的孔隙对洞壁和掌子面进行观测，结合岩渣和掘进参数，研究了双护盾 TBM 施工下的围岩分类方法；黄祥志以 TBM 掘进参数和渣料的地质编录为基础，采用可拓学理论，建立了围岩分类及评价方法。

我国在 TBM 围岩分类方面的研究起步晚，目前仅有少数行业规范专门针对 TBM 施工及围岩分类进行了标准的制定和统一，这些方法存在推广性不强、对单一工程针对性不强等问题，因此，随着双护盾 TBM 施工技术的广泛应用，继续深入地对 TBM 条件下围岩分类进行研究显得尤为必要。

## 1.3　研究成果

本书从双护盾 TBM 设备结构和施工工艺的特点对地质信息收集应用以及超前预报的影响和特殊要求研究入手，在地质信息收集技术、超前预报手段的改进、预报方法的创新、围岩分类评价方法等方面进行深入研究，从而完善和建立起一套双护盾 TBM 施工环境下合理可行的地质信息采集分析评价和超前地质预报成套技术，为指导双护盾 TBM 隧道安全施工提供决策依据。

（1）总结了双护盾 TBM 施工特点。双护盾 TBM 施工特点主要表现为：设备庞大、结构复杂；精密仪器设备多；施工速度快、效率高；开挖支护一次成型；安全性高；内部空间狭小，不利于其他作业；空间封闭，开挖岩壁基本无暴露；洞内电磁、声、光、电、热源复杂。

（2）梳理了双护盾 TBM 施工面临的主要工程地质问题。通过对大量工程实践总结发现，影响掘进效率和施工安全的主要工程地质问题表现为：超硬岩问题、围岩稳定问题、高压涌突水（泥）问题、岩爆问题、软岩变形问题等。

（3）分析了地质信息采集和超前预报手段的缺陷。在双护盾 TBM 施工环境下，利用传统手段进行地质信息采集难度极大，地质信息采集工作时间十分有限，地质信息采集工作难以连续开展。其原因在于：在 TBM 掘进过程中，主机部分、刀盘、皮带机都在运行之中，地质人员无法利用刀间隙对刀盘前方岩体进行相应地质观察，也无法在高速运行的皮带机上对岩渣渣体进行地质编录分析，仅仅在检修停机时段才能进行相应的地质信息采集工作。

此外，施工设备和施工工艺对各种预报手段的制约和影响因素主要表现在：开挖设备庞大，占据大量洞内空间；岩体暴露范围十分有限；爆破震源手段不宜大量使用；电磁、噪声、光和热源的干扰严重；超前钻孔方便实施但超前导洞实施难度大；施工速度快但短距离预报手段匹配性差。

（4）研发了一系列地质信息采集装置和方法。研制发明了一套涵盖开挖岩壁观测、掌子面岩体全景成像、岩渣取样及筛分、岩体强度原位测试、地应力全时段测试、岩体变形便捷监测的双护盾 TBM 施工环境下的地质信息采集装置和方法。

（5）提出了预报手段改进方案和解译方法。提出了采用新型震源激发方式的 GTRT 物探测试方法，建立了基于数值模拟的物探测试判译准则以及基于微震信息硬岩脆性破裂的模拟方法及流程，实现了连续掘进条件下超前地质钻探技术，并形成了多尺度、多手段动态超前地质预报方法。

（6）建立了双护盾 TBM 围岩分类新方法。提出了双护盾 TBM 施工的 DT 围岩分类方法，对指导双护盾 TBM 施工具有传统围岩分类体系所不具备的优势。

# 第 2 章

# 双护盾 TBM 施工特点及主要地质问题

## 2.1　双护盾 TBM 施工特点

双护盾 TBM 是集开挖掘进、衬砌支护、作业面照明、排水、除尘、通风、降温和出渣运输为一体的高科技隧道施工设备，主要依靠刀盘旋转带动滚刀挤压破岩，能够实现掘进、换步、管片支护、回填灌浆等多道工序同步进行，从而实现隧洞断面开挖支护一次成型。双护盾 TBM 的设备、施工工艺和衬砌支护都与传统的钻爆法及敞开式 TBM 有着明显的差异。

### 2.1.1　设备组成

双护盾 TBM 设备的结构型式一般主要由主机和后配套两部分组成。主机主要包含刀盘、主轴承、主轴承驱动系统、前盾、伸缩护盾、支撑护盾、尾盾、液压推进系统、出渣系统；后配套主要包括供电、供水、供风、液压、控制、除尘、出渣、回填等系统（图 2.1-1）。

图 2.1-1　双护盾 TBM 整体结构示意图

双护盾 TBM 和敞开式 TBM、单护盾 TBM 的差异主要表现在护盾型式上。双护盾 TBM 的盾体主要是由装有刀盘及刀盘驱动装置的前护盾，连接前、后护盾的伸缩护盾，装有支撑装置的后护盾（支撑护盾）和安装预制混凝土管片的尾盾组成（图 2.1-2）。

双护盾掘进机是在整机外围设置与机器直径相一致的圆筒形护盾结构，以利于掘进松软破碎或复杂岩层的全断面岩石掘进机。前盾是固定主轴承并且为刀盘提供支撑的非转动部件，并且可以防止隧洞岩渣掉落并保护刀盘驱动系统、推进油缸和人身安全，同时也可以增大机头与隧洞底部接触面积从而降低接地比压以利于掘进机通过软弱岩或破碎岩。其中，内部的主轴承是为刀盘提供转动动力的主要装置；刀盘上镶嵌有滚刀、压刀和切削等各种刀具，用于破碎切割岩体实现开挖；主推油缸提供向前推进力，从而实现刀盘向前推进。伸缩护盾的外径小于前护盾的内径，护盾内主要安装有主推油缸、反扭矩油缸等部

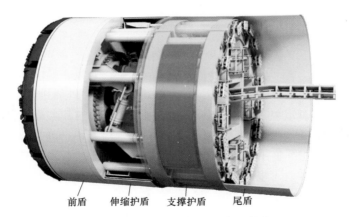

　　前盾　伸缩护盾　支撑护盾　　尾盾

图 2.1-2　双护盾 TBM 主机部分结构图

件，在掘进过程中伸缩护盾可以对其内部部件起保护作用。伸缩护盾通过油缸与支撑护盾相连接，必要时可伸出油缸将伸缩护盾移入前护盾内腔以便直接露出洞壁空间，对洞壁进行处理。支撑护盾中安装有辅推油缸、撑靴、撑靴油缸等。在掘进过程中伸缩护盾可以对其内部部件提供保护作用。其中，内部的撑靴在掘进时压紧岩壁，为刀盘向前推进提供侧向支撑力；辅推油缸可以实现后部管片安装时盾体前半部分向前推进，确保管片安装和掘进同步进行。尾盾主要是对管片安装起保护作用，整个管片安装环节均在尾盾内进行，以确保工作人员不会暴露在围岩下（图 2.1-3）。

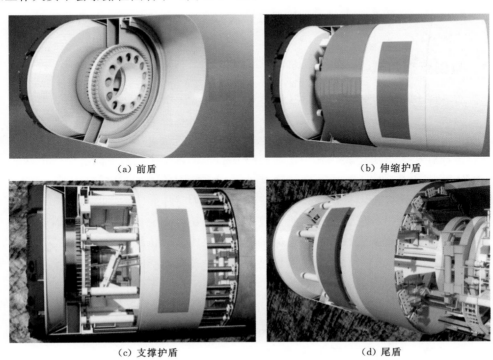

（a）前盾　　　　　　　　　　　　　　　　（b）伸缩护盾

（c）支撑护盾　　　　　　　　　　　　　　（d）尾盾

图 2.1-3　双护盾 TBM 盾体结构示意图

后配套系统位于主机后方，主要包括供电、供水、供风、液压、控制、除尘、出渣、回填等系统，综合为隧道开挖提供相应的保障。

### 2.1.2　施工工艺

双护盾 TBM 掘进机提供了两种开挖掘进模式，即双护盾掘进模式与单护盾掘进模式。在开挖掘进过程中可以根据侧壁岩体质量和施工状态选择相应模式进行施工。

双护盾掘进模式的特点为掌子面岩体开挖掘进与后部支护衬砌管片安装同时进行，可以实现 TBM 的连续掘进作业并提高整体施工速度。该模式主要适用于围岩稳定性较好的硬岩地层，在此情况下围岩可以满足撑靴的支撑力并为掘进提供足够的侧向反力。在此模式下，位于支撑护盾部位的撑靴撑出压紧洞壁岩体，通过撑靴和岩壁之间的静摩擦力为掘进提供支撑。该模式下盾体前部在主推进油缸的作用下，使 TBM 向前推进并进行掘进，盾体后部同步实现混凝土管片的安装，前后两部分利用主推油缸进行连接，使得前后两部分形成独立功能单元，从而实现开挖和衬砌同步进行。双护盾掘进模式作业程序循环为撑靴伸出—掘进并安装管片—收回撑靴—换步—撑靴再支撑。该模式可以实现掘进、换步、管片支护、回填注浆等多道工序同步进行。

单护盾掘进模式适用于洞壁围岩不稳定、撑靴不能获得足够反力的情况。其特点为掘进与管片安装不能同步。在此模式下，不再使用撑靴与主推进系统，伸缩护盾处于收缩位置，刀盘的推力由辅助推进油缸支撑在管片端面上提供。单护盾掘进模式作业程序循环为掘进—辅助油缸回收—管片安装—辅助油缸伸出—再掘进。该模式下掘进、换步和管片支护不能同时进行，虽然效率不及双护盾掘进模式，但是为围岩稳定性差的洞段提供了有效的掘进施工方式。

### 2.1.3　衬砌支护方式

双护盾 TBM 的衬砌支护主要采用混凝土管片，在管片后方回填豆砾石，并进行回填灌浆，形成统一支护结构，共同承载围岩压力，起到对隧道的支护作用。

混凝土管片采用预制方式，为了施工时安装方便，通常采用分块拼装的方式，如多雄拉隧道的每环管片由 7 块构成，其中 1 块封顶块、2 块邻接块、4 块标准块。多块管片共同形成整体环状受力结构，环内径向各块管片利用连接螺栓进行紧固，并且在轴向上各环之间也采用连接螺栓进行连接，使得所有管片形成受力整体。

衬砌管片在尾盾内利用管片安装机实现机械化安装（图 2.1-4），实现盾体和管片无缝衔接，这种安装方式也确保了工作人员避免暴露在裸露岩体环境中。

衬砌管片与开挖岩壁之间通常预留相应的空间，并对该空间进行豆砾石充填。如多雄拉隧道施工时开挖洞径为 9.13m，管片内径为 8.13m，管片厚度为 35cm，预留了厚度为 15cm 的豆砾石回填空间。同时，利用管片预留的灌浆孔对豆砾石进行回填灌浆，从而实现围岩、管片、豆砾石三者间的变形协调，有效提高支护性能。

### 2.1.4　双护盾 TBM 施工工艺主要特点

双护盾 TBM 的施工设备和施工方法都和传统钻爆法有所差异，其特点主要有以下几

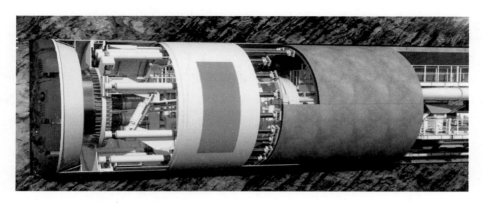

图 2.1 - 4　管片在尾盾内安装情形

方面。

**1. 设备庞大、结构复杂**

双护盾 TBM 是集开挖掘进、支护、作业面照明、排水、除尘、通风、降温和出渣运输为一体的系统性、集成性隧道施工设备，设备系统主要包括开挖、支护、灌浆、供电、供水、供风、液压、控制、除尘、出渣、回填等系统。为了实现多种综合功能的集中实现，因此内部设备繁多，结构复杂。同时，为了保障全套机械设备的向前推进和开挖掘进的足够动力，无论是主轴承还是液压设备都十分庞大。譬如开挖洞径 9m 级别的主机及后配套总长度一般可达 150m 左右。

**2. 精密仪器设备多**

双护盾 TBM 机械设备是系统性高度集成性设备，为了实现各种功能，内部设备繁多，而且大多为精密设备。无论是动力系统、液压系统、测控系统还是通信系统、照明系统、通风系统等都多为精密仪器，这些仪器设备都集成在掘进机相应部位，抗外部干扰能力差，洞内进行爆破等作业都会对这些设备造成影响。

**3. 施工速度快、效率高**

由于双护盾 TBM 掘进采用机械化施工，施工速度快，如在派墨农村公路多雄拉隧道施工中正常掘进单日进尺普遍在 20～25m/d，最大日进尺可达 33m/d。同时，由于衬砌支护采用同步作业，而且管片安装和回填豆砾石等作业工序也均采用机械化作业，不仅效率高，而且不需要专门时间进行相应作业，可以有效缩短工期。

**4. 开挖支护一次成型**

双护盾 TBM 的开挖支护可以实现同步进行，衬砌管片安装、豆砾石回填以及回填注浆均在开挖支护时同步进行，从而可以实现隧道施工的开挖支护一次成型，掘进机通过后支护工作也相应结束。

**5. 安全性高**

双护盾 TBM 为了保障内部作业人员和设备财产的安全，在主机部分整机外围设置与机器直径相一致的圆筒形护盾结构，盾体采用钢板制成，厚度可达 5cm，可以对围岩的掉块、塌方以及岩爆等灾害起到一定的防御作用。同时，双护盾 TBM 可实现衬砌管片在尾盾盾体内部直接安装，从而避免人员和设备直接暴露在未衬砌支护的开挖岩壁下，刚体盾体和混凝土管片可以确保双护盾 TBM 施工期的安全性。

6. 内部空间狭小，不利于其他作业

双护盾 TBM 是综合性、系统性机械设备，内部设备繁多、复杂、庞大，因此，大量设备已经占据了相应的空间。尤其在刀盘后方设备更为集中，如刀盘、主轴承、推进油缸、皮带机等基本占据了盾内所有空间，无法为其他测试作业工作提供可以利用的作业空间，因此在其内部现有设备安装格局下进行诸如钻探、物探、监测等工作往往因空间狭小而难以实施。

7. 空间封闭，开挖岩壁基本无暴露

双护盾 TBM 施工过程中，开挖后管片在尾盾内及时跟进安装，盾体和管片之间实现了无缝衔接，岩壁全部在刀盘前方以及盾体和管片外部。因此，双护盾 TBM 施工作业过程中，所有作业空间都在盾体和管片内部，作业空间十分封闭，而且受刀盘、盾体和管片阻挡，无论是掌子面还是两侧洞周开挖岩面基本无法暴露，仅仅在刀盘的刀间隙、观测窗和伸缩护盾等设备的缝隙处岩壁有少量局部出露。这种施工工艺虽然确保了人员和设备的安全，但是给基于地质观察编录的地质信息收集工作造成了重大的限制和干扰。

8. 洞内电磁、声、光、电、热源复杂

双护盾 TBM 设备中的动力、照明、通风等辅助系统主要是通过电力来运行的，而且部分为高压电。在刀盘附近设置有主驱动电机（图 2.1-5）等大量电力设施，同时，刀盘和前盾盾体全部为钢体结构（图 2.1-6）。因此，洞内尤其是掌子面附近电磁干扰大。

 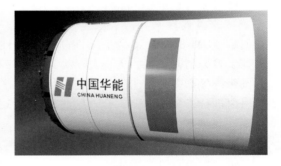

图 2.1-5　刀盘后方的主驱动电机　　　　图 2.1-6　刀盘和盾体全部为钢体结构

洞内为了保证风、水、电的供给，布置有大量的通风、供水、电力和照明系统。同时，施工时受设备振动、机器运作和刀盘切割岩石的影响，洞内噪声大且复杂。

因此，在施工过程中，洞内电磁、声、光、电、热源等十分复杂。

## 2.2　双护盾 TBM 施工面临的主要地质问题

双护盾 TBM 设备庞大，施工灵活性差，对隧道的地质条件依赖性更强，隧道围岩的地质因素与其施工安全和施工效率密切相关。通过对大量工程实践的总结发现，影响掘进效率和施工安全的主要地质问题有：超硬岩、围岩稳定、高压涌突水、岩爆和软岩变形问题等。

## 2.2.1　超硬岩

岩石的强度和硬度是影响掘进的关键因素之一。根据国内外大量工程案例,掘进机最适宜掘进的岩体为饱和单轴抗压强度一般在 30~150MPa 的中硬至坚硬岩,在这类岩层地区掘进机性能可以得到充分发挥。

岩石强度过大、硬度过高、石英含量过高往往会增加岩石的耐磨性,从而加剧滚刀和刀圈的磨损程度,造成掘进机刀具消耗过大,开挖成本急剧升高,经济合理性降低。同时,强度过大、硬度过高的超硬岩破岩难度大,在相应推力的作用下,贯入度过小,掘进效率低,甚至造成无法掘进。因此,TBM 施工对围岩的适应性并不是单纯的"欺硬怕软",超硬岩问题也是影响掘进效率、增加掘进成本的问题之一。

国内外超硬岩问题的工程案例也非常常见,如厄瓜多尔的 MINAS – San Francisco 水电站引水隧洞在进行 TBM 开挖时,超硬岩洞段长度达到了 6.5km,岩石饱和单轴抗压强度最大可达 318MPa,在施工开挖掘进过程中对 TBM 造成了极大挑战,在该洞段施工时效率低下,刀具损耗严重。又如国内的引汉济渭工程秦岭输水隧洞南段在进行 TBM 施工时也遭遇超硬岩,岩石饱和单轴抗压强度最大可达 242MPa,局部石英岩石英含量高达 90% 以上,导致掘进困难,工期严重滞后。

## 2.2.2　围岩稳定

围岩稳定也影响掘进的关键因素之一。虽然双护盾 TBM 的优势就在于对各类围岩适应能力强,对于存在一定自稳能力的岩体可以利用其快速通过、跟进衬砌的手段有较强的适应性。但是,不同规模的围岩失稳现象也会对双护盾 TBM 正常施工造成不同程度的影响。

通常由于受断层影响或节理裂隙密集发育和不利组合的影响,局部洞段岩体相对破碎,从而造成洞室失稳。对于局部围岩失稳发生掉块或小规模塌方双护盾 TBM 有较强适应性,但是可能会因为洞壁掉块造成空腔,从而造成撑靴受力不均或撑靴无法撑紧岩壁,难以提供反力,无法正常使用双护盾模式掘进,影响掘进效率。同时,也可能会造成稳定器无法正常工作等异常现象。但局部围岩失稳发生掉块或小规模塌方不会对掘进机造成致命灾害。

大规模断层(裂)或多组断层综合影响下形成的岩体破碎带往往宽度大,破碎程度严重,在 TBM 掘进时易造成刀盘空转、渣体量大。当渣体过多时易引起刀盘转动困难、电流升高,造成刀盘卡机或皮带机出渣异常等。当在高地应力洞段出现大规模断层破碎带时,岩体往往发生应力-结构面型变形破坏,盾体承受过大的围岩应力,从而造成盾体卡机。同时,破碎岩体形成塌方时,也会对施工掘进和管片衬砌造成影响。当大规模围岩失稳造成卡机时,受工作面限制,往往处理难度大,而且施工工期长。不仅造成施工成本增加,同时也会大大延误施工工期。

国内外因穿越断层破碎带围岩失稳造成卡机的事件十分常见。例如,在掌鸠河引水供水工程上公山隧洞的双护盾 TBM 掘进中,2003 年 10 月 23 日遇到一压扭性断层,掌子面出现大塌方,被迫停机进行处理,在掌子面处对围岩进行灌浆(聚氨酯泡沫)。大量塌落的围岩将刀盘卡死，最终导致被困长达 26 天之久。又如：在万家寨引黄工程南干线 7 号隧道施工中，当掘进至摩天岭断层时出现严重塌方，将刀盘及盾体卡住，被迫停机，塌方段长 7~7.5m，宽 6m，高 6.5~7m，处理该事故共用了 3 个月时间。在派墨农村公路多雄拉隧道施工过程中也遭遇多条断层组合形成的大规模断层破碎带，整体破碎带及影响带宽 200m 左右，前后共遭遇 4 次卡机事件，每次卡机处理时间为 15~40 天。

### 2.2.3 高压涌突水

TBM 对于渗滴水或线状滴水等地下水发育程度较弱的洞段有较强的适应性，而且少量的地下水还有利于刀盘的降温和降尘。但是，当发生大规模的高压涌突水时，将会对 TBM 施工造成严重影响。

当发生大规模涌突水时，顶拱出水量大，底板积水严重，往往会对 TBM 的电器设备造成隐患。尤其在出水量过大，洞内积水严重，甚至发生突泥现象时，会对机械设备特别是高压电气设备造成致命的危害。

在国内外许多 TBM 施工工程中也出现过相应灾害的案例。例如：越南中部的海文隧道，由于洞内施工过程中发生突水（涌水量达 90L/s），被迫停机近 2 周；云南昆明上公山隧洞在 TBM 掘进过程中也发生了由于突水而被迫停机的工程事故；陕西省引红济石调水工程在掘进时，发生涌水突泥事故，造成除尘风机被掩埋。

### 2.2.4 岩爆

在高山峡谷地区的深埋越岭隧道的开挖过程中，往往会伴随不同程度的岩爆事件的发生。岩爆是指高地应力条件下地下洞室开挖过程中，由于开挖卸荷引起围岩应力重分布，导致储存于围岩中的弹性应变能突然释放，并产生爆裂、松脱、剥落、弹射甚至抛掷等破坏现象的一种动力失稳地质灾害。

由于双护盾 TBM 安全性能高，外部采用钢体护盾进行防护，盾体厚度往往可达数厘米，可以对内部的施工人员和机械设备起到很好的防护作用。同时，前端的钢护盾盾体和后方的混凝土管片实现"无缝衔接"，人员和设备不会直接暴露在开挖岩壁之下。当岩爆发生时，无论是发生岩体剥落还是爆裂弹射，盾体和管片都会起到一定防护作用。因此，轻微—中等岩爆对 TBM 设备、衬砌结构以及内部施工人员的安全影响较小，双护盾 TBM 对较低强度的岩爆具有极强的适应能力。

对于强—极强岩爆而言，尽管盾体和管片起到了一定的阻挡保护作用，但是，当能量过大时也会对管片和盾体造成一定影响。譬如，受岩爆弹射岩块冲击会造成盾体局部变形或管片开裂等现象。岩爆对双护盾 TBM 的影响还在于，当地应力过高时，开挖岩壁大量剥落掉块堵塞豆砾石回填灌浆孔，从而影响管片后方的豆砾石正常回填和回填灌浆效果，进而引起管片后方受豆砾石填充厚度过小造成局部围岩应力集中，加剧管片开裂。

岩爆现象在深埋隧洞开挖过程中十分常见。例如，贵州天生桥二级水电站引水隧洞开挖过程中岩爆频发，据统计，岩爆处理时间占整个工期的 24%；在派墨农村公路多雄拉隧道施工过程中也出现过多次岩爆事件，该隧道最大埋深为 820m，最大水平地应力约 32MPa，岩爆多属于中等岩爆，尽管对 TBM 设备和作业人员没有造成影响，但由于开挖岩壁大量剥落掉块造成豆砾石回填灌浆孔堵塞，给施工带来了不便。

## 2.2.5　软岩大变形

对于高地应力深埋隧道，由于地应力量级高，围岩在高地应力作用下往往出现两种破坏形式，即岩爆和挤压变形。当围岩为软弱层时，通常会发生软岩挤压塑性大变形。软岩挤压大变形对于双护盾 TBM 而言是最为严重的问题之一，往往会造成盾体被卡的致命性问题。

在双护盾 TBM 穿越高地应力软岩地层时，往往会发生软岩的挤压塑性变形，当变形量大于开挖预留量时，岩壁便会和盾体紧贴，围岩压力全部作用在盾体上，从而盾体和岩壁之间的静摩擦力也会急剧增加。当盾体和岩壁之间的摩擦力大于 TBM 设备能够提供的最大推进力时，TBM 将无法向前推进，进而发生卡机。

由于双护盾 TBM 的盾体由前盾、伸缩护盾、支撑护盾和尾盾组成，相比敞开式 TBM 而言，盾体长度更大，对于开挖洞径在 9m 左右的双护盾 TBM 而言，盾体长度可达 12m 以上。从而造成岩壁与盾体接触面积更大，岩体与盾体之间的摩擦力也更大。同时，由于双护盾盾体较长（可达 12m 以上），正常掘进 12m 往往需要 5～10h，当岩体变形速率较快时，在岩体变形贴近盾体之前，不利于盾体全部快速通过变形洞段。因此，软岩大变形对于双护盾 TBM 而言更为严重。

国内外发生软岩大变形的工程实例也比较多，国外最为知名的有奥地利的陶恩隧洞、阿尔贝格隧洞以及日本的惠那山隧洞，国内有南昆铁路的家竹箐隧道、台湾的木栅公路隧道和引黄入晋隧洞等。采用双护盾 TBM 施工时发生软岩变形的隧道有派墨农村公路多雄拉隧道，在施工时遭遇蚀变的长英质岩脉发生侧向偏压变形，从而造成 TBM 卡机，给施工进度造成了严重影响。

# 第 3 章

## 双护盾 TBM 地质信息
## 采集技术

双护盾 TBM 隧道施工过程中对地质条件的依赖性强，只有全面准确地进行地质信息的采集，才能对隧道区的工程地质条件作出科学合理的评价，从而为超前地质预报综合分析、施工参数的调整、重大方案的决策提供科学依据，进而指导施工的安全顺利进行。

　　但是，受双护盾 TBM 施工工艺特点的影响，常规地质信息采集手段在该施工工艺下难以开展。本书根据双护盾 TBM 施工工艺特点分析了常规地质信息工作手段的影响因素，评价了各种工作方法的适宜性，分析了不足和缺陷，提出了改进的办法和一系列涵盖地质观测编录、岩渣取样分析、强度快捷测试、地应力测试和围岩变形监测等适合该施工工艺下的地质信息采集新技术。

## 3.1　地质信息采集工作特点

　　双护盾 TBM 因为其施工设备及施工工艺的特殊性，与传统钻爆法和敞开式 TBM 都有着明显的差异，所以在双护盾 TBM 施工环境下地质信息采集的工作特点及地质信息采集的关注对象都有自己独特的特点。双护盾 TBM 地质信息采集工作的特点主要表现在以下几个方面。

　　1. 必要性强

　　双护盾 TBM 设备庞大、施工灵活性差，围岩岩性、岩体强度、矿物成分、岩体完整性、地下水状态、地应力特征等地质条件的变化都会影响掘进参数的调整、刀具磨损程度和施工进度。而且围岩变形、岩溶、涌突水等工程地质问题对 TBM 施工造成的影响比传统钻爆法施工要大，加之内部施工空间狭小，在遭遇灾害时受盾体阻挡和施工空间限制处理难度大。所以，TBM 施工对地质条件更为敏感，对地质的依赖性更强，地质条件是影响 TBM 施工的关键因素。同时，地质信息采集也是超前地质预报工作的基础和工程地质问题的评价依据。只有全面收集相关地质信息才能进行准确的地质预报和对工程地质问题进行合理评价。

　　因此，在双护盾 TBM 施工环境下采集各种地质信息对于指导施工掘进、预防灾害以及防护措施的制定十分必要。

　　2. 信息多元化

　　为合理指导双护盾 TBM 正常施工，需要收集的相关地质信息涉及面广、类别多样。不仅包括施工前的区域地质资料、地表地质调查资料、勘探试验资料、超前地质预报的各种物探数据及解译成果，还包括施工过程中的各种地质编录资料、岩渣信息、掘进机参数信息以及施工异常信息等，信息种类繁杂，类型各异，信息量庞大。

　　3. 传统手段受限，采集难度大

　　在双护盾 TBM 施工环境下，许多传统手段都受到限制，难以开展。譬如，传统手段对掌子面和洞周开挖岩壁的地质编录工作，因为受刀盘和盾体的阻挡，岩壁基本无暴露，十分难以开展。即使可以通过设备的间隙和观测窗观察到十分局部的岩面信息，也难以对岩性的整体分布、节理构造的宏观发育特征、风化卸荷分布情况、地下水出水情况等进行整体把握。

同时，地质信息采集工作时间也十分有限，地质信息采集工作难以连续开展。因为在 TBM 掘进过程中，主机部分、刀盘、皮带机都在运行之中，地质人员无法利用刀间隙对刀盘前方岩体进行相应地质观察，也无法在高速运行的皮带机上对岩渣渣体进行地质编录分析，仅仅在检修停机时段才能进行相应的地质信息采集工作。

综上而言，在双护盾 TBM 施工环境下，利用传统手段进行地质信息采集难度极大。

## 3.2　地质信息采集内容

地质信息采集主要包含以下几方面内容：

（1）前期勘察阶段地质成果收集。前期各勘察阶段的地质成果和结论对施工期地质工作有着重要的指导作用。主要包括：区域地质条件、基本地质条件、重要工程地质问题评价以及后续工作建议等。通过前期勘察成果的收集整理分析，不仅可以宏观了解场区整体工程地质条件和关键地质问题，同时也可以明确施工期的工作重点和地质信息收集的主要方向。

（2）施工期开挖揭示地质条件编录。在施工过程中持续对开挖揭示的地质条件进行地质编录。主要包含开挖揭示的地层岩性、地质构造、物理地质现象、地下水特征和地应力特征等。

（3）施工期试验测试和监测成果收集整理。主要是针对施工阶段进行的室内试验、现场测试和监测成果进行收集整理分析。如施工期室内物理力学测试成果、矿物成分分析成果、耐磨性试验成果、物探测试成果、地应力测试成果和变形监测成果等。

（4）TBM 专有信息采集。TBM 施工相对于钻爆法施工而言，施工岩渣和掘进机机器参数是该工艺下的特有产物，而岩渣形态及组成特征和机器参数的变化情况也与地质条件的变化存在一定的关系。在施工中对岩渣信息和机器参数信息的收集也可以作为地质分析的关键辅助信息。

（5）施工异常信息收集。施工过程中出现的施工异常情况对地质分析也起到了一定作用，可以作为地质条件分析评价的重要依据。因此，在施工过程中也应该对施工的异常信息及其地质原因进行收集分析。如施工中出现的卡机、塌方、掉块、集中出水、撑靴伸出或受力异常、稳定器异常、豆砾石回填或灌浆异常以及管片开裂等现象等。

## 3.3　常规采集方法适宜性和可行性分析

为全面获取双护盾 TBM 隧道施工的地质信息，通常借鉴和沿用钻爆法隧道施工中常用的传统地质信息获取手段进行信息采集工作。本书结合双护盾 TBM 施工工艺特点对这些传统地质信息采集手段进行了适宜性和可行性分析，同时针对近期新兴的激光扫描和摄影编录技术也进行了评价。

### 3.3.1　开挖岩壁地质编录

对隧道开挖掌子面或洞周暴露岩壁进行直接的地质观察和编录是隧道工程施工期地质工作的最传统和最基础的工作方法，在钻爆法隧道施工和敞开式 TBM 隧道施工中有着大量的应用。该方法是最为直接的地质工作方法，可以通过对开挖揭示岩壁进行地质观察分析，快速、全面、准确地了解相应洞段的地层岩性、地质构造、风化卸荷、地下水状态和地应力迹象等。同时，可以对岩层面、构造面利用罗盘进行产状信息的量测，对观测到的地质信息进行记录、素描以及对相应的节理裂隙、RQD 值进行统计，最后对岩体质量作定性判断。

而在双护盾 TBM 施工环境下，由于受刀盘、盾体、管片阻挡，施工空间封闭，开挖岩面基本无暴露。仅仅在刀盘的刀间隙、观测窗和伸缩护盾等设备间隙的部位，开挖岩体有极其少量的出露（图 3.3-1）。

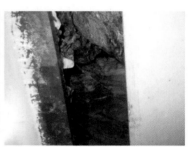

图 3.3-1　双护盾 TBM 施工环境下岩体出露情况

利用这些出露的开挖岩面虽然可以对岩性、完整性、节理发育情况、风化卸荷特征、地下水情况进行局部的了解，但是，毕竟出露岩面十分有限，对岩性的整体分布情况、节理延伸长度、地下水出露点、风化卸荷整体特征等都无法作出全面的观察和整体的判断。而且，受钢结构盾体的磁场干扰，也无法利用罗盘进行相应的产状量测。所以直接地质观测和编录手段在该工艺下的适宜性极差。

最近，随着图像分析技术的不断进步，相关学者提出了摄影编录技术并在相关工程中进行了成功应用。但是，在双护盾 TBM 施工环境下，由于岩壁暴露十分有限且洞内受灰尘、高温等环境影响，仅能对观测窗处极少量暴露岩壁进行拍摄，且受灰尘和高温镜头雾化影响难以获取地质编录需要的更为全面清晰的岩壁照片，因此摄影编录技术在该施工工艺下应用难度极大，效果不佳。

### 3.3.2　岩渣取样分析

岩渣是 TBM 施工工艺的特有产物。岩渣中片状岩渣含量、岩渣块径大小及组成也是判断开挖围岩岩体质量的一种间接手段，而且通过对岩渣的地质观察分析也可以间接了解围岩的岩性特征、节理裂隙发育情况、风化程度等信息。目前对岩渣进行取样分析主要包括取样地质观察、岩渣筛分等手段。

岩渣取样主要有两种途径：一是在高速运转的皮带机上利用人工使用铁锹等工具进行

取样；二是在渣场进行人工取样。由于皮带机运转速度快，人工取样比较危险，容易对工人造成伤害。而且岩渣普遍较重，人工只能采取皮带机表部岩渣，无法采取全级配渣体样品。同时，利用铁锹等器具取样时对皮带也会造成损伤。在渣场取样尽管比较安全，但由于渣体在到达渣场前经过溜槽等装置的混杂作用，在渣场取样往往不能代表渣体的真实级配特征，取样的代表性不强，而且也难以判断所取样品代表洞段岩体的具体位置。

根据大量 TBM 隧道施工岩渣特征分析，完整岩体的岩渣普遍以片状为主，裂隙岩体的岩渣块状明显增加，破碎岩体的岩渣则多以碎块状为主（图 3.3 - 2）。因此，利用岩渣特征进行围岩质量辅助判断时，需要重点关注的是岩渣的几何形态特征，即岩渣中片状、块状和碎块状岩渣的含量。然而，目前常用的筛分装置主要是对样品按照不同粒径的大小进行筛分，最终获取不同粒径下岩渣的颗粒级配组成。

因此，目前的岩渣取样和筛分技术还不满足岩渣分析的需求。

图 3.3 - 2　不同完整性岩体的岩渣特征

### 3.3.3　取样室内试验

在双护盾 TBM 施工过程中，往往需要及时了解岩体的矿物成分、耐磨性以及岩石物理力学参数，来指导刀具的选择和参数的调整。因此，需要取样进行室内相关试验测试。受开挖岩壁出露范围限制，在施工期进行取样室内试验时，难以找到取样的工作面。

通常，在施工中利用岩渣进行取样试验，如上所述，在皮带机上和渣场取样无论是在安全性上还是在样品代表性上都存在着一定的缺陷。同时，对应较完整岩体，渣体多为长 10～15cm、宽 8～10cm、厚 1～2cm 的片状，其尺寸也通常不满足室内试验样品制作要求。

### 3.3.4　应力解除法地应力测试

在大埋深高地应力隧道施工过程中，往往需要进行地应力测试来了解工程区的地应力分布特征。

应力解除法是地应力测试的常见方法之一，利用三孔交汇法进行地应力测试时需要在洞壁形成三个具有一定深度的水平钻孔，由于钻孔孔径和深度较大，必须采用大型地质钻机进行成孔。由于双护盾 TBM 施工工艺下，洞内需要火车进行运输作业，因此，洞内作业空间十分局限，并且对火车的通行也造成一定的干扰。

### 3.3.5 收敛变形监测

在大埋深高地应力隧道施工过程中，围岩发生挤压变形会对正常掘进造成影响，尤其是在挤压塑形变形过大时，还会造成卡机事故，因此需要进行收敛变形监测了解围岩变形特征。

在钻爆法施工隧道内传统的方法是利用收敛计进行变形监测，然而在该工艺下由于岩壁无整体暴露，因此无法利用收敛计进行监测。随着激光扫描技术的发展，许多工程也利用激光扫描仪进行开挖断面的定时量测，获取不同时段的开挖断面形态，进而分析围岩变形特征，在该工艺下同样由于管片和盾体的阻挡无法适用。

## 3.4 地质信息采集技术

受双护盾 TBM 施工环境的限制，在传统地质工作手段难以正常有效开展并获取地质资料的情况下，中国电建成都勘测设计研究院有限公司（简称"成都院"）的技术人员通过在实际工程实施过程对双护盾 TBM 施工工艺和设备特点进行详细分析，研发了一系列地质信息采集的新设备和新技术。

### 3.4.1 岩壁观测技术

对隧道开挖掌子面或洞周暴露岩壁进行直接的地质观察和编录是隧道工程施工期地质工作的最传统和最基础的工作方法，可以通过对开挖揭示岩壁进行地质观察分析，快速全面准确地了解相关地质信息。在双护盾 TBM 施工环境下，由于受刀盘、盾体、管片阻挡，施工空间封闭，开挖岩面基本无暴露，给直接进行岩壁地质观测和编录带来了极大难度。技术人员从对刀盘和盾体结构改造的角度入手，研究了利用内窥式的方法来实现对掌子面和边墙等开挖岩面进行成像观测的技术。

1. 掌子面岩体全景成像新技术

在双护盾 TBM 施工过程中受刀盘和盾体的阻挡，掌子面岩体难以进行全面观察，也为施工期地质编录工作带来极大困扰。如果能够获取掌子面的全景影像资料，就可以帮助地质工程师对掌子面的地质情况进行全面直观的了解，并经过后期地质分析解译工作进一步形成地质编录成果。

成都院研发了一种适用于双护盾 TBM 施工环境下获取具有坐标定位信息的掌子面全景三维影像模型的装置，在隧道施工过程中可随时获取不同桩号的一系列掌子面三维影像模型信息。借助该装置可以随时在停机的时候获取不同桩号的掌子面影像，可以为地质人员进行掌子面岩体地质分析和编录提供相关资料。

掌子面岩体三维影像获取装置结构总体示意图如图 3.4-1 所示，主要由标靶系统、照相系统、总控系统、数据与电路传输线路及影像处理系统等组成。该装置功能的总体实现方案是在不破坏刀盘整体结构和强度的基础上沿刀盘轴线预先安装照相机等摄像装置，在非掘进时段转动刀盘进行定时拍照获取具有一定重叠率并覆盖整个掌子面岩体的一系列照片，通过数据传输装置将照片数据传至相应的计算机装置，并通过定位标靶装置设置参考像控点，利用影像拼合处理软件并结合标靶位置信息合成工程坐标系下的掌子面全景三维影像模型。

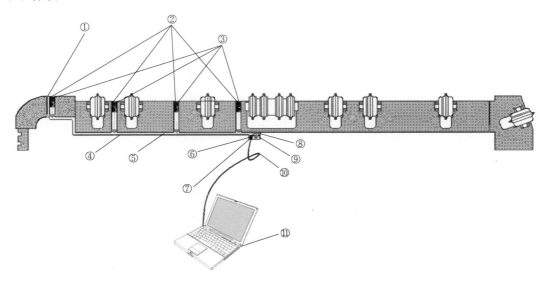

图 3.4-1　掌子面岩体三维影像获取装置结构总体示意图
①—标靶喷射器；②—设备安放舱；③—照相集成设备；④—线路盒；⑤—数据及充电线路；⑥—设备保护箱；
⑦—影像数据集中存储器；⑧—拍照总控开关；⑨—相机集中充电电源；⑩—导出数据线；⑪—电脑

具体操作方法步骤如下。

步骤一：根据双护盾 TBM 具体刀盘开挖直径，选择低倍焦距的定焦相机（确保相机拍摄掌子面岩体面积尽量大），按照 $A=(L\times S)/f$（式中：$A$ 为拍摄面积；$L$ 为相机镜头与掌子面岩体的距离；$S$ 为照相机感光面积；$f$ 为相机焦距）估算每个相机的拍摄面积，然后根据总开挖掌子面面积按照一定的照片重叠率确定相机数量、布设间距、拍照数量。

步骤二：结合刀盘结构在刀盘设计和制作时，基于不破坏刀盘整体结构和强度的原则，沿刀盘轴线预留空洞作为设备安放舱，并对刀盘进行改造，在刀盘后方紧贴刀盘表面布置线路盒和设备保护箱。

步骤三：隧道掘进施工前将相机、标靶喷射器等相应设备按照背装式进行组装，同时将设备保护箱内的影像数据集中存储器、拍照总控开关、相机集中充电电源及数据导出端口等进行安装固定，并连接相应线路。

步骤四：隧道掘进过程中，在需要对掌子面岩体进行拍照的任何时刻，首先停止掘进，然后后退刀盘，后退距离不小于 1m。

步骤五：利用掘进机自身设备对掌子面进行多次喷水降温除尘。

步骤六：当刀盘前方降温除尘工作结束后，根据确定的拍照数量计算拍照间隔角度，即刀盘每转动到相应的间隔角度时所有相机拍照一次，保证相机可以对掌子面岩体按照一定重叠率进行全覆盖拍照。然后，利用刀盘转动人工控制仪转动刀盘，刀盘旋转到相应间隔角度时，启动总控开关打开舱门进行拍照。同时，当标靶喷射器旋转到上、下、左、右位置时分别喷射红、黄、蓝、绿四种颜色进行标识。

步骤七：当刀盘空转一圈时，停止刀盘转动，利用总控装置，关闭相机和舱门。

步骤八：利用电脑设备将相片数据导出，检查照片质量，若照片质量不满足要求，则重复上述步骤六、步骤七。

步骤九：利用TBM自身测量装置对刀盘的四周和中心位置坐标进行测量，并收集刀盘退后距离等信息。

步骤十：利用照片数据结合测量信息进行图像分析处理，形成掌子面岩体的三维影像。

**2. 洞壁岩体观测扫描新技术**

洞壁岩体观测扫描新技术可以实现在双护盾TBM掘进过程中对隧道侧壁围岩断面轮廓的直接有效测量、二维与三维隧道轮廓模型的建立，同时观测新鲜围岩切屑面的岩性和岩貌特征。

该技术总体思路是在护盾壳体上钻取观测孔，然后在观测孔处设置扫描仪，通过扫描仪上的探头伸出孔外从而对一定范围内的围岩轮廓进行扫描，测量距离与方位，并对观测孔外一定区域内的新鲜围岩切屑面进行拍摄与实时成像。根据观测孔外一定范围内的隧道实际开挖轮廓线上各点相对于扫描仪中心的距离与方位，可绘制隧道断面二维轮廓图，根据隧道不同轴线位置的多组断面二维轮廓图实现隧道实际开挖面三维模型的建立；通过新鲜围岩切屑面的实时拍摄与成像，形成隧道轴线方向上一定长度范围内的围岩岩貌合成图像，根据隧道不同轴线位置的多组岩貌成像可合成隧道实际开挖面三维岩貌图像。

洞壁岩体观测扫描新技术总体设计方案如图3.4-2所示，整个隧道围岩扫描与观测系统由多个扫描仪和一个上位机组成，上位机与扫描仪可布置在不同的隧道断面内。扫描仪通过下位机由上位机进行控制，下位机封装在扫描仪内，主要由微处理器等组成（控制模块），扫描仪主要包括围岩轮廓扫描模块、围岩形貌观测模块，实现角度、距离、图像信号的采集和传输。同时，扫描仪也具有自诊断功能，在自身产生问题时可将问题报警信息及诊断信息通过下位机报告给上位机，以方便做进一步处理。

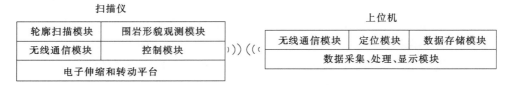

图3.4-2 洞壁岩体观测扫描新技术总体设计方案

隧道围岩观测扫描工作流程如图3.4-3所示。首先将上位机安装在辅助推进油缸位置的护盾轴线处，上位机中心为基准坐标系原点，其坐标通过隧道内激光导向系统中的安装于管片上的激光指向仪的坐标进行标定，从而将地面监测控制网的坐标引入，扫描仪安装在护盾上的各个观测孔处，扫描仪中心为临时坐标系原点。隧道围岩断面轮廓测量数据使用极坐标进行表示。然后，在护盾的上象限点钻取观测孔，根据观测孔的测量范围和相邻观测孔距离，结合实际需求，依次钻取相邻观测孔。接着在各观测孔处安装扫描仪，利用上位机的定位模块对扫描仪的位置进行定位和实时监测，得到扫描仪相对于基准坐标原点的距离和角度数据，并进行显示与存储。最后通过上位机和下位机启动扫描仪，控制电子伸缩和转动平台使测距仪和摄像头伸出护盾外，在一定角度内旋转时对测量范围内的围岩轮廓和围岩岩貌特征进行扫描。围岩被测量点与扫描仪之间的距离由测距仪测量得出，此时围岩被测量点与扫描仪中心的连线与水平夹角由测斜仪测量得出，得出的距离与角度数据信号是以临时坐标原点为依据。围岩岩貌特征由伸出的高清摄像头进行拍摄和实时成像，由光源提供良好的拍摄光线。各观测孔处测量得出的数据通过微处理器进行处理，然后与观测孔编号一起由无线通信传输到上位机中。

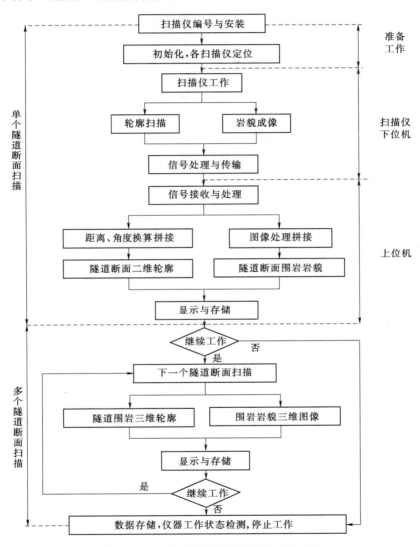

图 3.4 – 3　隧道围岩观测扫描工作流程图

## 3.4.2　岩渣取样分析技术

受 TBM 自身设备和施工特点限制，可收集的地质资料十分有限，而渣体的形态、级配、出渣量、干湿度等特征是有限的地质资料中十分重要的一部分内容，是判断岩体特征的重要依据。同时，渣体也往往作为室内试验的样品。因此，经常需要对岩渣进行取样观察、筛分或在室内进行矿物成分、耐磨性和物理力学试验。而现有设备和筛分分析技术都存在一定的缺陷，成都院从取样、筛分和分析技术方面进行了相应研究，研制了新的设备和新的分析方法。

### 3.4.2.1　皮带机岩渣安全取样技术

由于 TBM 自身没有配备专门用于取渣样的工具，因此现今主要是利用人工使用铁锹等工具在高速运转的皮带机上进行取样，或者在渣场进行人工取样，这种两种现有方法都存在重大的缺陷。

第一种方法是在高速运转的皮带机上利用人工使用铁锹等工具进行取样。由于皮带机运转速度快，人工取样比较危险，容易对工人造成伤害。而且岩渣普遍较重，人工只能采取皮带机表部岩渣，无法采取全级配渣体样品。同时，利用铁锹等器具取样时对皮带也会造成损伤。

第二种方法是在渣场进行人工取样。在渣场取样尽管比较安全，但由于渣体在到达渣场前经过溜槽等装置的混杂作用，在渣场取样往往不能代表渣体的真实级配特征，取样的代表性不强。

因此，本书也针对取样环节进行了相应研究，并研制了新的安全取样装置。

1. 少量岩渣取样技术

该技术主要是通过在皮带机上方增设简易便捷取样设备，利用机械设备代替人手抓取，实现在皮带机运转时进行少量岩渣的安全取样，供地质人员在皮带机前随时对岩渣进行少量取样观察。

该岩渣取样装置主要包括主支架、副支架和渣斗三部分。其中，主支架可固定于 TBM 栏杆上的适当位置，利用铰接以实现支架的转动及沿垂直皮带机方向的移动；副支架用于辅助固定，且为渣斗横向移动提供支撑；渣斗为特殊的前后开口设计，且前方存在利于集渣的导向槽，保证在皮带机运转时，不至于斗内被岩渣迅速填满而产生破坏，此外渣斗还有伸缩连接杆和把手等部件。岩渣取样装置部件结构如图 3.4-4 所示。

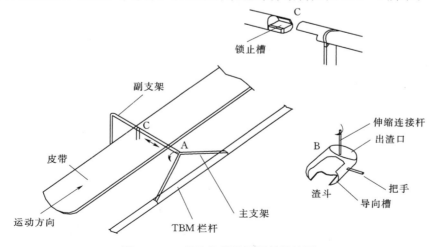

图 3.4-4　岩渣取样装置部件结构图

使用时，取样人员站在皮带旁设置的栏杆外侧。首先将主支架固定在栏杆上，调整副支架位置并与之连接固定；然后将渣斗上的伸缩连接杆调整至取样的适当位置，并用副支架上的锁止槽进行固定；最后调节伸缩连杆高度，保证渣斗下表面尽量贴近皮带，但不与皮带表面接触，利用把手对渣斗进行转动并停留数秒进行取样，完成后将渣斗移至皮带外侧并转动，倾倒样品并收集。

利用该取样装置可以随时在皮带机前观察时在高速运转的皮带机上对岩渣进行少量取样。不仅确保了取样安全，同时可以利用高度调节装置在不对皮带产生破坏的前提下尽量从皮带底部进行取样，确保了获取样品的全粒径级配，尤其对大块状岩渣的取样更具优势。

2. 大批量岩渣取样新技术

在研究过程中，通过对出渣的皮带机装置进行改造，不仅可以根据渣体的变化特征实时取样，同时，利用改造装置可以自动取样，确保取样人员人身安全和样品的真实性、代表性。既可以满足用于岩渣筛分时大批量岩渣的取样需求，也可以实现实时对指定岩渣进行自动取样。

该技术主要是对位于 TBM 的 1 号台车处 1 号皮带机和 2 号皮带机进行改造，增加一条具有回退功能的取样皮带机，并将原渣斗改为上部渣斗和下部渣斗的组合形式。大批量岩渣取样装置总体示意图如图 3.4 - 5 所示。该取样装置主要包含：TBM（1 号）皮带机、TBM（2 号）皮带机、可回退取样皮带机、皮带机模式切换开关及接渣装置等。1 号台车主要是利用其下部空间为正常出渣装置和取样皮带机装置提供摆放空间。TBM（1 号）皮带机、TBM（2 号）皮带机、上部渣斗及下部渣斗是非取样状态下正常出渣的装置。可回退取样皮带机是在取样时从上部渣斗接渣传输至取样渣斗的接渣和传输装置。皮带机模式切换开关是控制皮带机从取样状态到非取样状态的模式转换电源开关装置。取样渣斗是盛放渣体样品的装置。

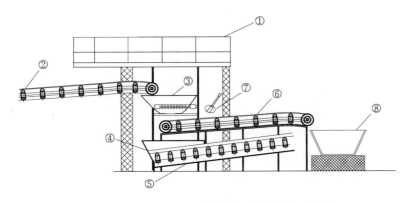

图 3.4 - 5　大批量岩渣取样装置结构总体示意图

①—1 号台车；②—TBM（1 号）皮带机；③—上部渣斗；④—下部渣斗；⑤—TBM（2 号）皮带机；
⑥—可回退取样皮带机；⑦—皮带机模式切换开关；⑧—取样渣斗

需要取样时，将皮带机模式切换开关切换至取样模式，皮带机向前伸出，首部位于上部渣斗和下部渣斗之间，渣体经 1 号皮带机和上部渣斗漏至取样皮带机，皮带机转动将渣体传送至取样渣斗，完成取样。不需要取样时，将皮带机模式切换开关切换至正常掘进模式，皮带机向后回退，首部撤出上部渣斗和下部渣斗之间位置，渣体经1号皮带机和上部渣斗漏至下部渣斗和2号皮带机，并将渣体传输至连续皮带机，进而送至渣场（图3.4-6）。

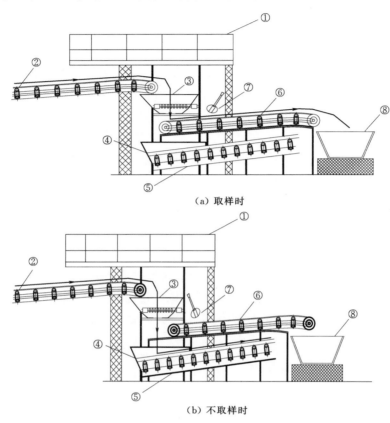

图3.4-6 不同工作状态示意图和渣体路线图

①—1号台车；②—TBM（1号）皮带机；③—上部渣斗；④—下部渣斗；⑤—TBM（2号）皮带机；
⑥—可回退取样皮带机；⑦—皮带机模式切换开关；⑧—取样渣斗

该技术实现了由取样皮带机直接取样的目的，一方面保证了取样渣体具有较强的代表性；另一方面可根据取样需求利用皮带机模式切换开关随时改变皮带机组合形式进行便捷取样。使得取样过程非常方便和安全，同时确保在不影响正常掘进的情况下进行随时取样，满足岩渣分析和筛分试验的需求。

### 3.4.2.2 岩渣几何形状特征筛分分析技术

受TBM自身设备和施工特点限制，可收集的地质资料十分有限，而渣体的形态特征是有限的地质资料中十分重要的一部分内容，是判断岩体特征的重要依据。根据大量TBM隧道施工岩渣特征分析，完整岩体的岩渣普遍以片状为主，裂隙岩体的岩渣块状明显增加，破碎岩体的岩渣则多以碎块状为主。因此，利用岩渣特征进行围岩质量辅助判断时，需要重点关注的是岩渣的几何形态特征，即岩渣中片状、块状和碎块状岩渣的含量。

目前，还无可以区分不同形状特征的岩渣筛分装置，现阶段对岩渣不同形态的含量评价主要是通过地质人员将岩渣按照不同形状和大小进行人工挑选后进行估算。该方法自动化程度低，主要依靠人工挑选，工作人员劳动强度大，而且速度慢、效率低，花费时间长。同时，准确度也比较低。因此，成都院专门研究了一种专门针对 TBM 施工集颗粒大小和形状特征的差异进行岩渣自动筛分的装置仪器。该装置可以自动区分片状岩渣、块状岩渣、碎块状岩渣和岩粉状岩渣等，筛分后进行承重统计，即可获取不同形态和大小各组分岩渣的含量。

岩渣几何形状特征筛分装置总体结构示意图如图 3.4-7 所示，该装置主要包含进料口、振动筛、振动传送带、自动推渣器、片状岩渣分选器及出渣口等。

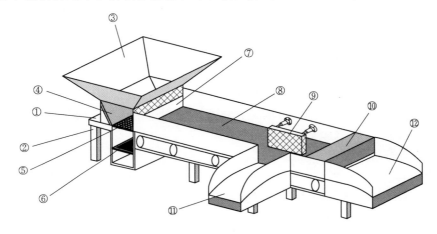

图 3.4-7　岩渣几何形状特征筛分装置总体结构示意图

①—底座；②—支架；③—进料口；④—溜渣板；⑤—1 号振动筛；⑥—2 号振动筛；⑦—粗渣料出料口；
⑧—振动传送带；⑨—自动推渣器；⑩—片状岩渣分选器；⑪—块状岩渣出渣口；⑫—片状岩渣出渣口

底座和支架的作用主要是为安装筛分装置的相关组成构件提供安装集成平台，并保证设备的稳定性。进料口和溜渣板是筛分装置的进料系统，保证渣体顺利平稳进入筛分装置内进行筛分。1 号振动筛和 2 号振动筛的作用是实现渣体按照颗粒大小进行初步分选，将碎块状岩渣和岩粉状岩渣进行预先分离，1 号振动筛筛孔较大，可以筛选出碎块状岩渣和岩粉状岩渣，碎块状岩渣和岩粉状岩渣可以穿过 1 号振动筛漏入下部，利用筛孔较小的 2 号振动筛可以分离碎块状岩渣和岩粉，岩粉状岩渣穿过 2 号振动筛，碎块状岩渣留在 2 号振动筛上方。粗渣料出料口的作用是实现经 1 号振动筛初步筛分后的粗渣料（包括块状岩渣和片状岩渣）进入振动传送带进行后续筛分工序。振动传送带的作用是保证粗渣料向前传送的同时进行充分震动，以实现片状岩渣能全部平铺在传送带上，即片状岩渣的最大断面与转送带接触。自动推渣器可以根据传送带上岩渣的多少按照一定频率自动推出和收回，主要作用是及时将块状岩渣推送至出渣口以防止片状岩渣分选器进口前方发生块状岩渣堆积堵塞，确保片状岩渣顺利通过片状岩渣分选器。片状岩渣分选器的作用是实现块状岩渣和片状岩渣的分选，其下部为高度一定的缝隙状片状岩渣通过口，缝隙高度可根据不同工程岩渣具体特征进行调节，该通过口在片状岩渣充分振动后平铺在传送带上时确保厚度薄的片状岩渣通过，并将厚度大的块状岩渣阻挡在其前方。块状岩渣出渣口和片状岩渣出渣口是分选后不同性状岩渣的不同出渣通道，可在出渣口分别收集不同性状的岩渣。

利用该装置对岩渣进行形态特征筛选分析时采用的步骤为：接通电源开机，将待筛选的混杂岩渣经进料口缓慢倒入该筛分装置内；经过 1 号振动筛初步分选，实现粗细渣料分流，细渣料进入下方容器内，粗渣料经粗渣料出料口进入振动传送带上；细渣料再经 1 号振动筛再次筛选，岩粉状岩渣穿过 2 号振动筛进入最底端盛渣容器，碎块状岩渣留在 2 号振动筛上方，实现碎块状岩渣和岩粉状岩渣的分离；粗渣料经过振动传送带充分震动，片状岩渣全部平铺在传送带上，和块状岩渣一起向前传送，经过片状岩渣分选器分选，厚度薄的片状岩渣通过片状岩渣分选器进入片状岩渣出渣口，利用盛渣装置收集片状岩渣；厚度大的块状岩渣以及未被分选出的片状岩渣被阻挡在片状岩渣分选器前方，利用自动推渣器及时推送至块状岩渣出渣口，并对块状岩渣以及未被分选出的片状岩渣进行收集；为了确保分选效果，将块状岩渣出渣口的渣料再次缓慢放入进料口进行筛分，并重复该步骤 3～5 次；将不同渣样进行称重，并进行含量统计。

利用该装置可以实现岩渣机械自动筛分，避免人工挑选，相比人工挑选速度快、效率高。同时，可以获得几何形态特征的分布信息，即岩渣中片状、块状和碎块状岩渣的含量，辅助地质人员进行岩体完整性的判断。

### 3.4.2.3　岩渣分析技术

TBM 施工过程中，会有大量刀盘破碎岩体形成的岩渣返出，返出的岩渣往往作为弃渣被遗弃了。而岩渣是特定结构的岩体在滚齿作用下的破碎产物，其本身就是地质体的一种直接反映，是地质信息的载体。如果将岩渣收集起来，分析其形态特征，并与已知的岩体结构特征进行比对分析，就可以从中提取有效的岩体结构特征信息。

在岩渣的各类特征中，形态特征是最直观也是最易获取的，而且岩体破碎是机械能转化为表面能的过程，表面能与几何特征是密切关联的。数量庞大的岩渣，作为具有一定级配特征的三维颗粒状物质，其形态特征的获取需要选择合适的指标。

1. 可提取的岩体结构特征

通过综合分析已有的国内岩体结构分类标准和 Hoek 提出的 GSI 分类标准，总结不同岩体结构类型的典型差异，并对比钻孔过程中返回物的实际特点，得到岩体结构类型的典型差异，为岩渣的识别提供了目标，从类型上看主要包括以下几个方面：

（1）岩体结构与颜色。在地质体中，原岩色与风化颜色有比较大的差异。风化程度除了它自身是表征岩体结构的指标外，风化中地下水的侵蚀会在结构面表面留下痕迹，这些痕迹称为"锈染"，或者局部矿物的富集也会产生颜色的变化。此外，气动潜孔锤钻进在冲击回转破碎岩石过程中，会在岩体表面形成破碎穴，破碎穴的颜色往往以原岩粉末颜色为主，多呈浅色。因此，可以通过破碎产物的颜色来判别岩体结构的特征。

（2）岩体结构与形状。岩体结构与破碎产物的形状是密切相关的。从现场采集的钻屑的形态来看，与岩体结构关系比较密切，岩体完整时钻屑多呈板状，而随着岩体中结构面的增加出现了颗粒状（五面体、六面体）钻屑，碎裂结构岩体破碎时，颗粒状（五面体、六面体）钻屑已经达到了 50% 以上。所以说可以通过破碎产物的形状来判别岩体结构的类型。

（3）岩体结构与施工参数。常见的钻进施工参数变化也可以从侧面反映岩体结构。例如，钻压波动变化可以反映特定的岩体结构。在这些岩体结构参数中，有些相近的岩体结构差异并不明显，比如说镶嵌结构和次块状结构，它们可能在钻屑中差异非常小。因此，根据坡体的岩体结构差异，将其划分为突变型岩体结构、渐变型岩体结构、细小差异岩体结构三类，其中突变型岩体结构和渐变型岩体结构由于它们对稳定性影响较大，是需要研究的重点内容。而对于实际工程而言，在需要进行岩体结构划分时，突变型和渐变型是工程的核心问题，所以该方法可以满足工程需求。

2. 基于岩渣粒径分形维数的破坏模式识别

分形是对那些没有特征尺度而又具有一定相似性现象的总称。分形反映的是自然界中一类对象中局部对局部、局部对整体的自相似性，表征的是一类对象的基本特征，然而分形理论旨在寻求一类事物中介于有序和无序、微观和整体、宏观和局部的一种新秩序。不同的底层以及不同的钻进工艺，都会使得钻进产生的岩渣大小、形状等各方面几何特征都各不相同。

采用分形方法研究上返岩渣的粒度分布规律，可以探索相应地层岩石的可钻性和相应的钻井工艺下的岩石破碎机理，也一直是评价碎岩方法、研究碎岩机理、决定施工方案的重要判断依据。但是，在实际的施工过程中，岩渣的几何特征受到各方面因素的影响。在地质方面可能会受到岩石的化学、物理条件等因素的影响；在工程方面可能会受到碎岩方式、钻井工况等因素的影响；在工艺方面可能会受到岩渣收集方式等因素的影响。

（1）分形理论。分形反映的是一类对象中，从局部到局部、局部到整体的各方面的自相似性。旨在在看似毫无规律当中寻求一种新秩序，将一类对象的各部分联系起来。其中，描述分形的特征参数是分形维数，用 $D$ 表示。岩石的块度分布就符合分形理论，分形维数 $D$ 就能成为反映岩石破碎程度的一个恰当的特征量。岩石分形的分形维数为 $2\sim3$，$D$ 越大，岩石平均粒度越小；$D$ 越小，岩石平均粒度越大。

在实际的应用中，通常是把几何特征上的不相似性转化为数据统计上的自相似性，探索破碎岩石岩渣的几何特征就是在研究其中的几何相似性。

针对岩渣的分布，可采用 Rosin - Rammer 和 Gaudin - Schuhmann（高登 - 舒兹曼）两个分布函数进行分析。根据函数定义可知，一般认为 Gaudin - Schuhmann 分布函数更加贴近细粒度区域，而 Rosin - Rammer 分布函数更加接近粗粒度区域，而在本书试验的岩渣中，粒度总体分布是细粒占多数，因此在研究中采用 Gaudin - Schuhmann 分布函数进行分析。

（2）Gandin - Schuhmann 分布函数。在分形几何学中，立足于自相似性的分维数 $D$ 可用式（3.4 - 1）表示：

$$D = \lg[N(\gamma)]/\lg(1/\gamma) \qquad (3.4-1)$$

式中：$\gamma$ 为线性相似比；$N(\gamma)$ 为在线性相似比 $\gamma$ 下具有的度量个数。

在经过一系列的论证和推理后，得出的较为标准的计算公式为

$$y_n = (X_n/k)^{E-D} \qquad (3.4-2)$$

当岩石破碎时，产生的岩渣在粒度分布上具有一定的规律。通过对这种规律的总结分析，就形成了用来表征粒度分布规律的 Gaudin - Schuhmann 分布函数：

$$y_n = (X_n/k)^a \qquad (3.4-3)$$

式中：$y_n$ 为小于粒度为 $X_n$ 的岩渣相对含量；$k$ 为粒度分布特征值，即岩渣理论的最大粒径，cm；$a$ 为模型参数，简称模数，表征岩渣分布系数。

（3）岩渣破碎分形模型。刀盘破碎岩石形成岩渣的这一过程，可以看作是一个统计岩渣自相似的过程。从整体来看，岩渣的分布是符合分形特征的；从几何角度来看，岩渣是大小不同，但具有自相似性的多边几何体。

刀盘在破碎岩石时，大块岩石以相似比 $\gamma=1/B$、等破碎概率 $P$ 被破碎成具有一定相似性的岩石小块。第一次破碎后，岩渣之间会挤压、摩擦，钻头也可能会重复破碎已被破碎的岩块，重复着同样的过程，但所产生的同一粒度的岩渣各部分之间具有一定的相似性。其中 $B$ 为破碎岩石时的破碎基数，通常情况都是取 3。

假设岩石破碎的整个过程是遵循严格的自相似性，即各级岩石均以等破碎概率 $P$ 被破碎为若干个单元，且相邻破碎单元之间的尺度相似比为 $\gamma=1/B$。结合分形维数可以得出

$$D=3-(\ln P/\ln \gamma)=3-n \tag{3.4-4}$$

$$P=3^{D-3} \tag{3.4-5}$$

从式（3.4-4）和式（3.4-5）可以看出，等破碎概率 $P$ 与岩石块度分形有密切的关系，当 $P=0.5$ 时，说明破碎和未被破碎的岩石体积相等，此时的等破碎概率称为临界状态。所以，$P$ 值越大，说明破碎的岩石越多，钻进效率也就越低，因此可以通过调整等破碎概率 $P$ 值来提高钻进效率。

（4）岩渣粒度分形分析计算方法。根据分形理论，在所取岩渣的任一粒度区间都是可以适用的。由于在岩渣的筛分过程中，存在微小颗粒会流失和大颗粒岩渣在取样时存在误差的因素，为避免影响试验结果，将所得数据做"去头截尾"处理，消除在实际操作中产生的人为误差，保持试验的严谨性。

岩渣粒径分布分形模式有两种：①岩渣尺寸-质量关系；②岩渣尺寸-数量关系。由于所取岩渣更趋于细粒，在统计岩渣数量上工作量太大，所以采用岩渣尺寸-质量关系来确定分形维数。

用标准土壤筛对岩渣进行筛分，在不同孔径的筛分下，可以得出任一个孔径筛后剩余岩渣累计含量。设不同孔径为 $r$，岩渣总质量为 $M$，用 $M_r$ 表示孔径 $r$ 筛后剩余岩渣累计含量。结合式（3.4-3）可得

$$M_r/M=(X_n/k)^a \tag{3.4-6}$$

对公式两边同时取对数可得

$$\ln(M_r/M)=a\ln X_n-a\ln k \tag{3.4-7}$$

也可将式（3.4-7）改写为线性函数：

$$Y=AX+C \tag{3.4-8}$$

3. 基于图像识别的岩渣外形识别技术

与传统人工测量相比，数字图像处理技术具有高度智能化、可重复性高、简单便捷的优势，并且能够真实还原土石混合体内部的真实结构，这是人工测量所无法比拟的。

对典型岩渣进行粒径分析，可采用南京大学自主研发的图像处理软件——Pores（Particles）and Cracks Analysis System（PCAS）将二维断面上块石的可视粒径（MOD）

视为块石粒径，由此可以近似地来反映块石在三维方向上真实的粒度分布特征。由于通过计算机进行图像处理后，输出的岩石块度粒径单位为像素点。PCAS 软件能够通过导入现场照片，对照片进行数字化和优化处理，自动识别照片中的块石颗粒，统计其中的块石二维断面上的长和宽，并实现数据分析，进而实现对各级围岩弃渣进行图像识别（图 3.4-8）。

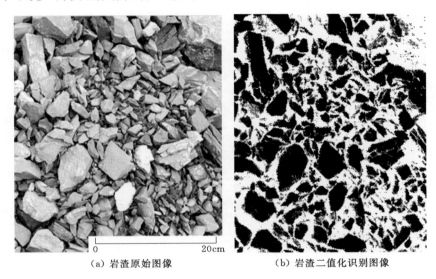

（a）岩渣原始图像　　　　　　　　　　（b）岩渣二值化识别图像

图 3.4-8　基于图像识别的岩渣外形识别成果

## 3.4.3　岩体强度便捷测试技术

获取岩体强度指标对 TBM 施工具有一定的指导意义，可以指导掘进参数的调整和刀具的选择。但是，由于双护盾 TBM 施工掌子面岩体被刀盘阻挡，故难以在洞内进行取样试验。目前，针对双护盾 TBM 施工掌子面岩体进行强度测试的传统方法为在皮带机或渣场对新鲜大块的渣样进行取样，然后在实验室进行室内强度测试工作。

目前，利用新鲜洞渣样进行室内试验的传统工作方法都存在极大的缺陷。其缺陷主要表现在以下几个方面：①渣样代表性差，渣场或皮带机的渣样仅仅能够反映最近开挖时段的岩体特征，无法复原该渣样的具体出露位置。而且，对于岩体特征变化复杂的隧道，掌子面上不同部位岩体其性状差异性大。因此，利用渣样进行试验其代表性差。②渣样扰动性大，试验成果真实度差。由于 TBM 掘进洞渣经历了刀盘切割、压碎以及传送过程中的碰撞，岩体扰动性大，与原状岩体相比其强度存在一定差异。③试验组数有限，耗费大、耗时长。取样进行室内试验，往往每次取样组数有限，大规模取样人力物力耗费大。而且，如果现场没有实验室，取样后送到实验室进行强度测试的过程耗时长，无法及时获得试验成果。

因此，本书研究了一种专门针对双护盾 TBM 施工环境下的掌子面岩体强度测试装置。该装置在不破坏刀盘整体结构和强度的基础上预先安装回弹仪测试装置，在非掘进时段转动刀盘进行多点测试获取整个掌子面岩体的一系列回弹仪强度测试数据，根据回弹仪强度测试数据与传统强度试验成果的回归关系确定掌子面岩体强度，并利用一系列的回弹仪数据进行统计分析，获取掌子面岩体强度分布云图及分区特征等相关成果，在获取掌子面岩体强度特征的同时了解掌子面岩体强度的分布变化特征。

掌子面岩体强度便捷测试装置结构总体示意图如图 3.4 - 9 所示，该装置主要包含测试系统、标靶系统、电路传输系统与总控系统等。

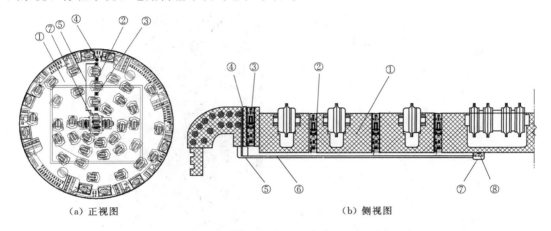

（a）正视图　　　　　　　　　　　　　（b）侧视图

图 3.4 - 9　掌子面岩体强度便捷测试装置结构总体示意图

①—刀盘结构；②—预留设备安装孔；③—强度测试装置；④—标靶喷射器；⑤—线路盒；
⑥—传输电线；⑦—设备保护箱；⑧—总控开关

刀盘结构是所有测试及配套装置的载体，所有设备都安装固定在刀盘内部或其后方。预留设备安装孔是在刀盘设计和制作过程中在刀盘结构上预留的一个空洞，为岩体测试装置的安装和布置提供空间。强度测试装置是实现对掌子面岩体进行强度测试的组合装置，其主要包括接线柱、防磨密封垫块、设备集成盒、电液推杆、固定构件、连接构件、移动滑轨、回弹仪、自动开闭舱门等（图 3.4 - 10）。接线柱的作用是实现线路在设备和控制系统之间的连接，实现各个设备在总控开关的控制下自动工作；防磨密封垫块的作用是使预留设备安装孔和设备集成盒更好地连接，实现设备集成盒在预留安装孔内的稳固和防

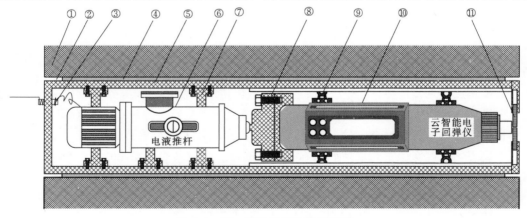

图 3.4 - 10　强度测试系统结构图

①—刀盘结构；②—预留设备安装孔；③—接线柱；④—防磨密封垫块；⑤—设备集成盒；⑥—电液推杆；
⑦—固定构件；⑧—连接构件；⑨—移动滑轨；⑩—回弹仪；⑪—自动开闭舱门

磨；设备集成盒的作用是将电液推杆动力驱动装置和回弹仪等设备固定集成在一起，形成整体以便于安装；电液推杆是动力驱动装置，为回弹仪的测试提供触探掌子面岩体的向前驱动力；固定构件的作用是将电液推杆等非移动部分进行固定；连接构件是连接电液推杆和回弹仪的连接装置，使得两者连接为一体，确保电液推杆可以带动回弹仪一起伸缩对掌子面岩体进行强度测试；移动滑轨的作用是使试验回弹仪可以自由前后滑动；回弹仪是测试强度的核心装置，可以实现对岩体强度的测试及数据的获取及上传；自动开闭舱门可以实现自动启闭，在测试时段打开，在非测试时段关闭密封，确保测试仪器设备不受损坏，也可以起到防尘作用。标靶系统的主要装置为标靶喷射器，利用喷射器的高压装置将不同颜色的防水颜料在掌子面岩体的上、下、左、右（即 12 点、6 点、3 点及 9 点方向）等位置分别喷射红、黄、蓝、绿等 4 种颜色的标识，为后期数据统计分析时提供方位参照。电路传输系统包括线路盒及传输电线等。线路盒的作用是将电线等进行集中管理和保护；传输电线的作用是实现设备与总控开关之间的电路传输，保证设备的正常供电。总控系统主要包含设备保护箱和总控开关等。设备保护箱是对总控开关进行保护；总控开关的作用是对各个设备进行集中控制，以方便工作人员在刀盘后方控制舱门的闭合和进行测试工作。

　　该装置功能的总体实现方案是在不破坏刀盘整体结构和强度的基础上预先安装回弹仪测试装置，在非掘进时段转动刀盘进行多点测试获取整个掌子面岩体的一系列回弹仪强度测试数据，根据回弹仪强度测试数据与传统强度试验成果的回归关系确定掌子面岩体强度，并利用一系列的回弹仪数据进行统计分析，获取掌子面岩体强度分布云图及分区特征等相关成果，在获取掌子面岩体强度特征的同时了解掌子面岩体强度的分布变化特征。具体方法步骤如下。

　　步骤一：根据双护盾 TBM 刀盘开挖直径，以及测试精度要求确定回弹仪的数量、布设间距、测试点数量。

　　步骤二：结合刀盘结构在刀盘设计和制作时，基于不破坏刀盘整体结构和强度的原则沿刀盘轴线预留空洞作为预留设备安装孔，并对刀盘进行改造，在刀盘后方紧贴刀盘表面布置线路盒和设备保护箱。

　　步骤三：隧道掘进施工前将设备集成盒、标靶喷射器等相应设备按照背装式进行安装和固定，同时将设备保护箱总控开关及线路盒内的线路进行布设安装，并连接相应线路。

　　步骤四：隧道掘进过程中，在需要对掌子面岩体进行测试的任何时刻，应先停止掘进。

　　步骤五：根据确定的测试点数量，计算每次测试相应刀盘的转动间隔角度。然后，利用刀盘转动人工控制仪转动刀盘空转，刀盘旋转到相应间隔角度时，启动总控开关打开舱门进行回弹仪的强度测试。同时，当标靶喷射器旋转到上、下、左、右位置时分别喷射红、黄、蓝、绿等 4 种颜色的标识。

　　步骤六：当刀盘空转并测试一圈时，停止刀盘转动，利用总控装置回退设备并关闭舱门，从而实现对掌子面岩体一系列点位的测试。

　　步骤七：利用 TBM 自身测量装置对刀盘的四周和中心位置坐标进行测量，并将测试数据从云端下载，计算各测试点的坐标位置，结合测试强度值，利用 Sufer 软件形成掌子面岩体强度分布云图（图 3.4 - 11）。进而分析掌子面强度分布特征并根据强度值较低部

双护盾TBM施工超前地质预报

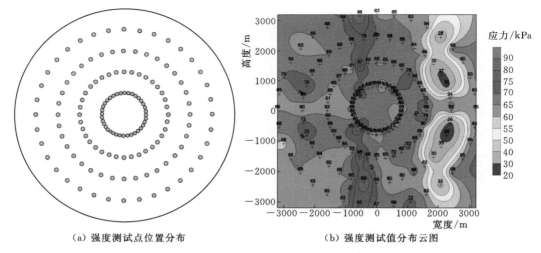

（a）强度测试点位置分布　　　　　　（b）强度测试值分布云图

图 3.4-11　强度测试点位置分布和强度测试值分布云图

位分布情况分析岩体质量缺陷分布位置。

　　利用该装置进行掌子面岩体强度测试具有以下优势：测试数据量大，刀盘转动一圈即可获取几十至上百个测试点的强度特征值；快速便捷，该设备利用刀盘预先安装的回弹仪强度测试装置进行测试；直接对开挖岩壁进行测试，避免取样原位测试，同时，测试的岩体为原状样；试验位置明确，直接在掌子面岩壁进行测试，根据回弹仪的位置及测试时刻即可计算出测试位置。

## 3.4.4　破碎岩体反扭矩测试技术

　　双护盾 TBM 施工过程中，若遭遇破碎岩体往往会造成刀盘被周围破碎岩体包裹，导致扭矩过大，电流急剧上升，刀盘无法转动，从而引起刀盘卡机。刀盘卡机往往是因为刀盘周围的破碎松散岩体碎块对刀盘的包裹挤压造成反扭矩过大，大于设备自身提供的脱困扭矩，从而刀盘无法转动，造成刀盘部位的卡机。刀盘卡机是有别于盾体卡机的一种常见的 TBM 卡机形式。有效获取破碎岩体造成 TBM 刀盘卡机的反扭矩参数特征将会对 TBM 结构设计和预防刀盘卡机提供有效的指导。

　　现今，针对刀盘卡机时周围破碎岩体对刀盘的反扭矩还没一种专门的试验装置和方法进行测定。目前，在工程设计和施工中主要是采用岩体的内摩擦系数等其他参数进行推断和估算。这种方法利用岩体的其他相关参数间接地推断和估算刀盘所承受外部岩体的反扭矩，估算的结果受计算采用岩体的其他相关参数与扭矩之间的关联性影响较大，同时受采用的本构方程可靠性的影响，计算结果往往与实际差距较大。因此，在研究过程中针对刀盘卡机的特点专门设计了一种可以直接测试外部破碎岩体在卡机时施加在刀盘上的真实扭矩的室内试验装置。以期模拟实际施工中刀盘卡机状态下周围破碎岩体施加在刀盘上的实际扭矩大小，包含卡机时的最大启动反扭矩和转动后的转动扭矩，为 TBM 设备扭矩额定设计时提供参考。

　　该技术主要用于测试 TBM 刀盘卡机时外部破碎围岩反扭矩的大小，测定不同地应力

40

状态下、不同级配破碎岩体对刀盘施加的实际扭矩大小。扭矩测试试验装置结构示意图如图 3.4-12 所示，该装置主要包含转动动力装置、垂向和法向加压系统、搅拌系统及扭矩测量装置等。

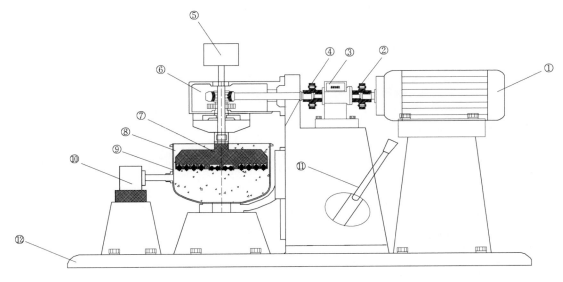

图 3.4-12　扭矩测试试验装置结构示意图

①—电机；②—联轴器 1；③—扭矩传感器；④—联轴器 2；⑤—垂向加压系统；⑥—转向传动箱；⑦—似刀盘状搅拌叶片；⑧—试验样品；⑨—双层中空可加压搅拌锅；⑩—法向加压系统；⑪—电源启动开关；⑫—底座

电机和转动传动箱主要是为搅拌装置提供转动动力；垂向加压系统的作用主要是对碎块石试验样品施加垂向压力，模拟刀盘卡机时刀盘前进方向的推力；法向加压系统的作用主要是利用液压装置将液压压力通过双层中空可加压搅拌锅施加在碎块石试验样品周围，模拟刀盘卡机时刀盘周围破碎岩体岩块所承受的地应力等外部压力；似刀盘状搅拌叶片是搅拌装置的搅拌设备，模拟刀盘卡机时的刀盘装置；碎块石试验样品是试验提供的样品，模拟刀盘卡机时刀盘周围的破碎岩体碎块；双层中空可加压搅拌锅的作用是为试验提供盛样装置，同时，利用其中空装置和法向加压系统连接为样品施加法向应力；联轴器的作用是将电机的动力传递到扭矩传感器上；扭矩传感器是用来量测搅拌时试验对搅拌叶片施加反力矩大小的测量装置；电源启动开关是用来启动和闭合电机的开关装置，控制提供和关闭动力；底座是为试验装置提供整体平台，同时连接各设备支座和地面的装置，防止设备在试验过程中发生倾倒等危险。

试验时，利用电机和转动传动装置将电机的动力转化为转动动力带动搅拌叶片对搅拌锅内的试验样品进行搅拌，并利用垂向和法向加压装置对试验样品施加三向压力，同时，在搅拌时利用扭矩传感器对实际搅拌扭矩进行测定，获取不同级配、不同压力下样品的反扭矩参数。具体试验步骤如下：

步骤一：根据具体岩体破碎特征配置试验碎块石样品，将试验碎块石样品放入搅拌锅内，放置好搅拌叶片，并盖上搅拌锅上盖。

步骤二：启动垂向压力系统。

步骤三：启动法向压力系统至试验设定压力值。

步骤四：开动电机开关进行搅拌，直至搅拌启动并在速度平稳下保持 3～5min。

步骤五：试验过程中记录搅拌过程中各时刻扭矩传感器的扭矩实测值。

步骤六：绘制时间和扭矩值曲线，取曲线拐点最大值作为卡机启动最大反扭矩，取曲线拐点后部近直线段的切线斜距作为转动后的转动反扭矩。

### 3.4.5　地应力测试技术改进

在大埋深高地应力隧道施工过程中，往往需要进行地应力测试来了解工程区的地应力分布特征。成都院对传统的水压致裂法和三孔交汇应力解除法等地应力测试方法的具体施工操作方法进行了改进。改进后的水压致裂法测试设备其加压系统更适应针对深埋隧道深钻孔的加压需求，改善了试验效果。改进后的三孔交汇应力解除法地应力测试方法使得其在双护盾施工环境下，在操作层面上减小了对洞内正常施工和对火车正常通行的干扰，更加适应于双护盾 TBM 的施工环境。

1. 新型加压方法水压致裂地应力测试系统

进入 21 世纪以来，交通、水利水电和能源等行业得到快速发展，人类在地壳活动空间的广度和深度不断地扩展和延伸，特别是近些年来，我国在高边坡、高地应力、深埋长隧洞等地形地貌复杂区兴建了众多的岩土工程。已有越来越多的数据证明，地表和地下工程施工期间所进行的岩体开挖往往能引起一系列与应力释放相关联的变形与破坏现象，这都对地应力场分布规律研究提出了更高的要求。研究地应力场分布规律最直接的途径就是进行地应力测试。而一些高海拔地区深孔地应力测试资料较少，深孔地应力测试一般使用水压致裂法进行测试，但是现有的水压致裂测试系统在高海拔深孔地区使用时会存在加压缓慢或是破裂压力较高无法压裂的问题，有必要对其进行研究，找出合适的测试方法及测试系统。

新型加压方法水压致裂地应力测试系统结构如图 3.4－13 所示，包括试验段、数据记录系统、数据采集显示系统、一级压力水泵、二级压力水泵、泄压开关、压力水管和单向阀。

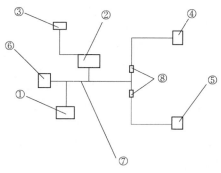

图 3.4－13　新型加压方法水压致裂地应力测试系统结构图

①—试验段；②—数据记录系统；③—数据采集显示系统；④—一级压力水泵；⑤—二级压力水泵；⑥—泄压开关；⑦—压力水管；⑧—单向阀

试验段与压力水管连通，数据采集显示系统与压力水管连接，一级压力水泵和二级压力水泵与压力水管连接，一级压力水泵和二级压力水泵并联，泄压开关与压力水管连接，试压段上设置有封隔器，数据采集显示系统包括压力传感器、流量传感器、压力表和流量表，数据记录系统包括控制器和显示器，压力传感器和流量传感器与控制器的信号输入端连接，显示器与控制器的信号输出端连接。在一级压力水泵和压力水管之间设置有朝压力水管方向单向打开的单向阀，在二级压力水泵和压力水管之间设置有朝压力水管方向单向打开的单向阀。由于单向止回阀的存在，保证了水流不逆向回流，从而加快了系统的加压速度，提高了系统的加压能力，使得水压致裂地应力测试在高海拔地区深孔中能够顺利开展。

使用过程如下：第一级压力水泵采用 25MPa 水泵、第二级压力水泵采用 50MPa 水泵。首先，对钻杆进行试压，试压压力不小于 15MPa，保证钻杆的密封性良好，然后通过压力水管将封隔器、试验段、数据采集显示系统、压力传感器、压力表、流量表、流量传感器、单向止回阀、25MPa 水泵、50MPa 水泵连接起来，进行试压，试压压力不小于 15MPa，保证整个系统的密封性良好，试压完成后将封隔器及试验段下放至指定试验位置。试验开始时，先用 25MPa 水泵给系统加压，如果未加到 25MPa 岩石已经压裂，则可关闭开关，进行下一循环；如果加到 25MPa 岩石仍未压裂，则关闭 25MPa 水泵，此时不要打开泄压开关，打开 50MPa 水泵继续给系统加压，直到将岩石压裂为止。该测试系统将 25MPa 水泵与 50MPa 水泵并向接入，可分别给系统加压，由于单向止回阀的存在，保证了水流不逆向回流，从而加快了系统的加压速度，提高了系统的加压能力，使得水压致裂地应力测试在高海拔地区深孔中能够顺利开展。

2. 全时段地应力测试操作辅助设备

近年来，一些复杂地质地貌的深埋长隧洞开挖时多采用全断面隧道掘进机（TBM）进行施工，TBM 正常作业时，无法保证有足够的空间进行地应力测试，因此现有技术只有在 TBM 不工作的时间段才能进行地应力测试，而 TBM 作业所占用的时间较长，因此采用现有技术的地应力测试系统大大降低了工作效率，影响了施工进度。

本书经过多方面的研究，研制出全时段地应力测试操作辅助设备，可以在不影响 TBM 正常作业的情况下进行地应力测试，可以实现快速整体移动，方便快捷、省时省力地在 TBM 施工条件下全时段进行地应力测试。

TBM 施工条件下全时段地应力测试系统结构示意图如图 3.4-14 所示，包括风带、测试平台、起升装置、运输车、测试设备、固定件等。

测试平台包括台面和设置在台面下方的支撑架，运输车位于台面下方，测试设备固定在测试平台的台面上，测试设备和台面位于运输车和风带之间，固定件与测试平台固定连接，起升装置的下端固定在运输车上，固定件位于起升装置的上方。全时段地应力测试系统将测试设备和台面设置在运输车和风带之间，从而巧妙避开了 TBM 施工的区域。因此，采用此地应力测试系统不会影响 TBM 的正常施工，使得地应力测试和 TBM 施工可以同时进行，这样可以使所有时段都得到充分利用，而不需要避开 TBM 施工的时段，实现了全时段地应力测试的目标，这样就可以大大节省工期，显著提高生产效率，加快施工进度。当安装测试要求对测试设备进行搬运时，可以利用运输车上的起升

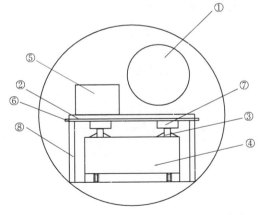

图 3.4-14　TBM 施工条件下全时段地应力测试系统结构示意图

①—风带；②—测试平台；③—起升装置；④—运输车；⑤—测试设备；⑥—固定件；⑦—枕木；⑧—支撑架

装置将固定在固定件上的测试平台升高到一定高度，使测试平台的支撑架脱离支撑平面，然后利用运输车将测试平台和测试设备运输到指定位置。当测试平台到达指定位置后，利用起升装置将测试平台下降一定高度使支撑架落到隧道的支撑平面上，形成对测试系统的可靠支撑后就可以开始利用测试设备对地应力进行测试工作。为了对系统平台以及测试设备进行有效保护，保证测试的精度，钢梁和起升装置之间设置有缓冲件，缓和起升装置在抬升的初始阶段与固定件之间的冲击，以保证测试设备不会因为冲击而造成损坏，缓冲件为枕木。采用枕木作为缓冲件取材方便，成本低，制作简单，缓冲效果好。起升装置为千斤顶，使用快捷方便，起升高度可以调整。在具体实施时固定件采用工字钢。

TBM 施工条件下全时段地应力测试系统操作过程为：起升装置采用两个对称放置的 20t 千斤顶，固定件采用工字钢。枕木数量与千斤顶数量一致，当测试系统需要搬运时，将钢梁固定于测试平台牛腿的上面，在钢梁及运输车之间放置枕木和千斤顶，通过给千斤顶加压将整个测试系统升起，然后可通过运输车将其运送至指定位置，整个运输过程方便快捷、省时省力。

### 3.4.6　围岩变形监测技术

双护盾 TBM 施工条件下围岩变形量和围岩变形速率对施工掘进的指导极其重要，不仅可以指导掘进扩挖量的合理选择，做到安全经济，也可以利用变形监测成果提前预测变形速率，最大限度地指导掘进避免岩体收敛变形过大造成卡机。

但是，由于双护盾 TBM 施工环境下岩壁无暴露，无法采用传统的断面测量监测或开挖断面三维激光扫描等手段获取岩体开挖后的变形特征。同时，也无法采用传统的变形收敛计进行变形监控量测。清华大学曾利用超前钻孔进行超前变形监测，但由于受双护盾 TBM 施工中超前钻孔孔径限制和内部设备干扰，效果也不佳。

因此，本书探讨了对现有盾体结构进行改造，预先设置监测孔，借助激光测距仪通过监测孔进行施工过程中全时段围岩变形监测，同时通过对监测成果的分析对卡机、塌方等灾害进行预警，形成了全时段围岩变形监测和预警技术。利用全时段围岩变形监测和预警系统，可以实时监测断面围岩和盾体之间的距离，解决了无法预判已开挖但尚未安装管片段的围岩变形稳定情况的问题，最大限度地避免卡机事故。同时，也可以生成各桩号的开挖断面图，从而指导地质人员判断围岩条件和有针对性地对空腔进行回填注浆处理。

全时段围岩变形监测和预警系统在前盾到管片间均可环向布置监测孔（图 3.4 - 15 中仅示例两环），因孔后测距仪紧贴盾体，故基本不影响盾内油缸等机械设备。监测孔径约 50mm，撑靴附近也可布设且不影响其结构。尾盾后均已安装管片，无监测必要。监测孔靠盾体内设一可旋转打开的保护片，避免细小岩渣或地下水进入盾体内，同时不影响测距仪工作。测距仪靠支架固定在盾体内，紧贴盾体（图 3.4 - 15）。

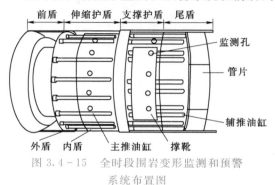

图 3.4 - 15　全时段围岩变形监测和预警系统布置图

显示装置可于操作间内实现实时显示，

报警系统可预设报警值，当出现异常数据时提醒操作人员注意（图 3.4 - 16）。

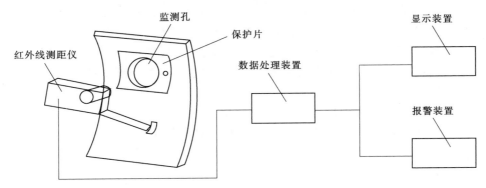

图 3.4 - 16　全时段围岩变形监测和预警系统结构图

　　当双护盾 TBM 正常掘进时，主推油缸伸出将前盾及外盾推出，此时内盾上环向孔可见岩壁，由主机自动发出测距指令，并结合该处桩号，自动记录到数据处理装置内并于显示装置实时反映图像。同理，支撑护盾和尾盾上布设的监测孔，同样由主机根据 TBM 掘进姿态适时自动发出测距指令并记录数据。此时可生成相应洞段断面各监测点距测距仪的距离，经过后台计算可生成该桩号的洞室断面图。如某点距离值过大，则表明出现局部空腔，可结合地质条件辅助判断该处围岩条件，同时可指导后续回填灌浆进行针对性处理。TBM 继续向前掘进，图 3.4 - 15、图 3.4 - 16 中所示监测孔将相应跟随移动，移动至上一回次进行监测的断面位置时，再次对各监测断面进行监测，并自动和上次测量数据对比，如相同，则证明该段时间内围岩无变形现象。如某点两次数据不一致且数值减小，则证明该点发生形变或有掉块现象。装置可设置报警点，当两次数据差值超过某一定值时发出报警，提醒操作人员注意，此时应根据多点复测的数据结合地质人员专业经验判断是否存在围岩变形，以此告知操作人员选择快速通过变形段或做相应处理。

　　当形变发生时间过短，来不及进行操作仍造成卡机时，可拆卸测距仪，并打开保护片，此时监测孔可作为紧急处理操作孔使用。例如，围岩变形造成紧贴盾体，则可通过该孔向岩壁高压注入润滑液并再次尝试加大推力脱困；如遇高地应力引起的围岩变形，则可通过该孔向岩壁造孔，释放应力并尝试脱困等。这些检测孔的加入，使得 TBM 在进行简单脱困处理时，无须打开相应的护盾壳体，避免了设备的永久损坏，同时在处理时可最大限度地保障作业人员及 TBM 设备的安全；另外，相比切割盾体的处理方式，该方法可在卡机第一时间进行及时处理，这对处理卡机脱困是至关重要的。

## 3.4.7　围岩压力实时监测技术

　　双护盾 TBM 施工条件下围岩压力变化特征对指导施工掘进具有极其重要的作用，不仅可以指导衬砌结构设计，确保隧道安全经济性，同时也可以避免围岩压力过大造成盾体卡机。在卡机时，也可以根据围岩实时压力值进行脱困方案的设计。但是，由于双护盾 TBM 施工环境下岩壁无暴露，传统围岩压力监测手段在该施工环境下难以开展。目前，利用管片预埋压力传感器进行围岩压力监测，往往只能实现固定部位的围岩压力特征监测，无法对全洞进行实时监测。

因此，本书探讨了利用压电陶瓷盾体压力感应系统进行围岩压力的实时监测。主要是对现有盾体进行改造，在盾体靠近开挖岩壁的外侧布置多个监测断面，在每个断面环向上根据监测精度需要预先埋设固定多个压电陶瓷压力传感器，随掘进掌子面不断向前，对临近掌子面的不同断面上的岩体压力进行实时监测，同时结合各个断面的通过时间特征分析围岩压力随时间的变化规律。

压电陶瓷盾体围岩压力感应系统的结构和布置如图 3.4-17 所示，主要由布设在盾体外侧的传感器、电压接收放大系统、信号转换系统以及终端监控显示和存储系统组成。其中，传感器主要按照不同间距断面规律布设，从而感应不同部位不同时段岩体的围岩压力，激发传感器形成电信号。电信号通过连接线传导至电压接收放大系统，将电信号进行放大。放大的电信号通过信号转换系统转化为压力值，并传导至终端监控显示和存储系统，从而获取围岩压力的时空分布特征，为围岩压力特征和变化规律分析提供依据。

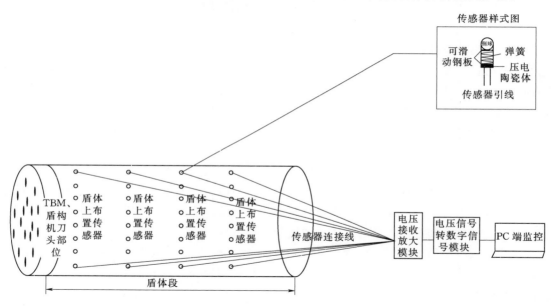

图 3.4-17　压电陶瓷围岩压力感应系统的结构和布置图

该系统无论是 TBM 掘进时还是停机检修时均可以实现对相应临近开挖面一定范围内的围岩压力进行实时量测和监控。尽管监测时段较短，但可以实现对开挖掌子面附近岩体早期应力重分布的实时变化规律进行有效监测。这对 TBM 掘进具有极其重要的指导意义，可为预防卡机和卡机后的脱困方案设计提供地质依据。

# 第 4 章

# 双护盾 TBM 施工超前地质预报技术

## 4.1 超前地质预报工作的目的及内容

隧道等地下工程施工都是在工程所在特定的地质环境下进行的，所以必须预先了解整个场区的基本地质条件和关键地质问题，以便指导施工方案的制定，避免地质灾害发生，确保施工安全和施工进度。

双护盾 TBM 施工由于破岩方式独特、设备庞大、施工空间狭小、施工速度快、一体化程度高及施工灵活性差，围岩岩性、岩体强度、矿物成分、岩体完整性、地下水状态都会影响刀具磨损程度和施工进度，而且，塌方、围岩变形、岩溶、涌突水等工程地质问题对 TBM 施工造成的影响比传统钻爆法施工要大，并且受施工空间狭小限制，处理难度大。所以，TBM 施工对地质条件更为敏感，对地质的依赖性更强。因此，必须提前掌握前方地质条件，及时采取如调整掘进参数、有效支护等针对性的超前措施。

隧道工程尤其是深埋越岭隧道，区域及场区地形地质条件往往十分复杂，同时，受交通、气候、地形等客观条件限制，传统地面地质勘察难度大，前期勘探精度低，在施工前期难以对工程区域的工程地质情况有全面准确的掌握，很难做到对隧道沿线不良地质情况的准确揭示。因此，在施工期进行超前地质预报是必不可少的环节，可以有效地掌握隧道施工期间掌子面前方的地质情况，对确保 TBM 快速、安全掘进十分必要。

超前地质预报的目的主要是对开挖面前方的基本地质条件进行预测，对主要地质问题的类型、规模及出露情况进行预报，并初步判断围岩类别以便指导施工和支护方案的确定。

超前地质预报工作主要包含以下几方面内容：

（1）基本地质条件预报。预报开挖面前方的基本地质条件，主要包含地层岩性、地质构造、岩体完整性、地应力、地下水特征及有毒有害气体和放射性危害源出露情况等，以便施工中对前方整体地质条件进行了解。

（2）灾害地质预报。预报开挖面前方灾害发生的可能性、类型、出露部位及规模和出露位置等，如断层破碎带引起的塌方、节理裂隙密集带及构造带引起的塌方掉块、高地应力引起的岩爆和片帮掉块、软弱岩体在地应力下引起的围岩收敛变形及地下水引起的涌水突泥等灾害发生的可能性、规模和位置等。

（3）围岩类别及稳定程度预报。在对基本地质条件进行预测的基础上，对洞室围岩的自稳能力进行预报，同时对前方预报范围内围岩类别进行分段划分，以便指导掘进并为支护方案的实施提供地质依据。

（4）施工风险预报。根据灾害地质预报成果分析 TBM 掘进施工中的风险，如卡机风险、塌方风险、涌突水风险等，从而指导掘进施工参数的选择和相应超前施工措施方案的制定，以便降低施工风险。

## 4.2　已有预报手段及适宜性

TBM 施工和常规钻爆法施工存在明显的差异,无论是破岩方式、施工设备、施工空间还是施工环境、施工速度都相差甚大。同时,TBM 也进一步可以分为敞开式 TBM、单护盾 TBM 和双护盾 TBM 等,不同类型 TBM 的设备结构型式和施工方式也存在较大的差异。双护盾 TBM 施工环境下其施工设备和施工工艺与传统钻爆法及其他形式 TBM 的差异,也使得双护盾 TBM 施工环境下的地质预报工作面临许多新问题。双护盾 TBM 施工空间狭小、岩壁暴露有限、各种干扰场复杂多变、施工速度快的特点,使得各种预报手段在测试原理层面的适应性上和具体实施操作层面的可行性上,都和传统钻爆法及其他形式 TBM 施工环境下均不相同。为了合理选择可行可靠的地质预报测试手段,就十分有必要对各种常见预报手段在双护盾 TBM 施工环境下的可行性进行分析。

### 4.2.1　常见预报手段

目前,国内外超前地质预测预报的方法很多,总体上分为地质分析法、直接法、间接法(物探测试法)三种。

#### 4.2.1.1　地质分析法

地质分析法是在隧道施工地质预报中使用最早的一种基本方法,也是所有采用地球物理探测方法进行隧道施工地质预报的基础,其他预报方法的解释应用都是在地质资料分析判断基础上进行的。它直观可靠、应用广泛,适用所有地质条件和所有方法施工的隧道,是提高隧道地质预报准确率的基础保障。

地质分析法主要是利用地表详细调查和隧道施工期掌子面地质编录、素描、数码照相等手段,了解隧道所处地段的地质条件,运用地质学理论,采用作图法、投影法、趋势外推法、前兆标志法及构造相关性分析法等地质分析方法,论证、推断、预报隧道施工前方的工程地质和水文地质情况。通过地质分析法可对工程区域地质情况进行判断,划分风险等级,辨识重点高风险区域,推测开挖工作面前方可能出现的不良地质情况,从而进行超前预报。

地质分析法主要包括地表地质体投影法、地质编录预测法和前兆标志法三种。

1. 地表地质体投影法

地表地质体投影法主要在施工前地表详细调查的基础上进行,是一种长距离、宏观定性预报方法。该方法主要是通过地表地质调查,查明隧道沿线宏观的地形地貌形态、地层岩性分布情况、构造发育程度及水文地质特征等。在此基础上对地表查明的岩性分界面、断层带、富水带等关键地质界面和地质体利用投影法及作图法等手段综合分析在隧道内出露的位置、规模、性状和发育程度等,根据地质体的规模、性状和程度划分风险等级,同时根据出露位置辨识高风险区域,从而进行整体宏观定性预测。

2. 地质编录预测法

地质编录预测法主要在施工期对掌子面和已开挖暴露洞段的地质编录和资料收集基础上进行,是一种施工期实时进行的短距离预报方式。该方法主要是通过施工时实时对开挖掌子面和开挖暴露洞段的地层岩性、地层产状、断层、褶皱及节理裂隙发育程度和产状特征、岩体完整性、地下水状态以及地应力等地质条件进行编录和资料收集，采用趋势外推法及构造相关性分析法等手段，对前方短距离内的地质条件进行预测。相比地表地质体投影法，该方法获取的地质信息更为直观、准确和全面。

通常，为了预测前方洞段地质条件需要进行地质编录和地质资料收集的主要内容如下：

(1) 岩体特征（岩性、强度、产状、风化程度、完整性等）。

(2) 断层（断层产状与隧道洞轴线的关系、宽度、充填情况等）。

(3) 节理裂隙（节理裂隙产状、组数、充填情况等）。

(4) 岩溶（规模、形态、位置、充填物成分、岩溶水情况等）。

(5) 水文地质（地下水溢出位置、出露形式、出水量等）。

(6) 有害气体及放射性危害源出露情况（煤层、含黄铁矿层等）。

TBM 施工方法由于掌子面被刀盘阻挡，后方开挖岩面被喷射混凝土或被管片阻挡，地质编录工作受限。但是，TBM 工法相比钻爆法而言却有自己独特的产物——岩渣和掘进参数。岩渣和掘进参数中包含的大量信息对地质分析和地质预报工作起到了重要的辅助作用，同时也弥补了不能对岩面进行观察的缺陷。因此，针对 TBM 施工工艺，应在对有限暴露岩面进行观察的基础上，同时也应着重对 TBM 施工独有的掘进参数和岩渣等信息进行收集，并综合进行分析判断。

3. 前兆标志法

大量工程实践证明，隧道施工过程中在出现断层破碎带、溶洞、暗河、淤泥带、煤与瓦斯等不良地质体之前，往往都会出现比较明显的前兆标志。这些前兆标志对地质预报工作中的临灾预警判断分析具有重要指导作用。

(1) 断层破碎带的前兆标志。节理组数急剧增加，多达 10 组及以上；岩层牵引褶曲、牵引褶皱、前兆节理出现；岩石强度明显降低，出现压碎岩、碎裂岩、断层角砾岩等；临近富水断层时，断层下盘隔水岩层明显湿化、软化，甚至出现淋水或涌突水。

(2) 大型含水溶洞、暗河、淤泥带的前兆标志。裂隙或溶隙间出现较多的铁染锈或黏土，岩层明显软化，小溶洞频繁出现等。大型含水溶洞还常常出现夹泥裂缝或小溶洞；暗河则为出现的小溶洞常常含河沙，涌水量剧增且夹有泥沙和小砾石；淤泥带则表现为钻孔中的涌水量剧增且浑浊，常夹有大量泥沙和棱角尖锐的小砾石。

(3) 煤与瓦斯突出的前兆标志。开挖工作面地层压力增大、鼓壁、有移动感、发出嘶嘶声，同时带有粉尘；瓦斯浓度突然增大或忽高忽低，工作面温度降低，出现异味；煤层结构变化明显，层理紊乱，厚度与倾角变化，煤层顶、底板出现断裂、波状起伏；钻孔时出现顶钻、夹钻、顶水、喷孔等动力现象。

**4.2.1.2　直接法**

直接法主要采用超前导洞（坑）法、超前水平钻探法等手段。直接法一般需要昂贵的费用和较长的预报时间。

超前导洞（坑）法包括超前平行导洞（坑）法和超前正洞导洞（坑）法。超前平行导洞（坑）法是在与隧道正洞轴线相距一定距离的位置，平行于隧道正洞开挖一导洞（坑），实施全程地质素描和编录。通过地质投影和映射，较准确地推断出主要不良地质体（如断层、破碎带等）在正洞的揭露里程，以探明隧道正洞的地质条件。利用该方法预测正洞地质条件非常直观，准确率也比较高，是我国隧道工程中常用的一种预报方法。在大秦线上12 座长 1.5km 以上的隧道有 9 座采用了平行导洞（坑）。秦岭隧道为了保证Ⅰ线隧道TBM 安全顺利施工，在Ⅱ线隧道中线位置上先期利用平行导坑贯通，对Ⅰ线正洞做出了直观、高精度的超前地质预报。由于其断面较大，可较全面地揭露正洞前方的地质情况，但耗时较长，经济代价较高，地层变化复杂时准确率明显降低。超前正洞导洞（坑）法则是先沿隧道正洞轴线开挖小导洞（坑），探明前方的地质情况，再将导洞（坑）扩为隧道断面。在国外，在一些特殊地段为了探明地质情况往往不惜花费高昂代价，甚至利用正洞导洞（坑）来进行超前地质预报，如德国欧伦堡隧道长 3303m，为了弄清前方地质情况，开挖了 25.9m 深的竖井和 1647m 长的导坑。浮可林隧道长 6019m，为了查明膨胀土的分布情况，几乎全隧道挖通勘探导坑。但在国内采用超前正洞导洞（坑）法的并不多见，北京八达岭高速公路隧道部分地段的施工过程中采用了超前正洞导洞（坑）法。

超前水平钻探法与超前导洞（坑）法的原理基本相同，是利用钻探设备向掌子面前方进行钻探，直接揭露隧道掌子面前方地层岩性、构造、地下水、岩溶、软弱夹层等地质体及其性质、岩石（体）的可钻性、岩体完整性等资料，还可获得岩石强度等指标，是最直接有效的超前地质预报方法之一，在工程实践中应用广泛，取得了较好效果。但在超前钻探中往往因为"一孔之见"的问题导致不良地质体的漏报漏探。目前国内这种方法主要应用于水工隧道工程中，国外已经较为普遍，英吉利海峡隧道、日本青函海底隧道更是大量采用了超前水平钻探法进行施工期超前地质预报。

### 4.2.1.3　间接法

间接法也称为地球物理探测法，具有施工快捷、预报结果及时、费用低廉等特点。各类探测方法是以地质介质的某一性质差异为物理基础的，每类技术有各自的适用范围、敏感特性和优缺点。

物探方法按照物性参数差异主要归属于重力法类、电法类、磁法类、地震波类、放射测试法类、地热法类等大类。用于隧道超前地质预报的物探测试方法多属于电法类和地震波类。地震波类常见的有隧道地震预报（TSP）法、隧道反射成像（TRT）法、综合地震成像系统（ISP）法、水平声波反射（HSP）法、隧道负视速度法、三维地震法、TGP法等；电法类中电磁类常见的有地质雷达（GPR）法、隧道瞬变电磁（TEM）法、高频大地电磁（EH4）法等；电法类中直流电法类常见的有激发极化法、聚焦电流（BEAM）法。其他方法主要包含红外探水法、岩体温度法、温度探测法等，以及物探与超前钻探结合的隧道随钻地震超前探测技术（TSWD）、孔内声波法、孔内地质雷达法等。下面着重对几种技术相对成熟、应用相对广泛的超前地质预报物探测试方法进行介绍，主要包含各种测试手段的具体特点、技术原理、实施方法、成果形式及应用情况。

1. TRT 法

20 世纪 60 年代，美国研发了利用地震波进行地层结构扫描成像的技术，简称为TRT，可有效预测掌子面前方 100～120m 的地质结构。

该技术的基本原理在于当地震波遇到声学阻抗差异（密度和波速的乘积）界面时，一部分信号被反射回来，一部分信号透射进入前方介质。声学阻抗的变化通常发生在地质岩层界面或岩体内不连续界面。反射的地震信号被高灵敏度地震信号传感器接收，反射体的尺寸越大，声学阻抗差别越大，回波就越明显，越容易被探测到。通过分析，可了解隧道工作面前方的围岩情况，主要包括是否存在断层、破碎带、软弱带以及岩溶、富水区等灾害体，以及这些灾害体的位置、形状、大小，结合地震波波速进行围岩分级评估。进而预报掌子面前方的地质情况（图4.2-1）。

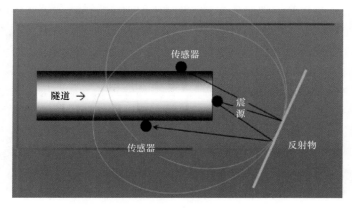

图4.2-1　TRT法工作原理示意图

基本方法为：在震源点上进行人工锤击，在锤击岩体产生地震波的同时，触发器产生一个触发信号给基站，然后基站给无线远程模块下达采集地震波指令，并把远程模块传回的地震波数据传输到笔记本电脑，完成地震波数据采集。通过 TRT 软件进行整理及滤波处理并假定一个波速模型，根据传感器或者检波器接收到的地震波信号得到某一波形传播的时间，运用波速初始模型得到运算后的不良地质体的推测距离，最终获得地质层析扫描成像成果图。通常每个探查区安装 10 个传感器，隧道左、右边墙各布置 4 个，洞顶布置 2 个，锤击震源点共计 12 个，隧道左、右边墙各 6 个，震源需尽可能地靠近掌子面。这样共获取 120 组反射地震波信号。TRT 震源与传感器点代号分布示意图如图 4.2-2 所示。

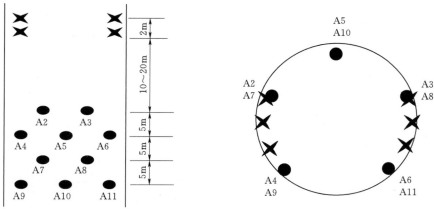

图4.2-2　TRT震源与传感器点代号分布示意图
（四角星表示锤击震源点位置，圆点表示传感器位置）

通过数据处理最终可以形成层析三维成果图和对应视波速变化曲线（图 4.2-3）。成果图可清晰表明地震波反射异常情况和对应波速变化特征。辅助地质人员进行围岩类别及可能存在的工程地质问题分析判断，并做出预报。其中，在 TRT 测试地震波反射面分布情况及强度属性特征图中可以判断地震波反射面的空间出露位置、分布桩号、密集程度等，色彩深浅代表了反射的强烈程度，黄色代表正反射，蓝色代表负反射，结合视波速变化曲线可以综合分析前方各洞段构造发育位置和岩体波速相对变化关系，如地震波反射面分布情况及强度属性特征图中 K10+290 处负反射面相对集中，K10+320 处正反射面相对集中，相应视波速变化曲线中对应部位岩体波速分别发生降低和抬升。地质人员可据此进行围岩类别及可能存在的工程地质问题分析预测，可以作出 K10+290～K10+320 岩体质量相对较差的判断。

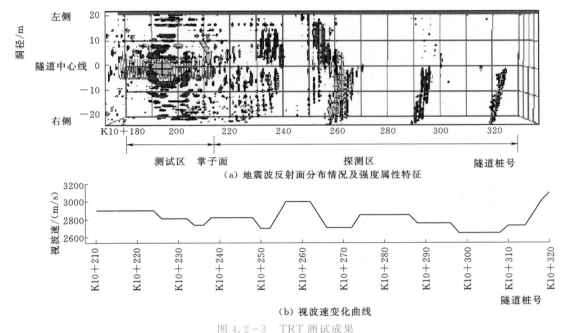

图 4.2-3　TRT 测试成果

TRT 自问世以来在国内外诸多工程（如奥地利的阿尔卑斯隧道和我国的中天山隧道、铜锣山隧道、牛栏江隧道等）中得到了良好应用，但在 TBM 施工环境下受激发和检波器布置难度较大的影响应用较少。其中，在西藏林芝地区的派墨农村公路多雄拉隧道中对激发方式和检波器布置手段进行改进后进行了试验性测试，效果良好。

2. ISP 法

1999 年，德国海瑞克集团联合德国地质研究中心（GFZ）、卡尔斯鲁厄理工学院（KIT）等德国研究机构开始研发 ISP 系统，即综合地震预报系统。该系统是一套专门针对 TBM 隧道施工而研发的机载超前地质预报系统，它的突出特点是与 TBM 一体化，以及创新的 RSSR 原理（瑞利面波-横波转换原理）。该原理能够有效压制噪声干扰，保障了数据的准确性和预报的精度。一般条件下能够有效预测 TBM 刀盘前方约 100m 的地质结构，适宜条件下探测距离可达 120m。

该技术的基本原理为：TBM 机载冲击锤作为冲击震源锤击隧道岩壁产生脉冲信号（包括体波和面波），作为有效信号的脉冲型瑞利面波沿隧道壁向前方传播，在隧道掌子面处转换为横波，横波继续向前方传播，在遇到阻抗比有差异的地质异常体等反射面时一部分能量被反射回来到达掌子面处并转换成瑞利面波，瑞利面波信号沿隧道岩壁向后方传播，被安装在后方的多个地震检波器捕获。该理论有效解决了传统地震波反射法方向性、能量弱等问题。相比于方向性、能量弱的纵波，瑞利面波-横波转换模式具定向明显、能量高、识别度高的特点，因此，有效信号可以更容易被提取出来并用于偏移成像。利用ISP 软件对采集的数据进行偏移成像处理，可以获得隧道掌子面前方反射层的三维空间分布，通过解译分析获得掌子面前方岩体变化区域，进而能够预报掌子面前方的地质情况，如破碎的岩层、裂隙密集发育带或洞穴等不良地质体。

基本方法流程为：首先利用冲击钻在管片上成孔，孔底进入基岩 1m，孔径 43mm，将检波器内置于孔内并和无线数据记录模块进行安装和连接（图 4.2-4）；接着利用机载冲击气锤（图 4.2-5）锤击岩体产生地震波，并利用 TBM 换步对不同部位的岩体分别进行锤击产生多个地震波，同时利用触发器产生触发信号给基站，基站给无线远程模块下达采集地震波指令，并把远程模块传回的地震波数据传输到电脑，完成地震波数据采集；最后通过处理软件对采集的地震波进行数据整理及反演成像，最终将反演后的成像成果作为地质分析依据进行分析解译。

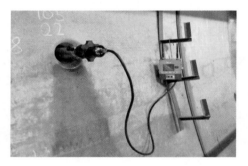

图 4.2-4　利用钻孔安装检波器和
无线数据记录模块

通过数据处理最终可以形成反演三维成果图（图 4.2-6）。成果图可清晰表明地震波反射异常的分布位置和密集程度，图中色彩的深浅代表了地震波反射程度，红色和蓝色代表了反射面属性的差异，根据测试成果可以对前方的地质情况作出相应判断，分析不同洞段的围岩特征，并做出预测预报。

截至目前，ISP 在工程中运用的案例还相对较少，仅在 5 台 TBM 上进行了安装，共在 4 个工程中进行了应用（见表 4.2-1）。其中，对以色列特拉维夫-耶路撒冷隧道的某处溶洞、厄瓜多尔科卡科多·辛克雷（CCS）引水隧道工程中的某处断层破碎带和我国多雄拉隧道中的某处破碎带进行了较好的预报。

表 4.2-1　　　　　　　　　　ISP 在工程中的应用情况

| 开始时间 | 结束时间 | 项目 | 国家 | TBM 类型 |
| --- | --- | --- | --- | --- |
| 2012 年 8 月 | 2014 年 8 月 | 特拉维夫-耶路撒冷 | 以色列 | 双护盾 TBM |
| 2012 年 9 月 | 2015 年 2 月 | 科卡科多·辛克雷 | 厄瓜多尔 | 双护盾 TBM |
| 2013 年 4 月 | 未启动 | 尼鲁姆·杰卢姆 | 巴基斯坦 | 撑靴 TBM |
| 2014 年 10 月 | 进行中 | 引汉济渭 | 中国 | 撑靴 TBM |
| 2016 年 5 月 | 2017 年 8 月 | 派墨公路 | 中国 | 双护盾 TBM |

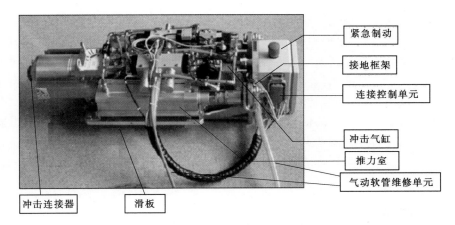

（a）冲击气锤结构

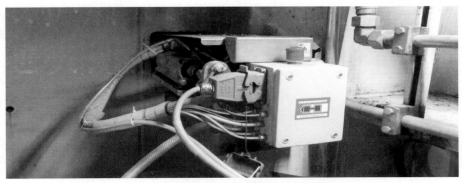

（b）冲击气锤提前安装在 TBM 掘进机上

图 4.2-5　机载冲击气锤

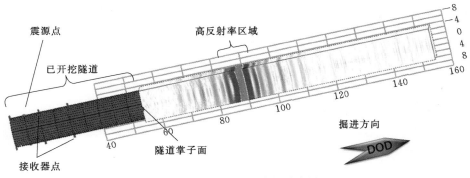

图 4.2-6　ISP 测试成果示意图

3. HSP 法

HSP 系统为中铁西南科学研究院有限公司利用声波反射原理自主研发的隧道地质预报系统。研制起初主要是针对钻爆施工工法，后来针对 TBM 掘进工法创新性提出了利用掘进机冲击振动信号作为激发震源的不良地质体预报方法，并先后应用于多个 TBM 隧道施工地质预报项目。一般条件下能够有效预测 TBM 刀盘前方 80～100m 的地质结构。

声波反射法探测和地震波探测原理相同，其原理是建立在弹性波理论的基础上，传播过程遵循惠更斯-菲涅尔原理和费马原理。采用声波法探测不良地质（带）的物理前提是：声波在岩土体中的传播速度及幅度等参数和岩土体的组成成分、密度、弹性模量及岩体的结构状态等有关，不良地质体（带）如断层、风化破碎带、岩溶洞穴、地下水富集带等与周边地质体存在明显的声学特性差异。在 TBM 工法的掘进隧道中主要是利用 TBM 掘进时刀盘切割岩石所产生的声波信号作为 HSP 声波反射法预报激发信号，通过刀盘及边墙无线接收，连续进行阵列式数据采集，并通过深度域绕射扫描偏移叠加成像技术进行反演解释（图 4.2-7）。

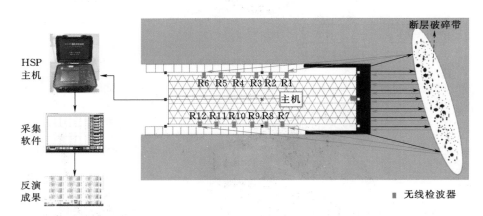

图 4.2-7  HSP 法工作原理示意图

基本方法流程为：首先利用电钻在管片上成孔，孔径 25mm，孔底进入基岩 0.8～1m，将检波器利用钢筋等材料在孔口进行引导式安装并和无线数据模块进行连接；然后在 TBM 掘进时利用刀盘切割岩石所产生的声波信号作为 HSP 声波反射法预报激发信号，通过刀盘及边墙无线接收，连续进行阵列式数据采集，并通过深度域绕射扫描偏移叠加成像技术进行反演解释。

通过数据处理最终可以形成反演成果图（图 4.2-8）。成果图可清晰表明地震波反射异常的分布位置和密集程度。图中色彩的深浅代表了地震波反射程度，不同颜色代表了反射面属性的差异，根据测试成果可以对前方的地质情况作出相应判断，分析不同洞段的围岩特征，并做出预测预报。

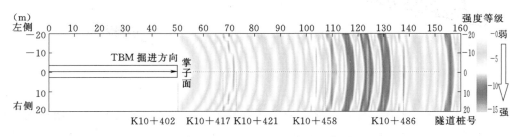

图 4.2-8  HSP 测试成果示意图

目前，HSP 在工程中得到大量应用，其中在陕西省引红济石调水工程 TBM 施工段、陕西省引汉济渭调水工程 TBM 施工段、兰渝铁路西秦岭隧道 TBM 施工段、锦屏二级电站隧道 TBM 施工段以及多雄拉隧道等 TBM 施工隧道中均有应用。

4. TSP 法

TSP 超前预报方法是 20 世纪 90 年代初瑞士 Amberg 测量技术公司研发的用于隧道超前预报的技术。一般条件下能够有效预测开挖掌子面前方 100～150m 的地质结构。

TSP 信号源采用爆破激发，观测系统由一个三分量检波器承担，埋入隧道侧壁岩体中，炮点设于隧道同侧边墙岩体内，等间距排列，与接收点在一条平行隧道走向的直线上，属于直线型剖面观测方式。TSP 法采用叠前深度偏移对数据资料进行成像，在偏移前先进行二维 Radon 变换，利用正负视速度差异消除直达波和地面反射波。资料处理方法上，它不是采用走时反演方法，而是采用地震资料处理中的深度偏移成像方法。TSP 法工作原理及现场布置示意图如图 4.2 - 9 所示。

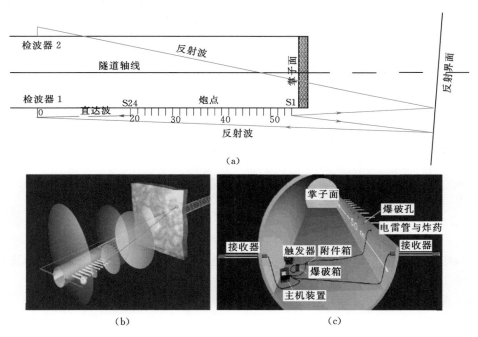

图 4.2 - 9　TSP 法工作原理及现场布置示意图

基本流程为：首先在洞壁一侧利用钻机对炮孔和接收孔进行成孔，钻孔技术要求见表 4.2 - 2，最低保证满足 18 个以上合格炮孔。其次在接收孔底部装入适量耦合剂，钻机钻进安装套管，再用专用套管扳手进行调平，套管进入围岩的深度在 1.8m 左右为最佳，且保证与围岩耦合良好。对套管进行清洗，按照正确方向安装检波器。接着将主机、电脑、检波器、起爆器等通过线缆和连接线连接起来，在确保背景噪声在低限范围内的情况下准备采集数据。然后在炮孔底部安装电雷管及乳化炸药，乳化炸药的用量根据炮孔围岩的强度、完整性，炮孔深度及炮检距来确定，同时向炮孔内注水，保证孔底炸药被水淹没后能够正常起爆并进行数据采集。最后对收集的数据进行处理，形成测试成果。

表 4.2-2                                 TSP 炮孔和接收孔技术要求

| 指标 | 炮　孔 | 接　收　孔 |
| --- | --- | --- |
| 数量 | 24 个（最少 18 个） | 2 个 |
| 位置 | 隧道边墙，从掌子面附近按 1.5m 间距依次向外水平排列 | 离最外侧炮孔 15～20m，洞壁两侧各一个，高度和炮孔一致 |
| 孔向 | 垂直隧道轴线 | 垂直隧道轴线 |
| 孔径 | 38mm（20～45mm） | 45～50mm |
| 孔深 | 入岩 1.5～1.8m（最浅 1m） | 入岩 1.8～2m（最深 2m） |
| 倾角 | 下倾 10°～20° | 上仰 5°～10° |

通过数据处理最终可以形成反演成果图以及岩体的声波波速和泊松比等物性参数的变化曲线。利用成果中的地震波反射异常情况，结合声波波速和泊松比等物性参数的变化曲线辅助地质人员进行围岩类别及可能存在的工程地质问题分析判断，并做出预报。

目前，TSP 在工程中得到大量应用，并逐渐发展为较为成熟的几种方法之一。其中在辽宁大伙房和锦屏二级敞开式 TBM 隧道施工中进行了应用。

5. 地质雷达（GPR）法

美国地球物理勘探公司（GSSI）在 20 世纪 70 年代开发出第一款真正投入市场的 SIR 地质雷达系列，这标志着地质雷达真正进入实用化。随后，加拿大、日本以及我国也在其基础上进行改进，先后研制出不同系列地质雷达设备。一般条件下该方法能够有效预测开挖掌子面前方 15～30m 的地质结构，为短距离预报方法。

地质雷达是利用高频电磁脉冲波的反射来探测目标体的，它通过发射天线向掌子面前方发射高频带短脉冲电磁波，经过存在电性差异的地层或目标体（如断层、破碎带、岩性变化带及富水带等）反射后返回掌子面，被接收天线所接收。电磁波在介质中传播时，其路径、电磁波能量强度与波形将随所通过介质的电性质及几何形态的变化而变化。因此，根据反射波的旅行时间、幅度与波形等信息，可探测掌子面前方的地层界面或地质异常体的结构特征及空间位置。地质雷达探测的效果主要取决于不同介质的电性差异，差异越大，则探测效果越好。地质雷达工作原理及基本组成如图 4.2-10 所示。

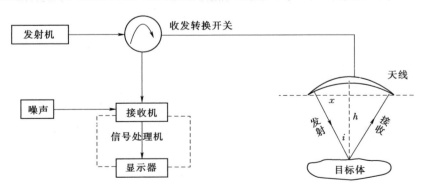

图 4.2-10　地质雷达工作原理及基本组成

基本流程为：首先对掌子面进行测线布置，通常以"一""＝"或"井"字形为主；

然后进行现场测试及数据收集，最后进行数据处理及成果解译。地质雷达测试成果主要为波形图（图 4.2-11），通过对不同地质体对应的波形和图像特征（见表 4.2-3）进行解译，为超前地质预报提供依据。

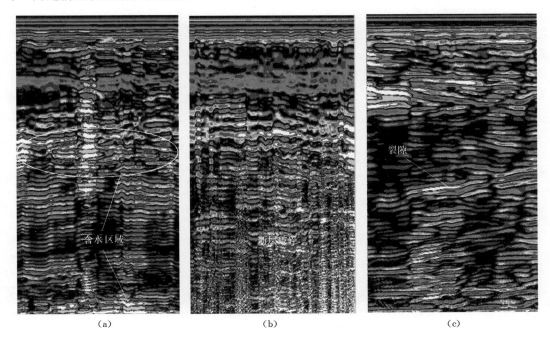

图 4.2-11　不同地质体图像及波形特征

表 4.2-3　　　　　　　　　　　　典型地质体的地质雷达图像、波形特征

| 地质体类型 | 地质雷达图像及波形特征 | | | | |
| --- | --- | --- | --- | --- | --- |
| | 能量团分布 | 能量变化 | 同相轴连续性 | 波形相似性 | 振幅强弱 |
| 完整岩 | 均匀 | 按一定规律缓慢衰减 | 连续 | 波形均一 | 低幅 |
| 断层破碎带 | 不均匀 | 衰减快、规律性差 | 不连续 | 波形杂乱 | 波幅变化大 |
| 富水带 | 不均匀 | 按一定规律快速衰减 | 与含水量有关 | 基本均一 | 高、宽幅 |
| 岩脉破碎带 | 不均匀 | 衰减较快 | 不连续 | 波形杂乱 | 高幅 |
| 裂隙密集带 | 不均匀 | 衰减较快、规律性差 | 时断时续 | 波形杂乱 | 高幅 |
| 岩性变化带 | 不均匀 | 规律性差 | 不连续 | 波形杂乱 | 一般为高幅 |

地质雷达技术已在大量工程中应用，并逐渐发展为较为成熟的几种方法之一。

6. 高频大地电磁（EH4）法

EH4 连续电导率成像系统是由美国 Geometrics 公司和 EMI 公司于 20 世纪 90 年代联合生产的一种混合源频率域电磁测深系统。EH4 电磁成像系统属于部分可控源与天然源相结合的一种大地电磁测深系统，结合了 CSAMT 法和 MT 法的部分优点，利用人工发射信号补偿天然信号某些频段的不足，以获得高分辨率的电阻率图像。其核心仍是被动源电磁法，主动发射的人工信号源探测深度很浅，用来探测浅部构造；深部构造通过天然背景场源成像，从而实现对浅部和深部的精确测试。EH4法属于地表物探测试方法的一种，在地质预报工作中主要用于查明隧洞岩性整体宏观地质条件，探测深度大于1km。相比传统CSAMT法、MT法、高密度电法、地震反射法等地表物探剖面测试手段具有测试深度大、测试精度高、测试设备易携带、测试便捷、不需要爆破等优点。

该方法的理论依据是大地电磁测深法原理，即利用宇宙中的太阳风、雷电等所产生的天然交变电磁场为激发场源，又称一次场。该一次场是平面电磁波，垂直入射到大地介质中。当电磁波在地下介质中传播时，由于电磁感应作用，大地介质中将会产生感应电磁场，地面电磁场的观测值也将包含有地下介质电阻率分布的信息。趋肤深度将随电阻率和频率变化，测量是在和地下研究深度相对应的频带上进行的。一般来说，频率较高的数据反映浅部的电性特征，频率较低的数据反映较深的地层特征。因此，在一个宽频带上观测电场和磁场信息，并由此计算出视电阻率和相位，可确定出大地的地电特征和地下构造。

测试设备由主机、前置放大器（AFE）、四个电极、两个磁棒及其他的连接线、罗盘、水平尺、电瓶等组成。在开展工作前需做平行试验，要求两个磁棒相隔2～3m，平行并水平地放在地面上，两个电偶极子也要平行。观测电场、磁场通道的时间序列信号的同步性来检测仪器是否工作正常。接着进行埋置电极装置，测量采用四个电极，每两个电极组成一个电偶极子，与测线方向一致的电偶极子为 $X$ 极；与测线方向垂直的电偶极子为 $Y$ 极，前置放大器（AFE）放在两个电偶极子的中心（图4.2-12），利用罗盘确保两个电偶极的方向相互垂直，并将四个金属电极尽量埋设在湿润的泥土中，确保接地良好。然后，将磁棒、主机、电极线、前置放大器平铺于地面上进行布设。最后进行现场测试、数据采集、数据野外实时处理和室内处理工作，形成测试成果。

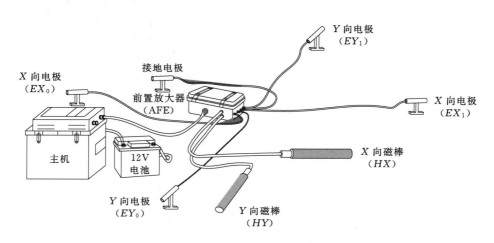

图4.2-12　EH4物探测试设备布设示意图

通过专用处理软件，对原始数据进行编辑、地形校正、滤波等预处理后，再做正反演计算等处理工作，从而获得二维反演成果图（图4.2-13），通过地质解释为了解隧道沿线整体地质条件及指导超前地质预报提供依据。

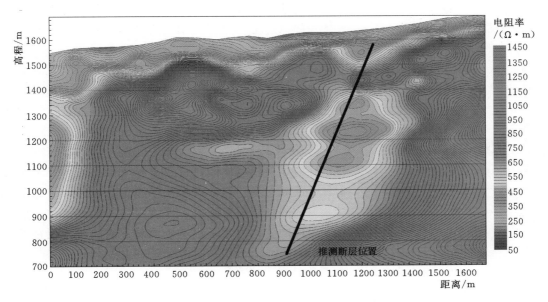

图 4.2 - 13　EH4 物探测试反演成果图

EH4 物探测试在工程中应用较广，如在雪峰山隧道、齐岳山隧道等大量隧道工程中进行了应用。同时，在派墨农村公路多雄拉隧道中也进行了应用，成功对双护盾 TBM 施工进行了指导。

**7. 聚焦电流（BEAM）法**

BEAM（The Bore - tunnel Electrical Ahead Monitoring）系统由德国 Geo - hydraulic Data 公司开发。该方法主要是用于对掌子面前方的水体进行探测，辅助了解岩体的完整性。它能够伴随着工程施工持续在掌子面前方 3 倍隧洞直径范围进行探测。该方法与 TBM 机械设备一体化程度较高，在 TBM 施工中使用相对较为便捷。

BEAM 系统是一种聚焦电流频率域的激发激化方法，其原理是通过外围的环状电极发射一个屏蔽电流和在内部发射一个测量电流，使电流聚焦进入要探测的岩体中，通过计算电阻率和一个与岩体中孔隙（空隙）有关的电能储存能力参数 $PFE$（频率效应百分比）的变化来预报前方岩体的完整性和含水性（原理如图 4.2 - 14 所示）。实施过程是依据在掌子面四周布置一圈 $A_1$ 极发射互斥的电流，在 $A_1$ 的内部布置 $A_0$ 电极用来接收监测电流。通过频率效应百分比 $PFE$ 与电阻率 $R$ 的不规则组合及变化情况来描述掌子面前方岩体的完整性和水文地质情况，以及岩体结构和含水情况（电极布置情况如图 4.2 - 15 所示）。测试时 $A_1$ 电极需要造孔和安装，$A_0$ 电极可以在掌子面上成孔后安装或安装在 TBM 刀盘上。

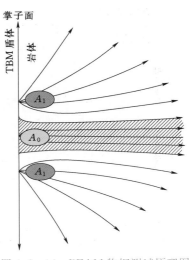

图 4.2 - 14　BEAM 物探测试原理图

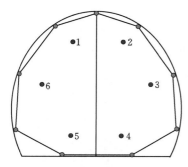

- ● 接收电极布置点位（1～6）
- ● 激发电极布置点位（含保护电极）

图 4.2－15　BEAM 测试电极布置图

通过数据处理可以形成 $PFE$ 与 $R$ 的变化曲线（图 4.2－16）以及地下水和岩体完整性的直接预报结论（图 4.2－17），可供施工时参考。

该技术已在锦屏二级和辽宁大伙房敞开式 TBM 隧道施工中进行了应用，可以定性地判断出前方地下水发育情况，效果良好。但资料解译相对较为专业，往往需要德方的技术支持，时效性较差。

**8. 红外探水法**

在隧道中，地质体在自然条件下会由内向外不断发射红外线辐射场。红外探水技术原理为通过红外测温仪接收岩体的红外辐射强度，探测围岩的温度变化，根据围岩温度的变化值来确定掌子面前方或洞壁四周是否有

图 4.2－16　某隧道工程 BEAM 测试 $PFE$ 与 $R$ 的变化曲线

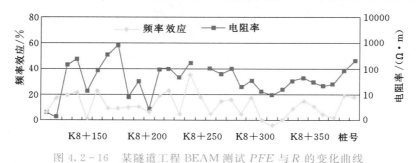

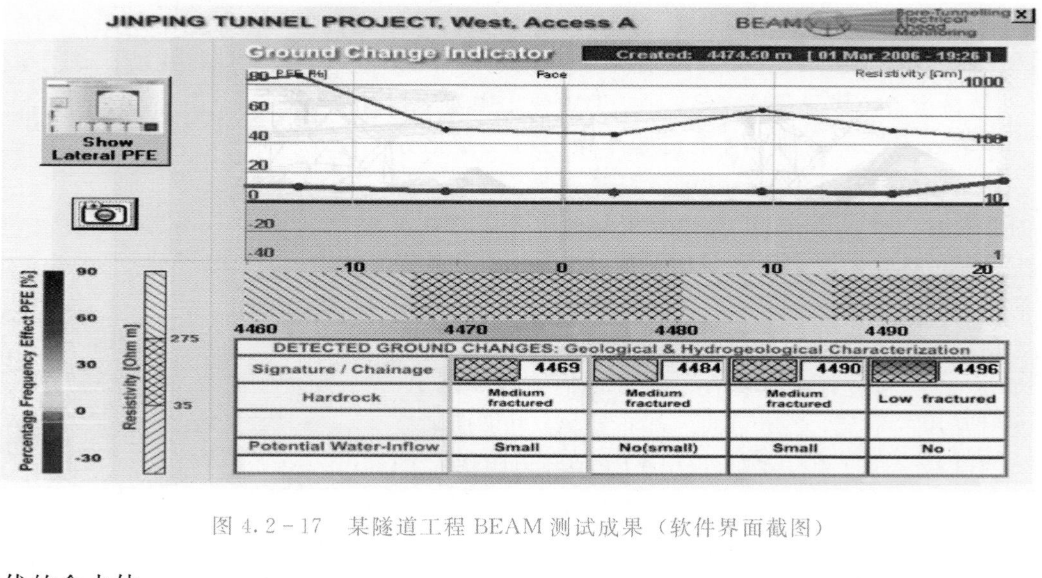

图 4.2－17　某隧道工程 BEAM 测试成果（软件界面截图）

隐伏的含水体。

当隧道前方和外围地质体介质较为均匀，且不存在隐蔽灾害源时，沿隧道走向分别对顶板、底板、左边墙、右边墙进行红外探测，所得到的温度曲线将具有正常场的特征；但

是只要隧道断面前方或外围任一部位存在隐蔽灾害源，则灾害源产生的温度异常将会叠加到正常场上，通常为低温异常体，从而造成正常场的某一段曲线发生畸变，畸变通常称为红外异常。

红外探水技术在隧道施工中确定含水体有较高的准确率，但是它对水量、水压等参数无法直接预报。其测量时间为 0.5h，每次测量可预报掘进前方 30m 范围内是否存在含水层，属短距离地质预报物探方法。

9. 岩体温度法

岩体温度（RTP）法是中铁西南科学研究院有限公司自主研发的一种预报手段，目的是对掌子面前方地下水出露情况进行预报。

地温场由变温层、恒温层和增温层构成，大多数隧道的修建都是处在增温层上。根据地温梯度理论，增温层中的温度场可通过计算获得，并且处于相对稳定的状态。当有地下水通过构造加入其中后，就会波及岩体相对稳定的温度场，即发生岩体与流体之间热量交换。一般而言，地下水的温度要比岩体温度低，随着埋深的增大，这两种介质温度差别会加剧。地下水是在动态变化中，持续不断地与岩体发生热量交换，这样就会改变温度场的分布，产生畸变。岩体温度法就是基于隧道开挖范围内的温度场畸变这一现象，通过温度场畸变的位置和范围来预测预报隧道施工期地下水的情况，进而做出预测预报，防止隧道施工期地下水灾害的发生。岩体温度法测试原理及布置如图 4.2 - 18 所示。

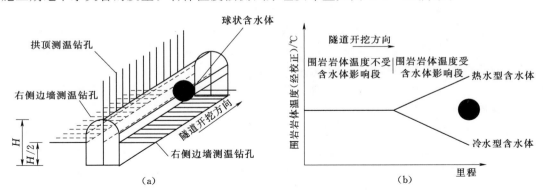

图 4.2 - 18　岩体温度法测试原理及布置图

在测试之前，首先在隧道中选择一合适位置，进行钻孔试验，获得稳定温度场的围岩深度数据。在隧道开挖掌子面后方的周边（左边墙、拱顶、右边墙），按照一定规律沿隧洞轴线方向各均匀施作一排固定深度的钻孔，在钻孔底部布置传感器，钻孔填充砂浆并密闭。稳定 12h 后，通过测温仪器获得上述传感器数据（图 4.2 - 19）。

通过对原始数据进行数据预处理、地形校正、网格化及回归分析、自动成图及输出等步骤之后，形成测试成果（图 4.2 - 20），并对测试成果进行分析，对前方地下水情况进行判断。

该方法已在大量工程中得到了应用。

10. 微震监测

微震（声发射）现象是 20 世纪 30 年代末由美国的 L. 阿伯特及 W. L. 杜瓦尔发现

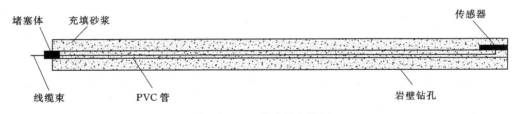

图 4.2-19　传感器布置图

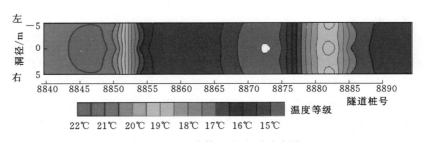

图 4.2-20　岩体温度法测试成果

的。目前，世界各国普遍将微震技术作为一种有效的监测预警手段，为地下工程及边坡工程生产安全提供风险管理，着重对岩爆灾害进行监测和预报。

在隧道及地下岩土工程生产实践中，人们发现高应力水平下岩体的破坏（如岩爆、隐伏断层激活、突水等）过程中，其内部积聚的应变能会以应力波的形式释放并传播，并可记录到微震事件。微震事件中包含了大量围岩介质、围岩受力破坏以及地质破裂活化过程的信息。通过对微震信号的采集、处理、分析和研究，可以推断矿岩内部的性态变化，预测岩体是否在发生破坏，反演其破坏机理。

岩体结构在破坏过程中总是伴随着微震现象。在应力或应力变化水平较高的岩体内，特别是在施工的影响下，岩体发生破坏或原有的地质破裂被激活产生错动，能量是以弹性波的形式释放并传播出去。通过在地下岩土工程中布置传感器台阵，可以实现微震数据的自动采集、传输和处理，并可利用定位原理确定破坏发生的位置，同时在三维工程结构图上显示出来。

微震监测技术在隧道施工中应用时，为了达到最大监测精度及效果，传感器采用空间立体化布置方式，在隧道内部和外部布置传感器，覆盖整个监测区域和重点监测的范围。首先在隧道内距离掌子面第一个管片后 5m、25m，45m 处分别布置传感器扇形监测断面。施工过程中，应根据现场具体情况进行调整优化。其次每个监测断面布置 3～4 个钻孔，钻孔深度为 1m 左右，每个钻孔安装 1 个传感器。每个断面布置 2 个三轴传感器和 1 个单轴传感器。施工过程中，应根据现场具体情况进行优化调整。接着布置 1 个 24 通道数据采集仪，随着掘进面的推进和传感器位置的变化而进行位置调整。然后随着隧道掘进面的推进，每掘进 20m 左右，将最后面的传感器拆下并安装到最前断面位置，监测断面交替前移。施工过程中，应根据现场具体情况进行优化调整。最后，通过数据传输设备对数据进行采集（图 4.2-21、图 4.2-22）。

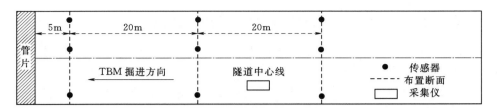

图 4.2-21　系统布置方式示意图

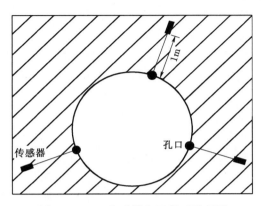

图 4.2-22　传感器布置断面示意图

通过数据分析和处理，获取微震事件的发生位置、时间、震级等资料，并形成成果图（图 4.2-23），为岩爆预测分析提供依据。

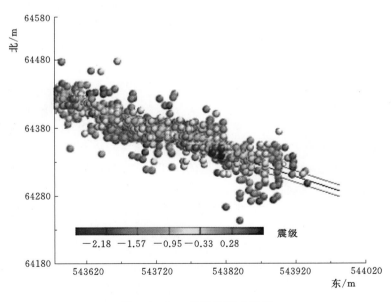

图 4.2-23　微震监测成果图

该方法在边坡和地下工程中应用广泛。

## 4.2.2  双护盾 TBM 施工工艺对预报手段的影响因素

双护盾 TBM 施工环境下，施工设备和施工工艺对各种预报手段的制约和影响因素主要表现在以下几个方面。

（1）开挖设备庞大，占据大量洞内空间。开挖设备采用双护盾 TBM 掘进机，施工机械设备庞大且繁杂，通常开挖洞径 9m 级别的主机及后配套总长度一般可达 150m 左右，设备占据洞内掌子面后方 150m 范围内的大部分空间。因此，为预报工作的各种编录、测试手段提供的空间十分有限，不利于各种手段的开展。譬如，受大量设备的空间限制不利于钻机的摆放和施工，对需要造孔的测试手段造成极大限制。同时，施工时刀盘后退距离有限，掌子面和刀盘之间的间隙十分狭窄，仅数十厘米，顶拱和周边岩体未进行任何加固措施，有掉块风险。因此，在掌子面上开展编录工作和物探测试工作存在困难和安全隐患。而且，刀盘人口尺寸有限且长期关闭，相关技术人员和地质雷达天线等测试设备难以从狭小的人口进入刀盘前方进行地质编录和测试工作。

（2）岩体暴露范围十分有限。双护盾 TBM 施工过程中，为了更大限度上保护洞内设备和人员安全，利用盾体和衬砌管片的"无缝衔接"，使得开挖岩面暴露十分有限，仅在刀盘中的刀间隙、伸缩护盾部位的缝隙以及观测窗等固定部位暴露少量开挖岩面。从而，也对地质分析中的编录法和需要利用岩面直接激发和检波的物探测试手段造成重大影响。这对 TRT、TSP 等地震法物探测试手段进行锤击岩面或在岩壁造孔等工作造成了不便，而且给检波器的安装也带来了难度和干扰。

（3）爆破震源手段不宜大量开展。双护盾 TBM 盾体后方 1 号台车上具备在管片上造孔的可行性，但其附近布置有大量的通风、供电、供气、液压、出渣皮带机、回填豆砾石及灌浆管道和测量仪器等设备，而且大量设备为精密设备，在爆破影响下容易发生破坏。因此，如 TSP 等需要利用爆破手段作为主动震源的测试手段极易损害相关设备，在该环境下不宜开展。

（4）电磁、噪声、光和热源的干扰严重。双护盾 TBM 是高度集成一体化机械设备，包含电力系统、液压系统、照明系统等。由于存在大量大尺寸的刚体结构和高压电力设备，因此洞内电磁干扰严重，尤其在靠近掌子面部位刀盘、盾体等大型刚体结构和高压电力设备集中，电磁干扰尤其严重，因此，在掌子面附近进行的电磁类测试手段会受到严重干扰。这对地质雷达等电法和电磁法超前地质预报物探测试手段的使用造成了影响和限制。在施工过程中，TBM 前端噪声复杂且分贝高，对 HSP 等声波类以及微震监测等预报手段会产生一定影响。洞内施工过程中大量的照明设备和热源也会对红外探水等测试手段造成干扰，影响测试效果和准确度。

（5）超前钻孔实施方便但超前导洞实施难度大。双护盾 TBM 一体化程度高，有自带的超前钻机装置，实施超前钻孔较为便捷，但掌子面受刀盘阻挡且周边洞壁岩体受盾体和管片阻挡，加之盾体内部设备占据大量空间，超前导洞实施工作面狭小，实施难度大。同时，无论是超前钻孔还是超前导洞实施效率低、速度慢，通常会影响直线施工工期。

（6）施工速度快，短距离预报手段匹配性差。由于双护盾 TBM 掘进速度快，正常掘进单日进尺普遍在 20～50m/d。短距离预报每次预报长度仅 10～30m，每次测试后预报长度难以满足当日进尺要求，和掘进速度匹配性差，无法满足正常掘进进度。同时，测试手段复杂、测试时间长的长距离预报手段在该环境下也不具备明显优势。从而造成短距离甚至中距离的预报手段往往不能匹配其正常掘进速度。

## 4.2.3　预报手段适宜性分析

前面章节对常见各种预报手段的预报原理、预报方法和实施流程进行了全面系统的介绍和梳理，本节在此基础上结合双护盾 TBM 施工环境下预报工作的实际操作和实施环境条件，对各种常见预报手段在双护盾 TBM 施工环境下的适宜性进行全面分析。

### 4.2.3.1　封闭环境下的适宜性

双护盾 TBM 给地质预报工作带来的最大难题是内部环境的封闭。由于刀盘、盾体以及衬砌管片的阻挡，造成开挖后的新鲜岩壁基本不可见，从而给地质预报工作带来诸多影响，也制约了许多常见地质预报手段在该施工环境下的可行性，对预报手段的适宜性也产生了重大影响。

由于环境的封闭，造成地质预报手段难以实施的情况主要表现在以下几个方面：

（1）由于新鲜开挖岩壁不可见，造成地质分析类预报方法中地质编录预测法和前兆标志法难以正常开展。地质编录预测法主要是在对新鲜开挖岩壁的地层岩性的发育和变化特征、构造发育性状、节理裂隙发育程度和组合关系、岩体完整性以及地下水出露情况等进行全面系统地质编录的基础上进行的，双护盾 TBM 施工环境下由于岩面被遮挡从而无法正常全面进行地质编录，地质编录效果差、效率低，进而地质编录预测法适宜性将受到严重制约，零星的地质编录难以支撑进行合理的地质预报分析判断。同样，前兆标志法也由于开挖岩面不可见，各种灾害前兆标志未暴露或暴露不完整，断层破碎带、岩溶、地下水等地质问题的前兆标志也同样无法进行详细调查，难以捕捉各种灾害发生前的地质现象标志特征，前兆标志法的适宜性和可靠性也受到严重影响。

（2）弹性波反射类物探方法和微震监测法在操作时需要进行信号检波器或接收装置的安装，常规的信号检波器或接收装置安装方式是利用耦合剂直接与新鲜岩壁进行接触黏合或进行浅孔埋设，由于双护盾 TBM 环境封闭，造成各类信号接收装置无法直接安装在岩壁表面，往往需要钻穿衬砌管片进行孔内埋设，使得操作工序变得更加复杂，而且地震波和微震信号的接收效果也受到一定影响。因此，弹性波反射类物探方法和微震监测法的适宜性也受到影响。

（3）由于掌子面及后方岩壁无暴露，故无法准确测试岩体红外场数据，这会影响红外探水法的预报测试效果，其适宜性受到一定影响。

（4）地震波反射类的 TRT 法在操作时需要对新鲜岩壁进行锤击从而进行激发，由于岩壁无暴露，也造成了 TRT 法震源难以直接进行岩面锤击从而进行激发，也影响了 TRT 法在该环境下的适宜性。

但是，也有一些常用的预报手段和方法由于无须针对开挖岩壁进行相关地质观察、编录、资料收集或在岩壁上进行造孔、粘贴检波器等测试辅助工作，从而受影响较小。譬如，地质体投射分析法以及用于全洞整体探测的大地电磁法等预报方法主要是在地表实施，无须在洞内开展，因此，洞内封闭环境对地表类预报方法不会造成干扰，适宜性不会受到洞内封闭环境的影响。另外，如岩体温度法等预报方法主要在掌子面后方开展，主要对温度场进行测试分析，岩面的暴露程度和范围也不会对其适宜性造成明显的影响。

同样，如 BEAM、ISP、HSP 等预报手段针对双护盾 TBM 进行了针对性改造，实现了与 TBM 设备一定程度的集成，BEAM 探测电极激发装置在刀盘上的集成、ISP 震源激发气锤在盾体开设的窗口处搭载以及 HSP 采用刀盘切割岩体主动声波源的形式降低了岩壁未暴露对预报手段适宜性的影响。

通过对各种常见预报方法的实施条件和操作要求进行分析，总体而言，受双护盾 TBM 施工环境封闭以及岩壁无暴露情况的制约，适宜性受到影响的预报手段主要有地质编录预测法、前兆标志法、弹性波反射类物探方法、微震监测法和红外探水法等。然而，如地质体投射分析法、大地电磁法等地表类预报方法和岩体温度法在掌子面后方开展的测试类预报方法的适宜性基本不会受到影响。此外，如 BEAM、ISP、HSP 等与 TBM 设备进行相应集成的预报手段，由于进行了针对性的改进，也一定程度降低了岩壁未暴露对预报手段适宜性造成的影响。

### 4.2.3.2　狭小空间作业可行性

双护盾 TBM 内部各类设备普遍体型庞大、结构复杂，占据了内部大量空间。再加之双护盾 TBM 是一套系统性设备，内部各种设备的摆放位置和组合设置是进行了严密考虑和精细设计的，以实现对内部空间最大限度的利用。因此，可提供给地质预报各类测试工作的实施空间十分狭小。这也同样给地质预报测试工作的具体操作实施带来了不便，对一些操作复杂的预报手段的适宜性造成了影响，甚至无法适用。

由于内部地质预报作业空间狭小和庞大设备的干扰及阻挡，给地质预报手段现场实施操作造成的影响和干扰主要表现在以下几个方面：

（1）由于内部作业空间狭小，给如 TSP、ISP、HSP、TRT 等弹性波类物探手段和微震监测的测试辅助造孔工作带来了影响。这些方法需要的钻孔孔深大、孔径大、数量多，往往需要较复杂的钻机机具进行钻孔。受密集的庞大设备阻挡，可供钻机摆放的位置十分有限而且空间狭小，难以选择合理的位置和满足钻进施工的空间。

（2）超前导洞（坑）等重型超前勘探类预报方法，开口往往需要较大规模的工作面，由于洞内设备干扰和盾体、管片的阻挡，其适宜性差。

（3）由于空间狭小，设备摆放集中，即便 TSP 法的炮孔耗费大量人力、物力和时间进行实施，但由于洞壁炮孔距离相关设备较近且设备固定无法移动，震源爆破激发时也会存在对设备造成损害的风险。

（4）受刀盘回退距离的限制，刀盘和岩壁之间空间更为狭小，仅供人员侧身通行，对如地质雷达类等需要在掌子面进行测试的手段的测线合理布置和实施造成极大影响，无法有效实施。

相应也有一些如地质体投射分析法、大地电磁法等常用的预报方法不需要在洞内实施，预报工作主要是在地表实施，从而洞内环境与之无关，不会对其造成任何影响。还有一些如红外探水等手段，仪器简单、便捷，操作方便，对其影响也较小。

　　另外，岩体温度法即使需要辅助钻孔，但钻孔数量少且要求孔深浅、孔径小，利用风钻等小型便捷钻具即可实施，也不会对其造成明显的影响。

　　通过对各种常见预报方法的实施条件和操作要求进行分析，总体而言，受双护盾 TBM 施工环境下预报工作面空间狭小和庞大设备的制约，适宜性受到影响的预报手段主要有弹性波反射类物探方法和微震监测法，尤其是 TSP 法爆破作业更是受到限制。然而，如地质体投射分析法、大地电磁法等地表类预报方法和红外探水法、岩体温度法等在掌子面后方开展的测试类预报方法的适宜性基本不会受到影响；BEAM 法由于设备进行相应集成，适宜性也不会受到影响。

### 4.2.3.3　复杂干扰场的适应性

　　双护盾 TBM 施工时，受施工设备和工艺特点影响，隧道内尤其是主机附近声、光、风、电磁等干扰严重，同时受施工用水影响往往也会有积水现象，会对各种预报手段的实施效果造成影响。各种手段预报原理和敏感性的差异导致其对各种复杂干扰场的适应性也有所差异。

　　复杂干扰场给地质预报手段造成的影响和干扰主要表现在以下几个方面：

　　（1）声波反射类预报手段主要为 HSP 法，该方法主要是利用 TBM 掘进时刀具切割岩体产生的声波作为主动震源进行反射波的信号接收从而进行超前探测。TBM 施工中噪声分贝高、来源杂，会对滤波工作造成难度。但由于 HSP 法进行了专门的滤波技术设计，考虑到了外部噪声的影响。因此，HSP 法的适宜性不会受到太大影响。

　　（2）电磁类常见地质预报手段主要为地质雷达法，地质雷达法需要在刀盘等大型金属设备附近的掌子面进行测试，测试区电磁干扰异常严重。相关工程实施效果表明，实际测试效果难以满足预报要求。因此，地质雷达法的适宜性差，甚至不可行。

　　（3）红外探水法主要是对岩体红外场的特征和变化情况进行探测，该方法易受干扰场影响。而双护盾 TBM 施工时，风筒、照明系统、洞内积水、喷射混凝土均会对岩体的红外场特征产生干扰，在双护盾 TBM 施工环境下风筒和照明系统为必备配置，同时洞内积水也十分常见。因此，红外探水法的适宜性也会受到影响。

　　然而，各种干扰场主要会对岩体的各类物性指标信息的准确量测造成干扰，对地质分析法、超前勘探法等这类依托技术人员分析判断和直接揭示的预报方法则不会产生影响。

　　针对各种基于岩土体物性参数特征进行预报的物探类方法，则可以通过各种方法减小和避免干扰。譬如，HSP 法进行了专门的滤波设计，而 TRT、ISP 等地震波法则可以通过选择在停机时段实施测试的方式来减小干扰，以提高其在双护盾 TBM 施工环境中的适宜性。

### 4.2.3.4　快速掘进的匹配性

　　双护盾 TBM 掘进速度快，每天正常进尺普遍可达 20～40m，从而造成一些短距离预报手段的预报距离和效率难以满足快速掘进的需求，往往产生预报测试过于频繁或预报滞后。

　　通过对各种常见预报方法的预报距离和测试分析耗时情况的分析，短距离预报手段中超前水平钻探法与 TBM 掘进速度匹配性差。由于受目前双护盾 TBM 搭载钻机钻进能力和效率的限制，在每天例行检修时间内难以完成满足预报所需超前钻孔的数量和深度，需要占用掘进机的正常开挖时间。因此，现有掘进机普遍搭载的超前钻机与掘进机匹配性较差。另外，地质雷达在刀盘前方作业难度大，而且受电磁干扰影响效果不佳，本身适宜性差。即使实施，受操作条件和预报距离仅有30m左右的限制，不适宜频繁开展，与掘进速度难以匹配。

而其他短距离预报手段，如BEAM法、红外探水法和岩体温度法等，本身操作相对简便，对施工干扰小，可以增加测试频率，匹配快速掘进的需求。

综上所述，通过对双护盾TBM施工环境下预报手段的各种制约因素的分析，对各种常见预报方法在双护盾TBM施工环境下的适应性进行了汇总，见表4.2-4。

表4.2-4　　　　　　　各种预报手段在双护盾TBM施工环境下的适应性

| | 预报手段 | 预报距离 | 预报对象 | 影 响 因 素 分 析 | 适应性评价 |
|---|---|---|---|---|---|
| 地质分析法 | 地表地质体投射法 | 全线 | 综合地质 | 无影响 | 好 |
| | 地质编录预测法 | 中—短 | 综合地质 | 掌子面及后方岩壁观察受限，精度低 | 较差 |
| | 前兆标志法 | 中—短 | 综合地质 | 掌子面及后方标志观察受限，精度低 | 较差 |
| 直接法 | 超前导洞（坑）法 | 长 | 综合地质 | 开口部位施工空间受限，无法使用施工机械，效率低、代价昂贵 | 差 |
| | 超前水平钻探法 | 中—短 | 综合地质 | TBM自带超前钻机，但效率低、速度慢 | 较差 |
| 间接法 | EH4法 | 全线 | 综合地质 | 无影响 | 好 |
| | TRT法 | 长 | 综合地质 | 受盾体管片阻挡、空间受限，激发和接收方式需要造孔，改造后造孔孔径小，易实施 | 较好 |
| | ISP法 | 长 | 综合地质 | 受盾体管片阻挡、空间受限，接收方式需要造孔，孔径大，可以实施 | 较好 |
| | HSP法 | 长 | 综合地质 | 受盾体管片阻挡、空间受限，激发和接收方式需要造孔，孔径小，易实施 | 较好 |
| | TSP法 | 长 | 综合地质 | 需要造孔，孔数26个，孔径大，掌子面后方盾体范围内无法造孔；需要爆破，对管片、盾体及设备影响大 | 极差 |
| | GPR法 | 短 | 综合地质 | 电磁干扰大、施工空间狭小、人员安全性难以保证、天线难以到达掌子面、大洞径情况下天线难以人工拖动 | 极差 |
| | BEAM法 | 短 | 专项测水 | 电极安装需要钻孔；台车在地下水发育洞段难以保证与地绝缘，存在触电风险；资料分析需外方参与，时效性差 | 差 |
| | 红外探水法 | 短 | 专项测水 | 掌子面后方60m测试范围内岩壁未暴露，受风筒、照明设备、洞内积水干扰大 | 差 |
| | 岩体温度法 | 短 | 专项测水 | 无明显影响 | 较好 |
| | 微震监测 | 短 | 专项岩爆 | 无明显影响 | 较好 |

## 4.3　TBM 连续掘进条件下的超前地质钻探技术

超前水平钻探法是利用钻探设备向掌子面前方进行钻探，直接揭露隧道掌子面前方地层岩性、构造、地下水、岩溶、软弱夹层等地质体及其性质、岩石（体）的可钻性、岩体完整性等资料，还可获得岩石强度等指标，是最直接有效的超前地质预报方法之一。

目前，TBM 施工环境下超前钻探的实施方法是在刀盘后方利用自带或外部钻机，通过预留孔进行钻探。掘进机和钻机无法同步进行，钻机钻进时掘进机必须停机。但是，钻机掘进效率较低，利用设备维护和检修的停机时段，无法完成地质预报所需的超前钻探深度和钻孔数量。在这种情况下，如果掘进机停机则会耽误正常施工掘进进度，如果转动刀盘继续掘进，则超前钻探工作必须结束。

对此，成都院提出了对刀盘结构进行优化改进的方案，研究了一种可同步造孔的刀盘部件，在 TBM 施工掘进的过程中实现同步造孔，除了可减少施工工序、不会造成各专业人员之间工作干扰外，利用掘进机本身的推力进行造孔，成孔质量也得以保障，并且可依据实际需要完成不同孔径、长度的造孔任务。

部件主要分为三大部分：钻具、连接装置及外接设备（图 4.3-1），其中外接设备主要为供水设备，利用软接头连接，其余部件主要靠螺栓及自带部件实现连接。

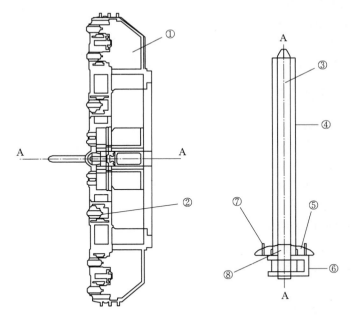

图 4.3-1　整体结构示意图

①—刀盘；②—刀具；③—钻杆；④—套管；⑤—连接底座；⑥—钻杆固定装置；
⑦—螺栓及连接装置；⑧—预留孔

该钻具经特殊设计，底座固定装置、预留孔及螺栓的设计允许与 TBM 刀盘中心孔连接，并使钻进过程保持稳定，同时可进行拆卸。当需使用超前钻时，用该设备替换中心刀具组进行安装。钻杆外部带固定导管，在限制钻杆活动的同时可保证内部注水冷却。当TBM刀盘转动时，靠刀盘提供的强大基础扭矩，外加钻具自身进行快速钻进，使得破岩较容易，可实现不停机状态下的超前钻探工作。

实现步骤如下：

（1）根据地质条件及使用目的确定钻杆型号，并将其穿过套管及刀盘底座上的预留孔，使用螺栓与底座紧固，预留孔与套管间缝隙由软质橡胶充填并加润滑膏。

（2）将外接供水泵用软管连接至底座外的套管中。

（3）位置调整完毕后利用钻杆固定装置（螺丝调节）将其锁死。

（4）刀盘开始工作，此时开启水泵供水为钻杆降温。

## 4.4　GTRT 超前预报物探技术

TRT 在双护盾 TBM 施工环境中操作实施难度大，为了改善其在双护盾 TBM 施工环境下的可行性和适宜性，对传统 TRT 的实施方法进行了改进，改进后的测试方法称为 GTRT 物探测试法。

在双护盾 TBM 施工环境下，由于双护盾 TBM 设备结构和施工、支护工艺特殊，开挖岩壁被刀盘、盾体和管片所阻挡未直接暴露，从而造成 TRT 物探测试时无法直接在岩壁上进行震源锤击激发和检波器的安装。受操作层面上的限制，使得 TRT 无法直接在双护盾 TBM 施工隧道中进行测试。

针对双护盾 TBM 设备和管片结构特点对传统 TRT 的震源激发方式和检波器的安装方法进行了改进。新型震源激发方式和检波器的安装方法详述如下。

### 4.4.1　GTRT 震源激发方式

双护盾 TBM 施工时，开挖岩壁大部分被管片和盾体所阻挡，但是在伸缩护盾处岩壁存在少量暴露的可能。伸缩护盾处于不同状态下岩壁的暴露情况也不同，伸缩护盾处于关闭状态时岩壁会被完全阻挡，盾内无法找到可以用作激发锤击点的岩壁，但是在伸缩护盾处于拉开状态时，则会局部出现一处带状岩壁暴露区域。针对岩壁完全封闭和局部暴露的不同情况分别研究了相应的 GTRT 震源激发方式。

#### 4.4.1.1　岩壁完全封闭时的激发方式

在伸缩护盾关闭即岩壁完全封闭时，结合 TRT 测试操作时的震源激发机理，研究采用钢棒传导式 GTRT 震源激发方式。该方式是通过对管片进行造孔，在孔内插入钢棒，锤击钢棒，利用钢棒将锤击能量传导至岩壁，实现激发。

激发装置总体结构如图 4.4-1 所示，该装置主要包含激发锤、高度调节装置和固定底座等。

管片是双护盾 TBM 施工工艺中的重要支护结构，也是实现造孔的载体；是用于插入钢棒；激发传导钢棒是实现开挖岩壁与激发锤之间的连接，将激发锤的锤击能量传导至岩壁；激发锤是震源激发的能量来源，提供地震波能量。

利用该装置进行激发时，在距掌子面较近的管片上选择定位孔处利用钻机进行钻孔，

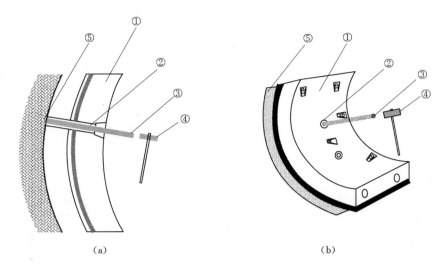

（a）　　　　　　　　　　　　　（b）

图 4.4 - 1　激发装置总体结构图

①—衬砌管片；②—钻孔；③—激发传导钢棒；④—激发锤；⑤—开挖岩壁

孔径不小于 50mm，孔深满足穿过管片抵达开挖岩壁即可；对钻孔进行清理，插入激发传导钢棒，确保钢棒底端与岩壁接触良好，并进行固定；人工利用激发锤用力锤击激发传导钢棒外露一端端头，实现震源有效激发；测试结束后，取出激发传导钢棒，并对钻孔进行封孔。

### 4.4.1.2　岩壁少量暴露时的激发方式

在伸缩护盾拉开时岩壁呈条带状局部暴露在外，可以对局部暴露的岩壁进行锤击，实现激发。但是，通常情况下即使伸缩护盾拉开，其拉开宽度也比较狭窄，普遍在 20～30cm，且盾体和岩壁之间还有 10cm 的距离，受盾体和锤柄的干扰及阻挡，利用人工挥动锤子很难锤击到岩面。

因此，在研究过程中专门设计了一种冲击气锤装置，便于双护盾 TBM 施工时在伸缩护盾拉开一定程度的情况下对岩壁进行锤击，实现该环境下的 TRT 震源激发，并设置相应的高度调节结构，满足 TRT 测试时对同一断面三个不同高度激发点的激发需求。同时，设置了带滚轮的推车式底座，便于洞内对不同位置测试时进行激发设备的快速移动。

激发气锤总体结构如图 4.4 - 2 所示，主要包含激发气锤、高度调节装置和推车式固定底座等。

激发气锤是 TRT 测试时的震源激发装置，是锤击岩壁震源激发的主要构件；高

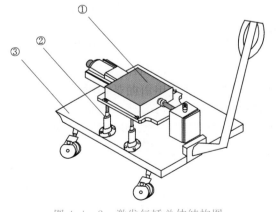

图 4.4 - 2　激发气锤总体结构图

①—激发气锤；②—高度调节装置；③—推车式固定底座

度调节装置的作用是满足分别对同一断面三个不同高度激发点激发时气锤高度的调整；推车式固定底座的作用是安装和固定激发气锤和高度调节装置，并便于洞内对不同位置测试时进行设备移动。

利用该装置进行激发时，先拉开伸缩护盾，拉开宽度应大于 20cm，将暴露的岩壁作为震源激发断面；物探测试前，测试人员对岩壁上的岩渣进行清理，并选择三个不同高度的锤击点，用红色油漆进行标记（图 4.4-3）；将激发气锤推至测试部位，并调节气锤高度，保证锤头与锤击点高度一致，进行锤击；调节高度进行不同锤击点锤击；最后，关闭伸缩护盾，TBM 继续掘进，当伸缩护盾到达 TRT 测试规定的锤击激发断面时，拉开伸缩护盾进行下一循环锤击。

图 4.4-3　在伸缩护盾拉开处的岩壁上选择锤击点并用油漆标记

## 4.4.2　GTRT 检波器安装新方法

为了实现 GTRT 检波器的快速便捷安装，并直接安装在岩壁表面以确保检波器的接收效果，在研究时，也通过对管片结构的研究和改进设计，实现了检波器快速便捷安装在岩壁上的技术方法。

成都院专门设计了一种便于在双护盾 TBM 施工隧道中 GTRT 物探测试手段检波器安装的专门管片结构型式，在超前预报物探测试时可方便检波器的快速便捷安装，实现与岩壁的直接接触。其思路是在管片的结构型式设计和预制过程中，在保证不影响管片整体结构强度的情况下，预先设置物探测试专用孔，根据常见 GTRT 检波器规格和安装时的操作需求确定物探测试专用孔的形状和尺寸，在检波器安装时可以通过物探测试专用孔实现检波器直接快速便捷地安装在岩壁上。同时，在物探测试专用孔周边预留连接螺栓孔，并专门预制封堵块，为保证管片结构完整性和止水性，封堵块尺寸与专用孔必须匹配，并在外侧设置防水条。测试完成后，用封堵块对专用孔进行封堵并用连接螺栓进行固定，以保证管片完好，确保管片的强度和止水性能。

具有物探测试专用孔的管片结构及检波器安装总体示意图如图 4.4-4 所示，该装置主要包含管片及其常规配套结构、物探测试专用孔、专用孔封堵块等。其中，管片是双护盾 TBM 施工工艺中的重要支护结构，也是为实现物探测试手段检波器快速便捷安装而设置的物探测试专用孔的载体结构。管片常规配套结构主要包括管片止水条、环向连接构件、轴向连接构件、安装定位孔和灌浆孔，这些构件的作用是整体满足管片的止水、相互连接、安装定位和实现灌浆等常规功能。物探测试专用孔的作用是为检波器快速安装实现与开挖岩壁直接接触提供通道，其周边的封堵螺栓孔的作用是实现封堵时进行螺栓固定。封堵块的作用是实现测试完成后对物探测试专用孔进行封堵，确保管片的完整，同时起到止水功能，封堵连接螺栓和封堵螺栓孔一起实现封堵块对物探测试专用孔进行封堵后的固定，封堵块上的止水条的作用是确保管片的整体止水性能，避免地下水从物探测试专用孔渗出。

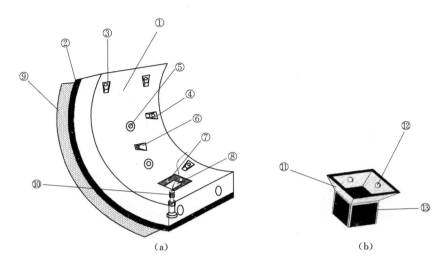

图 4.4-4　具有物探测试专用孔的管片结构及检波器安装总体示意图
①—管片结构；②—管片止水条；③—环向连接构件；④—轴向连接构件；⑤—安装定位孔；⑥—灌浆孔；
⑦—封堵螺栓孔；⑧—物探测试专用孔；⑨—开挖岩壁；⑩—检波器；⑪—封堵块；
⑫—封堵连接螺栓；⑬—止水条

## 4.5　地震波法物探测试判译技术

为了研究地震波判译技术，提高判译工作的准确性，研究过程中基于地震弹性波与地震正演偏移理论，利用相位移加插值波动方程偏移方法（PSPI）进行地震波的正演与偏移处理，采用 C 语言编程进行各种不良地质体的数值模拟分析，获取了不同地质灾害对于地震波物探测试的特征标志，进一步研究了不良地质体的解译方法。

### 4.5.1　地震正演偏移程序实现与不良地质体模拟

#### 4.5.1.1　程序的流程与使用简介

基于地震弹性波与地震正演偏移理论，采用相位移加插值波动方程偏移方法（PSPI）进行地震波的正演与偏移处理。采用 C 语言编程，自编计算程序实现正演偏移。由于正演即为偏移的逆运算，偏移的反向逆运算就是正演计算流程。其中，三维偏移处理的 PSPI 具体计算步骤如下（图 4.5-1）。

进行偏移处理所采用的方法为零炮检距地震资料的相位移法波动方程偏移，其基本步骤如下：

1）输入时间剖面 $p(x, y, t)$，相对 $t$ 做一维傅里叶变换得 $\overline{P}(x, y, \omega)$。

2）开拓 $\overline{P}(x, y, \omega)$ 为 $\overline{P}(x, y, z_i, \omega)$ 且以 $\omega$ 为参数在两端（$x$、$y$ 方向）加吸收边界条件（衰减或镶边）。

3）对 $\overline{P}(x, y, z_i, \omega)$ 相对 $x$、$y$ 做二维傅里叶变换，得 $\overline{P}(k_x, k_y, z_i, \omega)$ 为相移延拓做准备。

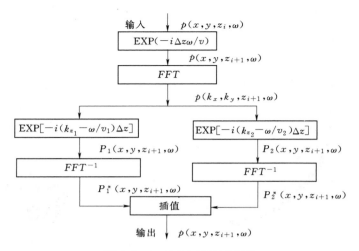

图 4.5-1 PSPI 偏移流程图

4）计算相移因子 $e^{\pm ik_{z_i}\Delta z}$，注意在计算 $k_z$ 时，其中的速度值 $v(z_i)$ 应当减半。

5）乘上相移因子，即 $\overline{P}(k_x,k_y,z_i+\Delta z,\omega)=e^{\pm ik_{z_i}\Delta z}P(k_x,k_y,z_i,\omega)$。

6）对 $\overline{P}(k_x,k_y,z_i+\Delta z,\omega)$ 相对 $k_x$、$k_y$ 做二维反傅里叶变换，得 $\overline{P'}(x,y,z_i+\Delta z,\omega)$。此时的 $\overline{P'}(x,y,z_i,\omega)$ 有两个用途，一方面按公式 $p(x,y,z_i+\Delta z)=\frac{1}{2\pi}\sum_{n=-N/2}^{N/2}\overline{P'}(x,y,z_i+\Delta z,n\Delta\omega)\Delta\omega$ 做成像处理；另一方面将其保留，作为向深度 $z_{i+2}$ 延拓时的输入波场。

7）返回步骤 2），继续深度循环，直到达到最大深度为止。

8）另取一个频率值，重复步骤 4）～7），直到所有频率循环完毕为止。

正演需要给出模型的速度与反射系数，地质模型的建立也是数值模拟的一个重要研究方面。地震模型的建立是采用自编建模软件，该软件的优点是能对任意手绘模型网格化离散取值，且能任意设置离散点数。

数据的流程及参数：采用 $f-k$ 进行地震正演偏移数值模拟，主要分为正演和偏移两个方面。正演主要是通过对已知模型进行计算，得到正演地震记录；而偏移计算就是对已知的地震记录（可以是正演所得地震记录，也可以是实际的地震资料）进行一定的数据处理，使其消除绕射从而基本恢复原始的反射界面形态。正演、偏移数据流程如图 4.5-2 和图 4.5-3 所示。

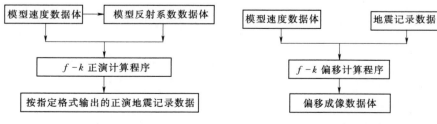

图 4.5-2 正演数据流程图　　　　图 4.5-3 偏移数据流程图

　　由于都是数值计算，所以输入的速度模型和反射系数模型都必须是离散值，且计算中需要多次用到傅里叶变换，所以要求输入的速度模型、反射系数模型和正演地震记录采样点数以及偏移的原始地震数据体的数据个数都是 $2N$。结合模拟的实际情况，统一设置模型为 $256 \times 256$ 的网格划分形式，地震记录采样点数为 512。

　　正演程序流程和数据准备与成图说明：前述已经给出了偏移的计算步骤，在此就不再阐述偏移程序的计算流程了。虽然正演是偏移的逆运算，但是正演和偏移还是存在一定的差异。这里就将正演的计算流程作较细致的叙述，正演模拟流程如图 4.5 - 4 所示。

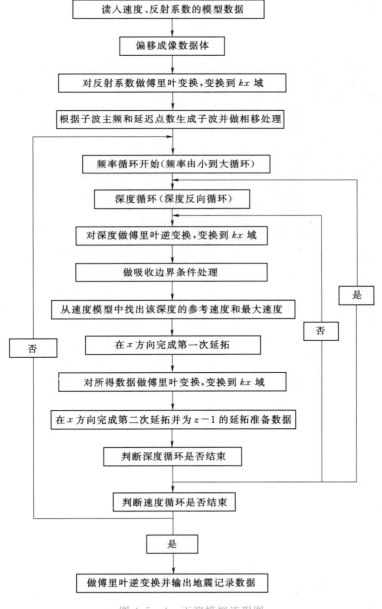

图 4.5 - 4　正演模拟流程图

由图 4.5-4 可知，程序中需要提供模型的速度和反射系数数据，最终得到的也是地震记录数据体而不是实际的图像资料。如采用 VC++，也可以自编程序实现最后的绘图功能。目前有很多现成的绘图软件，且比自编程序效果好，所以采用的是程序外辅助的成图软件进行绘图。只需根据绘图软件数据要求给出规定格式的数据即可。选用的地震绘图软件是常用地震剖面绘图软件 Fimage，它需要给定二进制文件，数据文件的输出在程序中已完成。

　　对于速度模型数据也是借助辅助软件生成的，当然也可以自编程序实现模型的建立。考虑到模型的离散网格取值对于简单即单一模型很好实现，但是对于不规则体的网格离散化却十分复杂，借助已有的离散网格取值软件进行离散网格取值。该软件的特点是可以实现对绘制的任意形状模型进行离散取值，如图 4.5-5 所示。

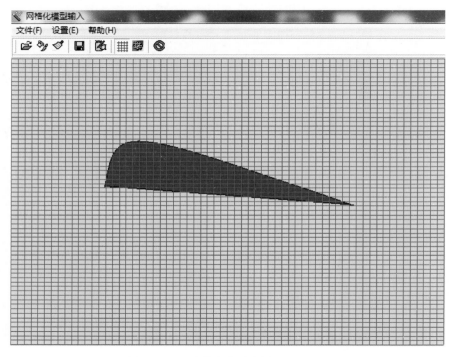

图 4.5-5　离散取值示意图（64×64）

　　程序使用说明：正演偏移程序只是正演和偏移计算的核心算法部分，整个程序也是在DOS 环境下运行的。因而程序的使用需要前期的模型建立，即数据准备部分和后面的数据成图部分均在程序外完成。其中，正演结果中自动生成了偏移的准备数据体，偏移运行比较简单，在此主要介绍正演的程序使用说明。

　　（1）模型建立。模型建立采用的是自编离散网格化建模软件 Miss，该软件具有能对任意模型离散取值的优点，且能自主设置离散网格数。其使用步骤主要有两步：第一步是绘制模型，该步骤可以采用画图板和 CAD 实现，只需要勾出大致的模型边界即可；第二步是设置参数和离散网格数，根据建模需要，在模型不同区域设置不同的地震波波速，并设定模型整体的离散网格数，然后点击"保存"按钮，计算机就会自动生成速度模型和反射系数模型。

（2）数据准备与程序运行。将前面建模软件生成的速度模型文件和反射系数模型文件放到自编 C 语言程序相同位置，根据需要设定子波主频等宏定义参数后运行程序。程序自动读入模型数据进行计算。

（3）正演成图和偏移处理。采用地震剖面成图软件 Fimage 绘制正演剖面图和偏移图，程序运行结束后自动输出数据，直接将数据文件拖入 Fimage 软件，根据程序中设定的道数和每道采样点数，该软件就自动绘制出正演剖面图。正演结束后程序自动输出偏移准备数据。直接在相同位置运行偏移程序就能得到偏移处理结果，采用同样的绘图程序就能绘制出偏移结果。

### 4.5.1.2　简单模型与不良地质体的正演与偏移模拟

#### 1. 方法验证

进行点脉冲信号的模拟验证，即整个空间只给一个点有反射系数 1.0，其他各点均为匀速介质。由地震基本理论可知，点脉冲的正演结果应该是一个双曲线，效果好的正演结果比较干净平缓，且对点脉冲偏移能使双曲线的绕射波准确归位，得到一个单点记录。通过如图 4.5-6 所示的点脉冲正演与偏移结果，可以看出正演结果的双曲线平缓、干扰少，且偏移结果绕射波归位效果良好。以此验证该方法和程序编写与调试工作的正确性。

#### 2. 水平界面

进行水平界面的地震模拟，其上层介质地震波波速设置为 4000m/s，下层介质地震波波速设置为 5500m/s，其水平层状介质的正演偏移如图 4.5-7 所示。由图 4.5-7 可知，对于水平界面反射波的地震正演模拟结果正确，偏移能使正演结果边界的绕射波正常归位，偏移后深度反演结果良好。

#### 3. 倾斜界面

采用相位移加插值波动方程偏移方法的主要优点是能对纵向与横向速度均有变化的模型进行模拟，基于此，对倾斜岩体反射界面模型进行模拟。倾角设置为 45°，其单层倾斜模型正演偏移如图 4.5-8 所示。由图 4.5-8 可以看出，正演结果的同相轴基本能反映出反射界面的形态，只不过在尖点与拐点处有较明显的绕射波存在，这是实际地震中存在绕射现象的模拟体现。模拟结果证明对大角度地层模型，该正演模拟方法也适用，以实际模拟结果再次证明该种方法能适用纵向与横向速度均有较大变化模型的地震正演。

从偏移结果看，该方法对大角度的反射界面的偏移效果良好，消除了由速度与界面倾斜引起的偏移影响，使波场正确归位，偏移结果与原始地震模型吻合很好。

#### 4. 空洞模型

在石油地震中很少对空洞模型进行模拟。因为深部中一般不存在明显的空洞，且很深的时候地震也不能分辨小的空洞体。但是在工程物探尤其是隧道内部对空洞以及溶洞的探测是非常重要的，因而有必要进行空洞模型的正演与偏移模拟。空洞模型反射正演偏移如图 4.5-9 所示，岩体速度设置为 4000m/s，为了区别明显，对空洞内速度设置为 2000m/s。其正演结果同相轴对上界面对应较好，只是出现了双曲线的绕射波，但是下界面只在中部对应较好，出现了同相轴向下弯曲的与实际反射界面相反的现象。分析原因是空洞内部速度很低，因而使得地震波经过空洞内部的时间增长，出现与实际相反的结果，但是对

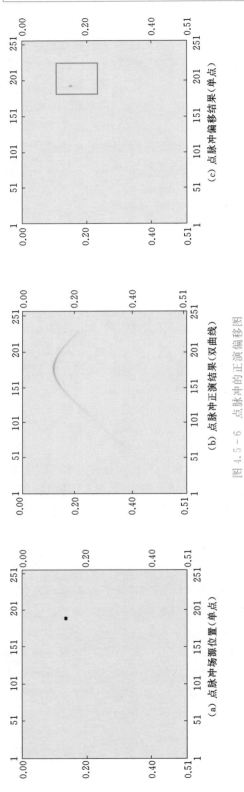

（c）点脉冲偏移结果（单点）

（b）点脉冲正演结果（双曲线）

（a）点脉冲场源位置（单点）

图 4.5-6 点脉冲偏移图

注：图中横坐标（$x$ 轴）表示水平长度，即测线长度的网格数；纵坐标（$y$ 轴）表示时间，单位为 s。本章其他类似图横纵坐标意义相同。

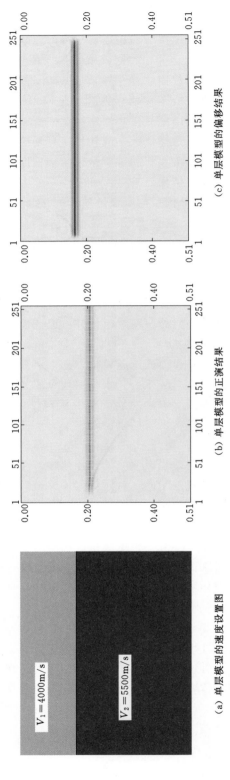

（c）单层模型的偏移结果

（b）单层模型的正演结果

$V_1 = 4000\text{m/s}$

$V_2 = 5500\text{m/s}$

（a）单层模型的速度设置图

图 4.5-7 水平层状介质的正演偏移图

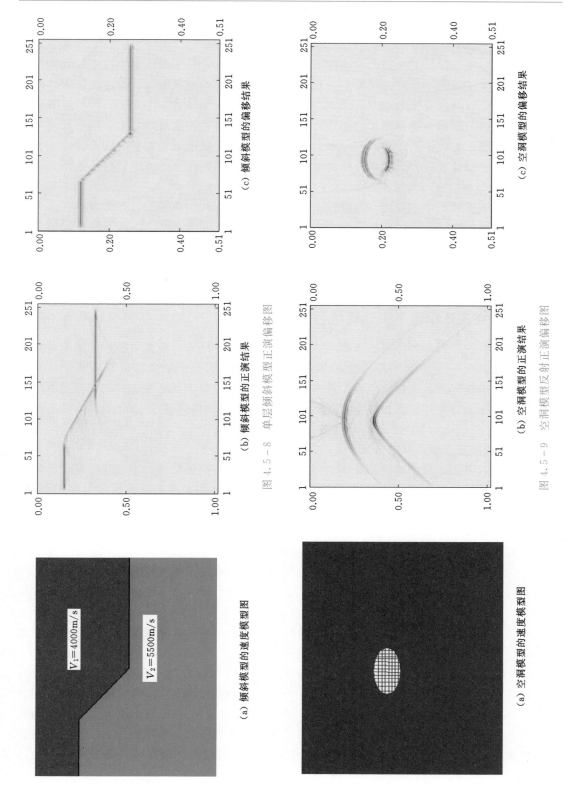

（c）倾斜模型的偏移结果

（b）倾斜模型的正演结果

（a）倾斜模型的速度模型图

$V_1=4000\mathrm{m/s}$

$V_2=5500\mathrm{m/s}$

图 4.5 - 8　单层倾斜模型正演偏移图

（c）空洞模型的偏移结果

（b）空洞模型反射正演偏移图

（a）空洞模型的速度模型图

图 4.5 - 9　空洞模型正演偏移图

其偏移结果还是能正常归位，基本恢复原始的模型形态。

5. 溶洞模型

为了进一步模拟研究地震波对速度的响应特性，以及寻找地震波纵波对空洞和含水溶洞的响应特征，设置一个与上述空洞一致的溶洞模型，含水溶洞地震波波速会比岩体低但是其速度比空洞高，设置为 3200m/s，溶洞模型反射正演偏移如图 4.5-10 所示。溶洞模型与空洞模型的正演与偏移结果类似，区别主要体现在反射波能量差异上，偏移处理结果也有类似情况。由此可见，溶洞和空洞的地震纵波响应特征主要是能量上的差异，无相位极性差异，说明地震波尤其是单一的纵波对地下水的探测无明显的非能量特征显示。

6. 复杂模型（多层加空洞）

在实际地质情况中不可能只存在一个反射界面和单一的简单模型，时常是存在多个反射界面的复杂模型。结合隧道实际情况设计一个走向相交断层，并设置溶洞和坚硬的洞状体存在的复杂模型，双层断面模型反射正演偏移如图 4.5-11 所示。通过正演与偏移结果可以看出，正演结果基本反映反射界面信息，但是绕射波很多，且部分不规则界面形态模糊。通过偏移处理后得到的结果图界面清晰，溶洞与坚硬体界面清晰。

## 4.5.2 地震波法探测不良地质信号分析

预报资料的分析与解译是整个预报工作最重要的一个环节，也是对工作人员专业知识水平要求最高的一项工作，解译结果的好坏直接关系到预报结果的准确性。基于前人总结、归纳的解译标志，通过数值模拟及现场工作总结了大量不良地质体的地震预报方法解译标志，研究地震波超前预报技术对隧道不良地质的波形响应特征，细化解译方法与解译标志。

### 4.5.2.1 地震波法时距曲线分析

虽然地震波法的最终处理结果很直观，大部分解译人员也都是参考最终的解译成果图进行解译，但是要对地震波法有较高的运用水平，就必须较为清楚地掌握最初期的数据，即对时距曲线进行分析，这对掌握其解译方法十分重要。因为经过处理后的数据做了很多改动，处理过程可能去掉了一些不应该去掉的参考数据，加进了一些本来没有的信息。

地震波的主要传播途径如图 4.5-12 所示，时距曲线就是描述地震波的旅行时间与炮点到检波点间距离的关系曲线。时距曲线从运动学角度描述了地震波在传播过程中的时空关系。弹性波的时距曲线特征与介质速度大小、界面的埋藏深度、空间产状等要素有直接关系。

因此，时距曲线的特征包含着地下地质构造的信息，分析并掌握反射波时距曲线的特点，是野外数据采集以及资料处理与解释的基础。

单一界面的时距曲线特征：图 4.5-13 所示为掌子面前方单一反射界面射线路径图，其中接收点为 $R$，激发点为 $S$；反射界面为 $W_1$ 和 $W_2$ 的交界面，反射界面之上的地震波速度为 $V_1$，岩石密度为 $\rho_1$，反射界面之下的地震波速度为 $V_2$，岩石密度为 $\rho_2$；反射界面视倾角为 $\alpha$；接收距离为 $X$，接收点到反射界面与隧道轴线交点的距离为 $L$；接收点到反射界面的距离为 $h$；$R_1$ 为接收点关于反射界面对称的镜相点；地震波从激发点出发经过反射界面 $M$ 点反射，再被接收点接收。

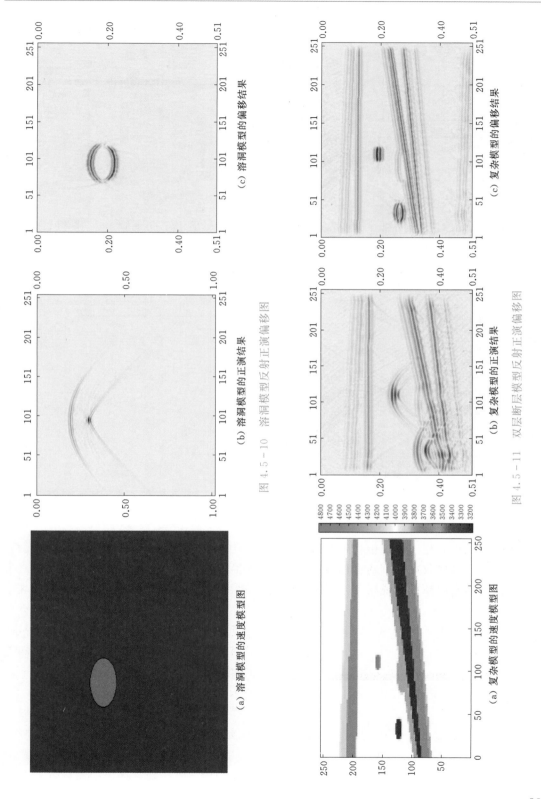

（c）溶洞模型的偏移结果

（b）溶洞模型反射正演偏移结果

（a）溶洞模型的速度模型图

图 4.5－10　溶洞模型反射正演偏移图

（c）复杂模型的偏移结果

（b）双层断层模型反射正演偏移结果

（a）复杂模型的速度模型图

图 4.5－11　双层断层模型反射正演偏移图

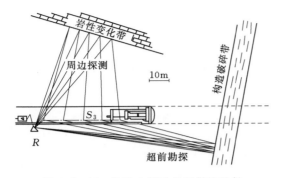

图 4.5－12 纵波入射时的反射和透射

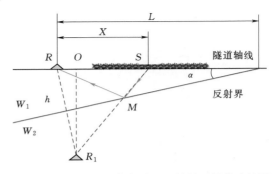

图 4.5－13 掌子面前方单一反射界面射线路径图

经过一系列的三个函数计算可以得到指定 $V_1$ 值和 $L$ 值下不同视倾角入射的时距曲线图。在此分别取两组，第一组：$L=200m$，$V_1=3000m/s$，反射界面视倾角分别为 $\alpha=10°$、$20°$、$30°$、$45°$、$60°$（图 4.5－14）；第二组：$L=250m$，$V_1=4500m/s$，反射倾角也分别为 $\alpha=10°$、$20°$、$30°$、$45°$、$60°$（图 4.5－15）。

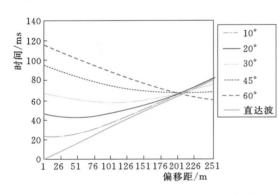

图 4.5－14 $L=200m$ 时直达波和不同倾角反射波时距曲线图

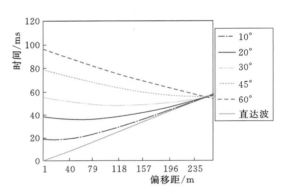

图 4.5－15 $L=250m$ 时直达波和不同倾角反射波时距曲线图

实际上地震波超前预报接收到的信号不仅有来自与接收点前方隧道轴线相交的反射界面，还有来自与接收点后方隧道轴线相交的反射界面。来自接收点后方界面的反射波对于掌子面前方的超前预报来说属于干扰波，研究其时距曲线特征有助于在后续的资料处理中消除这种干扰。这种情况的接收点后方单一反射界面反射波路径如图 4.5－16 所示。其对应的接收点后方反射界面直达波和不同倾角反射波时距曲线如图 4.5－17 所示。

通过以上的单层时距曲线分析可以得出以下结论：

（1）反射波时距曲线和直达波时距曲线相交于 $x=L$ 处，这说明反射界面与隧

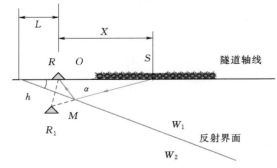

图 4.5－16 接收点后方单一反射界面反射波路径图

道轴线的交点就是直达波和反射波时距
曲线的交点，这在"负视速度法"中也
有所体现。

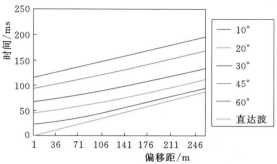

（2）当发射波时距曲线的对称轴在
$x=L$ 处时，有 $2L\sin^2\alpha=L$，得到 $\alpha=$
$45°$，即当反射界面视倾角为 $45°$ 时，其时
距曲线最小值在 $x=L$ 处。所以视倾角小
于 $45°$ 的反射界面的时距曲线在 $x<L$ 段
的视速度都从负变到正，视倾角大于
$45°$ 的反射界面的时距曲线在 $x<L$ 段视
速度恒为负。而地震波法超前预报的数
据接收段就属于 $x<L$ 段。

图 4.5 - 17　接收点后方反射界面直达波和
不同倾角反射波时距曲线图

（3）接收点后方反射界面不同倾角反射波时距曲线的对称轴在 $x=-2L\sin^2\alpha$ 处，所
以在观测系统接收段各倾角的波的视速度都为正，这与在掌子面后面且视倾角大于 $45°$ 的
反射界面视速度有明显的区别。

多层界面的时距曲线特征（图 4.5 - 18）：以上分析的是地震波法在单层反射界面时
的一些情况，但是在实际工作中往往不止一层，而是多层反射。多层反射界面情况下地震
波的传播相对来说更为复杂，地震波从激发点 $S$ 出发，以入射角 $\beta_1$ 入射到界面 1 的 $A$
点，以透射角 $\beta_2$ 透射后传到界面 2 的 $M$ 点，又经反射传到界面 1 的 $B$ 点，又透射经过 $C$
点后被接收点接收。激发点到接收点的距离为 $X$，反射界面倾角为 $\alpha$，接收点到界面 1 与
隧道轴交点的距离为 $L_1$，接收点到界面 2 与隧道轴交点的距离为 $L_2$。

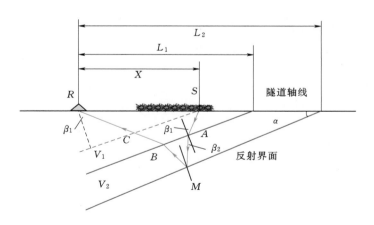

图 4.5 - 18　多层界面反射波传播路径图

在设定模型相关参数后，可以经过相关几何运算得到其时距曲线的形态。如设定：
$V_1=2500\text{m/s}$，$V_2=4000\text{m/s}$，$L_1=150\text{m}$，$L_2=200\text{m}$。界面倾角 $\alpha$ 分别为 $10°$、$20°$、
$30°$、$45°$、$60°$。

由多层平行反射界面反射波和直达波时距曲线（图 4.5 - 19）可知，多层平行反射界

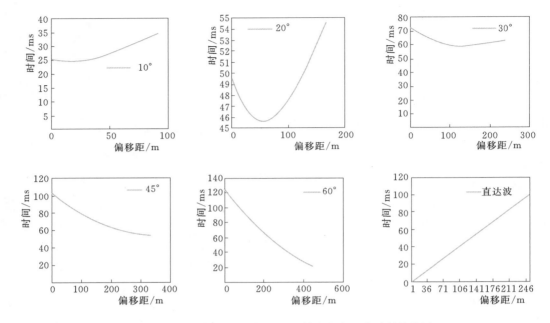

图 4.5-19　多层平行反射界面反射波和直达波时距曲线图

面的时距曲线仍然是双曲线，实际工作中观测系统接收段的偏移距大致在 $x=15\sim70\text{m}$ 段，从图 4.5-19 可知，在该段中除了倾角为 10°和 20°两个界面的视速度有正有负外，其他倾角的反射界面的视速度都为负。与单一反射界面时距曲线相比，当倾角大于 45°时，视速度为负；当倾角小于 45°时，视速度有正有负。

#### 4.5.2.2　地质体的地质与地震波反射特征

综合超前地质预报对不良地质体的描述包括对断层及其破碎带、溶洞、富水区、软弱夹层、遇水软化岩体、破碎岩体等影响施工安全的地质体的描述。每种富水不良地质体有其具体的地质特性以及在地球物理勘探方面的表象，本节通过对预报过程中可能遇到的不良地质体的地质特性和物探特性进行分析和研究，为解译研究打下基础。

1. 地质体的基本地质特性

（1）完整岩体。完整岩体可以是硬岩也可以是软岩，一般是指岩石的成分比较均一，结构面不发育或弱发育、间距较大、结合程度较好，未风化，岩体结构为整体结构、块状结构或者厚层状结构，结构体的形状较大、较为规整，工程稳定性较好。由于岩体完整性好，在硬岩区域，隧道开挖后的应力重分布过程导致应力集中，易产生岩爆现象。

（2）断层及其破碎带。断层是指破裂面两侧的岩体或岩层在强大的外力作用下发生显著位移的构造，地壳中的构造断层发育极为广泛。断层的产生使得岩体变得极为破碎，完整程度低，结构松散，孔隙度大，分化程度也随之升高，由于有裂隙连成的通道，富水程度也增大，成为地下水的运移通道或者赋存区域。断层破坏了岩体的结构和整体性，使得岩石强度大幅下降，加之水的作用，岩体的稳定性极差。断层的存在会使隧道施工时极易出现塌方、涌水等地质灾害。

断层破碎带的编录异常特征为：①掌子面岩层有褶曲、褶皱现象；②节理、裂隙发育程度加剧，节理组数剧增；③岩体强度大幅下降，有软化、泥化岩体出现；④岩体表面有镜面、擦痕等现象；⑤有断层角砾岩、碎裂岩等出现；⑥掌子面出水量加剧，有淋水状出水或涌突水出现。

断层破碎带的钻探异常特征为：①钻进速度与扭矩明显增加，旋转速度下降；②出现跳钻现象；③冲洗液颜色浑浊，夹杂有泥质、碎屑、角砾等。

（3）溶洞。溶洞是指可溶性岩中的碳酸钙成分与 $H_2O$、$CO_2$ 等发生化学反应生成微溶的 $Ca(HCO_3)_2$，经过长期的溶蚀作用而形成的空洞。溶洞的形成条件首先必须是在可溶性岩中发生，其次还需有地下水的运移通道。溶洞的形态千变万化，规模大小不一，可独立存在，也可多个伴生，溶腔内可为空洞，也可能为溶蚀碎屑、泥沙或地下水所充填。隧道经过溶洞发育区域时容易出现涌水、突泥、塌方等地质灾害。

溶洞的编录异常特征为：①掌子面裂隙水发育程度增加；②围岩溶蚀程度加剧，溶隙增多；③结构面及裂隙中含有铁锈质、泥沙质等。

溶洞的钻探异常特征为：①钻进速度突然增大；②钻孔或施工炮孔中涌水量加剧，水压大，浑浊或有泥沙，溶蚀碎屑夹杂其中；③钻孔或施工炮孔中有凉风冒出。

（4）富水区。富水区主要是指受构造或岩溶作用影响而形成的地下水富集区域。因地下水只能在岩石空隙中流动和运移，所以富水带的形成主要取决于岩体的岩性及其所受的构造地质作用。一般情况下，断层、褶皱和岩溶发育区域地下水均比较发育，当地下水的补给和赋存条件具备时，裂隙发育地带可形成富水区。富水区由于地下水的作用和岩体的不完整程度，隧道开挖时容易发生涌水、塌方等地质灾害。

富水区的编录异常特征和钻探异常特征可参见溶洞异常特征。

（5）软弱夹层。软弱夹层是指岩层中出现的层状或条带状的软弱地质层。其形成类型可分为原生型和次生型。原生型如沉积岩中的较硬岩层夹泥质、黏土质薄层；次生型由断层或层间错动、裂隙泥质充填、溶蚀、风化等作用形成。软弱夹层常见的物质成分有岩屑、泥质、角砾等，成分分布不均匀，粒径变化较大。一般来说，软弱夹层的界面相对较规整，层厚较小，夹层物质的力学强度相对围岩较低，密度相对较小，遇水易崩解；由于夹层多含泥质，阻水性能较好，地下水发育程度不高；开挖后易发生塌方、大变形等地质灾害。

软弱夹层的编录异常特征为：①掌子面岩体节理、裂隙发育程度升高，岩层有褶曲、褶皱现象；②掌子面出水量加剧，有淋水状出水或涌突水出现（多为软弱夹层的阻水作用造成的富水），涌水持续时间较短；③没明显的异常特征出现。

软弱夹层的钻探异常特征为：①钻进速度与扭矩明显增加，旋转速度下降；②出现跳钻现象；③冲洗液颜色浑浊，有泥质夹杂物。

（6）遇水软化岩体。遇水软化岩体的特征是在饱和时抗压强度下降，软化程度由软化系数进行评价，《岩土工程勘察规范》（GB 50021—2001）中规定当岩石的软化系数等于或小于 0.75 时，为软化岩石。一般多见于软岩，如泥质沉积岩、千枚岩等。遇水软化岩体在开挖前可能岩体较完整或者结合程度较好，也可能较破碎，开挖后若有地下水存在，则工程性质变差，岩体强度和稳定性降低，可能发生塌方或大变形。

遇水软化岩体的编录异常特征为：①掌子面岩层的岩性变化相对频繁，工区有泥质沉积岩、千枚岩等；②岩体的完整性降低，强度下降。

遇水软化岩体的钻探异常特征为：①钻进速度与扭矩成渐进式增加，并到一定程度后停止增加；②冲洗液颜色浑浊，有泥质夹杂物。

（7）破碎岩体。破碎岩体是指由于受到强烈的构造地质作用，导致岩体结构面发育且较为杂乱，结构面间距小，岩体的完整性破坏较大，以碎裂状结构为主，整体强度低，稳定性差，开挖后易产生较大规模的岩体失稳或塌方。此外，由于岩体破碎，空隙度大，往往成为地下水的运移通道，在水的作用下，岩体失稳程度更加严重。

破碎岩体的编录异常特征为：①节理、裂隙发育程度增加，节理组数增多；②掌子面出水量增大。

破碎岩体的钻探异常特征为：①钻进速率和扭矩出现高低起伏波动；②出现跳钻、卡钻现象；③冲洗液中有泥质、碎屑夹杂。

2. 地质体的地震波法反射特性

（1）完整岩体。完整岩体结构较为均一，波阻抗变化缓慢，地震波在其中传播所遇的反射界面少，反射能量低，主要表现为反射界面较少，纵横波波速较为稳定，纵横波速度比和泊松比变化幅度小。

（2）断层及其破碎带。断层岩体破碎，强度低，主要表现为纵横波反射能量强，负反射集中，纵横波波速明显降低，弹性模量有一定起伏且整体呈降低趋势。当断层富水时，因横波波速的下降幅度比纵波大，导致纵横波速度比和泊松比升高，且升高的幅度与含水量呈正相关关系。

（3）溶洞。由于在隧道内布置的地震波勘探系统较为紧凑，接收视角小，当溶洞洞壁的平面法线倾角均较大时，检波器将不能接收到洞壁反射的回波，因而可能不会出现强烈的反射界面，只有当洞壁较为规则且平面法线倾角较小时，才会有较强的反射界面。根据充填物质的性质差异，成果图表象也有所差异。溶洞未充填时，纵横波波速均有所下降，弹性模量呈下降趋势；溶洞为地下水、泥质、溶蚀碎屑等所充填时，出现较杂乱的反射界面，纵横波速度比或泊松比明显增大。

（4）富水区。富水区一般岩体相对较为破碎，孔隙度较大，主要表现为横波反射能量较强，有负反射出现，纵波波速有一定起伏变化，横波波速呈下降趋势，纵横波速度比和泊松比有明显升高。

（5）软弱夹层。软弱夹层的孔隙率相对较大，密度相对较低，主要表现为强烈的负反射，纵横波波速均有所下降，且横波波速的下降幅度比纵波稍大，纵横波速度比或泊松比有所升高，弹性模量下降幅度较大。

（6）遇水软化岩体。遇水软化岩体一般为多为软岩，结构相对较为破碎，且开挖前后由于受水的软化作用，性质变化幅度较大，一般表现为有一定的负反射，纵波波速起伏变化且总体呈下降趋势，横波波速变化不稳定，可能出现上升趋势。

（7）破碎岩体。对于破碎岩体，主要表现为纵横波反射能量增强，正负反射交替出现，纵横波波速起伏变化且总体降低，弹性模量有所降低。

### 4.5.3　地震波法探测不良地质解译方法

#### 4.5.3.1　不良地质体地震波法解译参数

地震波法数据解译是根据数据处理所得反射层面图和各个岩性参数曲线来进行判断的。结合前面的地震理论分析、岩体弹性特性以及解译所得参数特点，对解译中几个重要参数分析总结如下。

1. 反射层信息与反射系数

地震波法所接收处理的除干扰波和直达波以外均是反射地震波。由前述理论分析可知，反射波是由围岩波阻抗（速度与密度乘积）变化界面的波阻抗决定的。一般有如下原则：

（1）同一反射界面的反射波具有同样的相位，因而可由最初的原始数据中同相轴的相对强弱与连续性初步得知其代表的反射界面的形态差异。

（2）反射系数（绝对值）越大，分界面波阻抗（即围岩特征）差别越大。

（3）反射系数正负特性：当其为正值时，表明下伏岩层波阻抗大于上层介质，也就是表明下伏岩层为刚性岩层，此时地震波为软弱岩层向致密岩层传播；当其为负值时，表明上覆岩层波阻抗大于下层介质，也就是表明下伏岩层为软弱岩层，此时地震波为致密岩层向软弱岩层传播。

（4）纵横波反射系数差异分析：由于纵横波波速差异使得横波与纵波在同一反射界面的反射系数是有差异的。尤其是在遇到前方含有地下水等流体介质时，由于横波不能在液态介质中传播，遇到液态介质时横波大部分能量会被反射回来。所以横波在富含水的岩性分界面上反射能量较纵波强。但是此时应该特别小心，因为深层反射振幅易受随机噪声和数据处理的影响。

2. 波速、纵横波速度比与泊松比

纵横波波速是进行相应分析的一个重要参数。一般相同岩体中，围岩完整性越好，其波速越高。节理裂隙越发育，岩体越破碎，波速越低。即反射纵波变弱，表明裂隙发育或孔隙度增加。

除了速度本身可作为分析参考依据之外，纵波速度与横波速度的比值也是一个重要的参数。由于含地下水等流体的介质不传播横波或者横波传播速度会明显降低。因而流体的存在通常会引起纵横波速度比的增加。

地震波的时间平均方程式为

$$\frac{1}{V} = \frac{\phi}{V_f} + \frac{1-\phi}{V_r} \qquad (4.5-1)$$

式中：$V$ 为波在岩石中的实际速度；$V_f$ 为波在孔隙流体中的速度；$V_r$ 为岩石基质的速度；$\phi$ 为岩石的孔隙率。

结合纵波在液体及气体中的传播特性，纵波在水中的传播速度大约为 1500m/s，在空气中的传播速度约为 340m/s，当岩石的孔隙充满水时，$V_p/V_s$ 为 1.4～2.0；当岩石的孔隙充满气时，$V_p/V_s$ 为 1.3～1.7。

另外结合地震波的波动方程，有地震纵波和横波在介质中传播速度与介质的弹性常数之间的定量关系：

$$V_p = \sqrt{\frac{\lambda + 2u}{\rho}} = \sqrt{\frac{E(1-\nu)}{\rho(1+\nu)(1-2\nu)}}$$

$$V_s = \sqrt{\frac{u}{\rho}} = \sqrt{\frac{E}{2\rho(1+\nu)}}$$

(4.5 - 2)

式中：$\lambda$，$u$ 为拉梅系数；$\rho$ 为介质密度；$E$ 为杨氏模量；$\nu$ 为泊松比。

由式（4.5 - 2）可得

$$\frac{V_p}{V_s} = \sqrt{\frac{2(1-\nu)}{1-2\nu}}$$

(4.5 - 3)

可见，纵波与横波的速度比取决于介质泊松比。由于纵波速度总是大于横波速度，故 $V_p/V_s > 1$ 恒成立。因而，泊松比与纵横波速度比有相同的变化趋势，所以纵横波速度比也是判断流体存在的一个重要参数。

3. 杨氏模量、剪切模量、体积模量

杨氏模量、剪切模量、体积模量反映的是围岩的抗压能力，一般模量越大，围岩越坚硬、越难变形，越小则相反。由于纵波与横波的偏振特点不同，纵波与转换横波对相同的构造会有不同的响应。一般地，纵波剖面上反映的断层等构造带在转换波剖面上会有所反映，同时横波剖面上还会出现纵波剖面上没有显示的小断层或破碎带等信息。因此，在进行地质解译时，需以纵波的偏移剖面解译为主，但需要综合考虑横波剖面中的异常点。

4. 横波分裂与裂隙发育带

在各向异性介质中，波沿各个方向的速度是不同的。研究结果表明，介质的各向异性对 P 波影响不大，但对 S 波，特别是 SH 波的影响是可观的。在裂隙发育带中，介质表现出明显的各向异性，即在与裂隙的走向垂直或平行的两个方向上，介质的性质存在较大的差别。由于在各向异性介质中，S 波沿不同方向的传播速度明显不同，所以当地震波通过裂隙发育带后，会出现 S 波分裂现象。根据 S 波分裂程度就可以判断裂隙的方向和发育程度。

#### 4.5.3.2 不良地质体地震波法解译标志

根据地震波法理论分析、数值模拟和实测案例分析，提出地震波法在探测隧道富水不良地质时的解译标志，主要包括以下几点。

1. 断层破碎带

通常断层破碎带上下两盘岩体与断层内部相比较完整，各项力学参数相对较稳定，断层破碎带破坏了岩体的完整性和连续性，断层中结构松散，节理、裂隙密集发育，强度低，在地下水丰富地区，断层破碎带常常含水。断层破碎带的特征取决于其内部物质的组成及胶结程度、岩体的结构和次生构造等因素。断层破碎带与完整岩体围岩的主要差异在于密度变化大且各向异性，同时，断层含水程度不同对地震波传播也有不同的影响。

地震波在断层破碎带与周围较好岩体中波速差异大，会形成较强的反射。特点如下：反射层信息图上反射层面密集，岩体参数表现为纵波波速、密度、动弹性模量降低。地震波在裂隙发育的密集处，产生较强且较多的反射层，反射面较杂乱，纵横波波速、密度、杨氏模量都将有所增大，其中正反射振幅显示为硬岩层，负反射振幅显示为软岩层。

对于不含水的断层破碎带，表现为反射波能量强，反射界面以正负相交替出现，反射系数大，且存在绝对值较大的负反射系数，纵波波速降低，静态杨氏模量降低，密度曲线高低振荡，动弹性模量降低，横波分裂现象明显。

若断层富水，则地震波在裂隙密集处产生较强反射，反射面较杂乱，且由于横波无法在水中传播，横波速度有下降的趋势，纵波波速与横波波速的比值增加，故横波反射能量比纵波反射能量强。纵横波速度比表现出明显的增大，泊松比升高，有时是台阶式跃升，则表明有流体的存在，升高的幅度与含水量呈正相关关系。

2. 富水区与软弱岩层

富水区岩体特征一般表现为节理裂隙大量发育，整体破碎，孔隙度较大，在地震波反射波形图中可以看到横波的强反射能量，局部呈现负反射波形，纵波波速随着岩体强度下降较完整同性岩体也整体偏低，主要表现出一定的起伏，横波波速也会呈下降趋势，纵横波速度比和泊松比具有明显升高趋势。

软弱夹层的孔隙率一般也比较大，密度偏低，主要表现为强烈的负反射能量，纵横波波速均表现出下降，且横波的整体下降幅度比纵波稍大，纵横波速度比或泊松比有所升高，弹性模量下降幅度较大。它往往成为岩体破碎形成的富水区的过渡带，或形成交替夹层。类似泥岩、煤线、碳质页岩、千枚岩、石膏或强风化带等软弱夹层，密度小、强度低。在反射层中表现为由强负反射转化到强正反射。

3. 溶洞

对空溶洞，纵横波波速均有所下降，弹性模量、密度等均呈下降趋势，能量衰减明显。地震波在空洞与岩体界面产生较强反射，接收到的原始数据中异常反射明显；在速度反演图上尤其是横波波速出现明显低速异常区；在深度偏移剖面图中强弱反射界面交替出现；表现为空洞界面处反射层明显且密集，纵横波波速以及岩石密度都较低。

当溶洞为地下水、泥质、溶蚀碎屑等流体性明显的物质所充填时，反射波出现较杂乱的反射界面，横波反射比纵波反射强，纵横波波速比或泊松比明显增大，能量衰减较快。

4. 遇水软化岩体

某些具有遇水软化性质的软岩，在节理裂隙的控制下，岩体结构往往较为破碎，受地下水的浸润软化之后，岩体性质同原干燥岩体差异明显，在接收到这类岩体的回波波形后，处理结果中总是可以看到一定程度的负反射波形，纵波波速起伏变化不稳定，而且总体偏低，横波波速也处于不稳定的起伏状态，但岩体含水情况的不稳定性可能导致横波波速呈上升趋势。

## 4.5.4　地震波法探测的典型应用

派墨公路多雄拉隧道双护盾 TBM 施工过程中进行了大量的 GTRT 地震波法超前地质预报，典型不良地质预报情况如下。

1. 断层破碎带探测

在预报段 K10＋210～K10＋326，测试时掌子面桩号为 K10＋210，探测成果图（三维成像-俯视图、三维成像-侧视图、三维成像-立体图和地震波速度图）如图 4.5－20～图 4.5－23 所示。

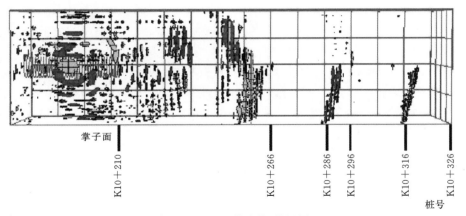

图 4.5－20　三维成像-俯视图

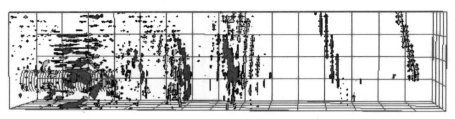

图 4.5－21　三维成像-侧视图

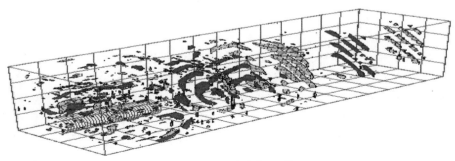

图 4.5－22　三维成像-立体图

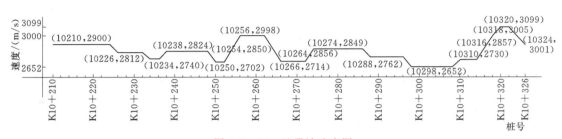

图 4.5－23　地震波速度图

根据 GTRT 法探测图件和不良地质解译方法，可得出如下预报结果：

（1）K10＋210～K10＋266 段地震波反射强烈，蓝黄相间夹杂分布，分布较为分散，推测该段岩体节理裂隙密集发育，局部存在断层破碎带，岩体较破碎。

（2）K10＋266～K10＋286 段地震波反射不明显，推测该段岩体均一性较好。

（3）K10＋286～K10＋296 段地震波反射明显，以负反射为主，主要分布在顶拱以及开挖面右侧部分，推测该段岩体完整性相对较差，顶拱以及开挖面右侧部位结构面发育。

（4）K10＋296～K10＋316 段地震波反射不明显，局部有零星正反射分布，在 K10＋316 段附近正反射强烈，推测该段岩体均一性相对较好。

（5）K10＋316～K10＋326 段地震波反射不明显，完整性相对较好。由于距离掌子面较远，该段需要在下次预报时进行覆盖。

2. 空洞和断层破碎带探测

在预报段 K10＋253～K10＋367，测试时掌子面桩号为 K10＋210，探测成果图（三维成像-俯视图、三维成像-侧视图、三维成像-立体图和地震波速度图）如图 4.5－24～图 4.5－27 所示。

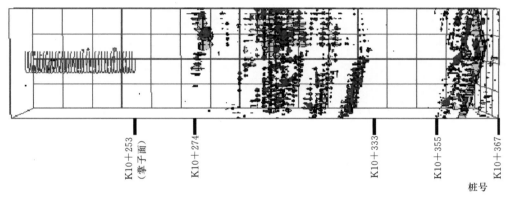

图 4.5－24　三维成像-俯视图

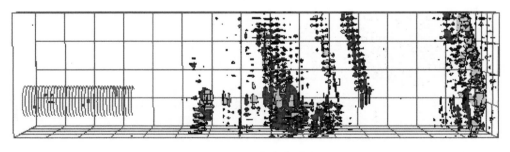

图 4.5－25　三维成像-侧视图

K10＋217～K10＋253 段探测成果图（三维成像-俯视图、三维成像-侧视图、三维成像-立体图）如图 4.5－28～图 4.5－30 所示，从反射图中可以看出，K10＋223～K10＋263 段顶拱以上部分地震波反射强烈，正负反射分布密集。由于该段为高地应力区，结合现场工程地质情况以及反射图从整体上进行分析可知，K10＋223～K10＋263 段形成类似塌落拱的异常体，最大异常体埋深在顶拱以上约 17m，对应 K10＋237～K10＋247 段。从反射图上可以看出，K10＋223～K10＋263 段反射界面边界较为明显，该异常体规模较大，可能为空腔或溶洞，由于该洞段岩体以花岗片麻岩为主，所以推断该段可能有较大规

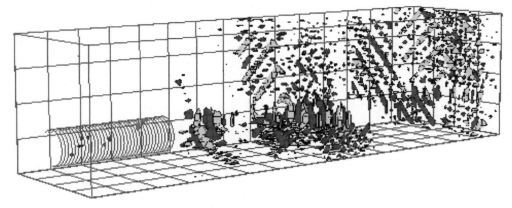

图 4.5-26　三维成像-立体图

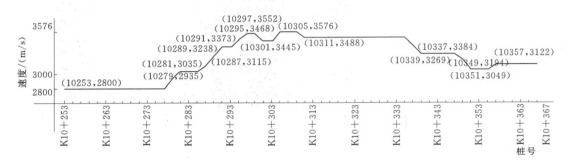

图 4.5-27　地震波速度图

模空腔发育。

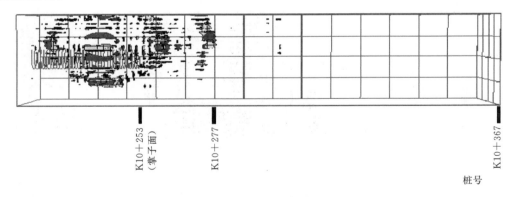

图 4.5-28　三维成像-俯视图

根据 GTRT 法探测图件和不良地质解译方法，可得出如下预报结果：

（1）K10+223～K10+263 段形成类似塌落拱的异常体，最大异常体埋深在顶拱以上约 17m，对应 K10+237～K10+247 段。K10+223～K10+263 段反射界面边界较为明显，结合该洞段工程地质条件进行综合分析，K10+223～K10+263 段可能有较大规模空腔发育，建议在开挖过程中谨慎掘进，注意塌方。

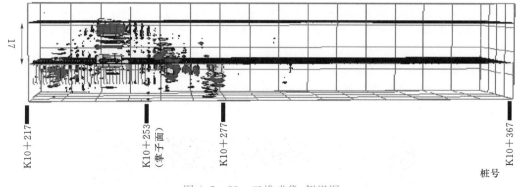

图 4.5 - 29 三维成像-侧视图

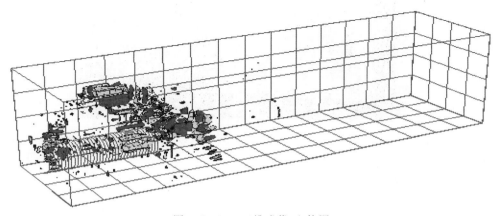

图 4.5 - 30 三维成像-立体图

（2）K10+253～K10+274 段掌子面左侧岩体相对较完整，中部和右侧结构面发育，岩体破碎，强度较低。

（3）K10+274～K10+333 段岩体比上段整体上有变好趋势，完整性相对较好，但在 K10+287～K10+327 段岩体结构面较发育，建议在开挖过程中谨慎掘进。综合 K10+076～ K10+367 段 TRT 法物探测试成果以及已开挖揭露的工程地质条件，推测 EH4 所反映出来的异常体（断层构造带）在 K10+274 附近基本结束，K10+274～K10+333 段为影响带。

（4）K10+333～K10+355 段岩体相比上段整体上有变差趋势。

（5）K10+355～K10+367 段岩体相比上段整体上有变好趋势，但由于距离掌子面较远，需要在下次测试时进行覆盖。

## 4.6 双护盾 TBM 隧道微震监测与岩爆预警技术

### 4.6.1 双护盾 TBM 微震监测系统布设

国内外隧道动力灾害的研究表明，隧道的塌方、岩爆、TBM 卡刀等问题，都是隧道开挖过程中的岩体应力场改变所诱发的微裂隙萌生、发展、贯通的结果。在灾害出现之前，一般都有微震活动异常。在双护盾 TBM 隧道施工中，尤其对于高海拔或高埋深条件，监测现场不具备洞外地表布台监测的条件，应采用随洞内开挖移动传感器阵列连续监测的方式记录数据。

为了达到最大监测精度及效果，传感器采用空间立体化布置，在隧道内部和外部布置传感器，覆盖整个监测区域和重点监测的范围（图 4.6 - 1）。

(a)

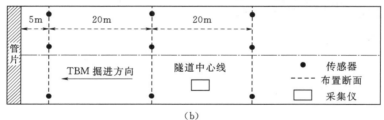

(b)

图 4.6 - 1  双护盾 TBM 微震监测阵列

（1）在隧道内距离掌子面第一个管片后 5m、25m，45m 处分别布置传感器扇形监测断面。施工过程中，应根据现场具体情况进行调整优化。

（2）每个监测断面布置 3～4 个钻孔，钻孔深度为 1m 左右，每个钻孔安装 1 个传感器。每个断面布置 2 个三轴传感器和 1 个单轴传感器。施工过程中，应根据现场具体情况进行优化调整。

（3）共布置 1 个 24 通道数据采集仪，随着掘进面的推进和传感器位置的变化而进行位置调整。

（4）随着隧道掘进面的推进，每掘进 20m 左右，最后面的传感器拆下并安装到最前断面位置，监测断面交替前移。施工过程中，应根据现场具体情况进行优化调整，现场微震传感器布设如图 4.6 - 2 所示。

传感器安装后利用光缆将采集仪与服务器进行连接，实时传输数据，进行实时监测。微震数据利用生产现场已有的光缆（三芯可用）进行传输，数据采集仪安放在掘进系统平台上，随 TBM 前移进行微震监测，该方式可以基本保证采集仪安全。

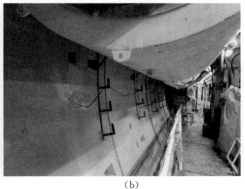

(a)　　　　　　　　　　　　　　(b)

图 4.6 - 2　现场微震传感器布设

## 4.6.2　基于引力搜索法的隧道围岩震源定位

引入智能优化算法（引力搜索法）对微震事件进行准确定位。区别于传统的迭代的震源定位方法（如双差算法），该算法运算具有更加准确、迅速和智能化的特点，能对微震位置和微震波速同时进行搜索，有效定位隧道围岩开裂及微震事件。

引力搜索算法（Gravitational Search Algorithm，GSA）在 2009 年由伊朗克曼大学教授 Esmat Rashedi 提出。该算法是基于万有引力定律和牛顿第二定律的种群优化算法。在自然界中，万有引力的作用无处不在，使得任意一个粒子都会与其他的粒子相互吸引而不断地靠近。万有引力作用示意图如图 4.6 - 3 所示。

对于相互分离的两个粒子，它们相互之间的万有引力是没有间隔和延迟的，根据牛顿万有引力公式［式（4.6 - 1）］，它的大小和两个粒子的质量成正比，和两个粒子之间的欧式距离的平方成反比（但在引力搜索算法中，通过实验表明，用 $R$ 代替 $R^2$ 所得到的效果更好）：

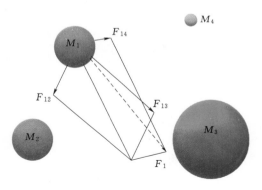

图 4.6 - 3　万有引力作用示意图

$$F = G\frac{M_1 M_2}{R^2} \tag{4.6 - 1}$$

式中：$F$ 为万有引力；$G$ 为引力常数；$M_1$ 和 $M_2$ 为两个粒子的惯性质量；$R$ 为两个粒子之间的欧式距离。

牛顿第二定律原理：当力 $F$ 作用在一个颗粒上时，颗粒会加速向该作用力的方向运动。根据式（4.6 - 2），加速度 $a$ 的大小取决于颗粒惯性质量 $M$ 和万有引力 $F$ 的大小。因此，大质量颗粒运动缓于小质量颗粒，即大质量颗粒代表更稳定的解（较优解）。

$$a = \frac{F}{M} \tag{4.6 - 2}$$

利用引力搜索法搜索微震残差函数的极小值点，极小值点所对应的位置坐标即为微震震源位置（图4.6-4）。详细计算过程如下。

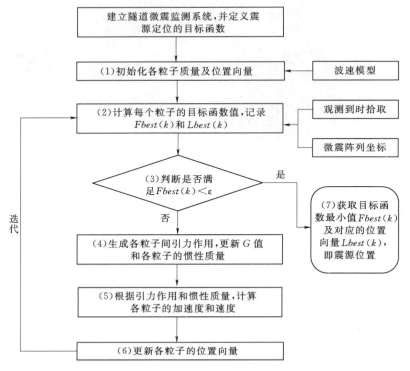

图 4.6-4　基于引力搜索算法的震源定位流程图

（1）假定微震空间有 $N$ 个粒子（代表潜在震源位置）；在初始时刻，每个粒子有质量 $M_i$ 和 $n$ 维位置向量 $X_i$：

$$X_i=(x_i^1,\cdots,x_i^d,\cdots,x_i^n)^{\mathrm{T}} \qquad i=1,2,\cdots,N, \qquad (4.6-3)$$

$$M=(M_1,\cdots,M_i,\cdots,M_N) \qquad i=1,2,\cdots,N, \qquad (4.6-4)$$

式中：$x_i^d$ 表示第 $i$ 个粒子在第 $d$ 维的数值，并有上下限值，即 $x_i^d\in(x_{\min}^d,\ x_{\max}^d)$。

（2）计算各粒子的目标函数值，并记录历史循环的最优目标函数值 $Fbest(k)$ 及其对应颗粒的位置 $Lbest(k)$。假定 $Fbesti(k)$ 和 $Lbesti(k)$ 分别为当前循环最优目标函数值及其所对应颗粒的位置。对于第一次循环有：$Fbest(k)=Fbesti(1)$，$Lbest(k)=Lbesti(1)$。否则判断 $Fbesti(k)<Fbest(k)$，如果满足则重新记录 $Fbest(k)$，并更新样本所对应的最优位置 $Lbest(k)$。

（3）判断当前粒子目标函数值是否满足终止准则（事件残差小于规定量值 $\varepsilon$），即 $Fbest(k)<\varepsilon$，如果满足条件执则行步骤（7），如果不满足条件则继续执行步骤（4）。

（4）计算粒子间相互作用的引力。在第 $k$ 次迭代，定义 $F_{ij}^d(k)$ 为在 $d$ 维度上粒子 $i$ 受到粒子 $j$ 作用的引力：

$$F_{ij}^d(k)=G(k)\frac{M_{pi}(k)\times M_{aj}(k)}{R_{ij}(k)+\varepsilon}\left[x_j^d(k)-x_i^d(k)\right] \qquad (4.6-5)$$

式中：$M_{aj}(k)$ 和 $M_{pi}(k)$ 分别为主动粒子 $j$ 的惯性质量和被动粒子 $i$ 的惯性质量；$\varepsilon$ 为

小量值常量；$G(k)$ 为引力系数函数，满足：

$$G(k) = G_0 e^{-\alpha \frac{k}{K}} \tag{4.6-6}$$

式中：$G_0$ 可取 100；$\alpha$ 可取 20；$K$ 为迭代总次数。

$R_{ij}(k)$ 为粒子 $i$ 和粒子 $j$ 的欧式距离：

$$R_{ij}(k) = \parallel X_i(k), X_j(k) \parallel_2 \tag{4.6-7}$$

在 GSA 算法中增加随机特性，在第 $d$ 维上第 $i$ 个粒子受到其他所有粒子引力作用的总和为

$$F_j^d(k) = \sum_{j=1, j \neq i}^{N} rand_j F_{ij}^d(k) \tag{4.6-8}$$

式中：$rand_j$ 为 $[0，1]$ 之间的随机数。

在每一次迭代中，每个粒子都会更新惯性质量。惯性质量根据目标函数值计算，粒子惯性质量越大，表明越接近最优值，也表明对其他粒子有更大的吸引力。根据以下公式更新粒子的惯性质量 $M$：

$$M_{ai} = M_{pi} = M_{ii} = M_i \qquad i = 1, 2, \cdots, N \tag{4.6-9}$$

$$m_i(k) = \frac{fit_i(k) - worst(k)}{best(k) - worst(k)} \tag{4.6-10}$$

$$M_i(k) = \frac{m_i(k)}{\sum_{j=1}^{N} m_j(k)} \tag{4.6-11}$$

式中：$fit_i(k)$ 为粒子 $i$ 在迭代次数 $k$ 的目标函数值。

（5）计算每个粒子的加速度和速度。根据牛顿第二定理，第 $d$ 维上粒子 $i$ 的加速度 $a_i^d(k)$ 和速度 $v_i^d(k+1)$ 为

$$a_i^d(k) = \frac{F_i^d(k)}{M_i(k)} \tag{4.6-12}$$

$$v_i^d(k+1) = rand_i v_i^d(k) + a_i^d(k) \tag{4.6-13}$$

式中：$M_i(k)$ 为当前时刻粒子 $i$ 的惯性质量；$rand_i$ 为 $[0，1]$ 之间的随机数。

（6）在每一次迭代中，每个粒子都会根据以下公式更新位置：

$$x_i^d(k+1) = x_i^d(k) + v_i^d(k+1) \tag{4.6-14}$$

（7）判断 $Fbset(t) < \varepsilon$，若满足则退出循环，输出粒子群的最优位置 $Lbest(t)$ 和最优事件残差值 $Fbest(t)$，如果不满足则继续执行步骤（2）。

所有粒子在求解空间中的运动如图 4.6-5 所示。初始引力系数 $G_0$ 为 100，引力衰减系数 $\alpha$ 为 20，粒子数为 100，总迭代步骤数为 1000。粒子在开始时被随机地分配位置向量和质量；粒子的大小表示它在当前步骤中与其适应值相关联的质量 [图 4.6-5（a）]。粒子之间生成引力作用，大质量的粒子（优质震源解）吸引小质量的粒子向自己的位置运

动；所有的粒子更新位置向量、适应值和质量 [图 4.6 - 5 (b)]。随着迭代的进行，所有的粒子相互吸引，并向着全局最优解不断靠拢 [图 4.6 - 5 (c)]。最终，在迭代终止后获得了震源定位的最优解，所有的粒子紧紧环绕在全局最优解四周 [图 4.6 - 5 (d)]。

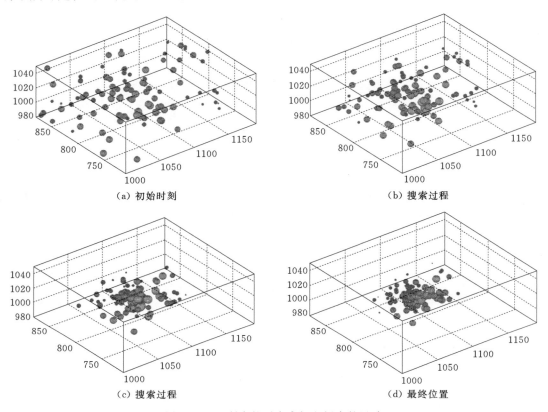

（a）初始时刻　　　　　　　　　　　　（b）搜索过程

（c）搜索过程　　　　　　　　　　　　（d）最终位置

图 4.6 - 5　　所有粒子在求解空间中的运动

为了验证定位算法的有效性和准确性，采用引力搜索法（GSA）、粒子群算法（PSO）及单纯形算法（SIMPLEX）分别基于双速度模型和三速度模型进行对比，分析其定位结果及搜索过程的优越性。使用上述的残差计算准则公式作为目标函数，分别以引力搜索法（GSA）、单纯形算法（SIMPLEX）、粒子群算法（PSO）搜索震源位置。传感器坐标、观测到时和波速模型为已知。微震事件的真实震源位置为隧道岩石破裂源的位置（908，900，1020）。算法定位搜索结果及误差分析见表 4.6 - 1～表 4.6 - 4。

表 4.6 - 1　　基于 GSA、PSO、SIMPLEX 算法的震源定位结果（案例 1）

| 计算结果 分析方法 | 北 N/m | 东 E/m | 埋深 D/m | $V_1$/(m/s) 对应传感器: 1-1、2-2、2-3 | $V_2$/(m/s) 对应传感器: 1-2、2-1 |
|---|---|---|---|---|---|
| GSA | 911.179 | 904.36 | 1017.39 | 5768.47 | 5185.25 |
| PSO | 905.85 | 894.194 | 1021.98 | 5523.11 | 5000.02 |
| SIMPLEX | 930.472 | 928.764 | 1015.14 | 5424.62 | 5241.22 |

表 4.6-2　　　　　基于 GSA、PSO、SIMPLEX 算法的震源定位结果（案例 2）

| 分析方法 \ 计算结果 | 北 N/m | 东 E/m | 埋深 D/m | $V_1$/(m/s) 对应传感器：1-1、2-2、2-3 | $V_2$/(m/s) 对应传感器：1-2、2-1 |
|---|---|---|---|---|---|
| GSA | 916.4 | 919.799 | 1006.92 | 4231.55 | 4106.49 |
| PSO | 912.17 | 911.203 | 1002.57 | 3736.25 | 3567.57 |
| SIMPLEX | 936.525 | 931.034 | 1006.75 | 4758.6 | 4613.61 |

表 4.6-3　　　　　基于 GSA、PSO、SIMPLEX 算法的震源定位结果（案例 3）

| 分析方法 \ 计算结果 | 北 N/m | 东 E/m | 埋深 D/m | $V_1$/(m/s) 对应传感器：2-1、2-2、2-3 | $V_2$/(m/s) 对应传感器：1-1、1-2、1-3 |
|---|---|---|---|---|---|
| GSA | 1014.44 | 766.44 | 1012.09 | 5566.37 | 5600.91 |
| PSO | 1001.59 | 792.811 | 999.116 | 5856.71 | 5936.65 |
| SIMPLEX | 972.27 | 807.585 | 1014.64 | 5008.08 | 5020.23 |

表 4.6-4　　　　　基于 GSA、PSO、SIMPLEX 算法的震源定位结果误差分析

| 指标类别 | 案例编号 | 分 析 方 法 | | |
|---|---|---|---|---|
| | | GSA | PSO | SIMPLEX |
| 距离误差 $S$/m | 案例 1 | 5.995 | 6.5 | 36.824 |
| | 案例 2 | 7.105 | 11.717 | 28.911 |
| | 案例 3 | 7.648 | 26.074 | 52.065 |
| 收敛趋于稳定步数 $K$/次 | 案例 1 | 3 | 315 | 1000 |
| | 案例 2 | 18 | 133 | 1000 |
| | 案例 3 | 3 | 237 | 1000 |
| GSA 相对提高精度 $Q$/% | 案例 1 | — | 7.77 | 83.71 |
| | 案例 2 | — | 39.36 | 75.42 |
| | 案例 3 | — | 70.67 | 85.31 |

　　从表 4.6-1～表 4.6-4 可知，对于双速度微震源定位搜索，引力搜索法（GSA）的微震源位置（911.179，904.36，1017.39）在所有算法中相对较优，与真实震源的距离为5.995m，粒子群算法（PSO）次之，为 6.5m，单纯形算法（SIMPLEX）在这三类算法中最差，与真实震源位置的距离达到 36.824m，这主要是由于单纯形算法易陷入局部最小值搜索。根据深埋隧道工程的实际情况，引力搜索法和粒子群算法的误差小于 10m，能够较好地满足隧道工程微震源定位要求。

　　图 4.6-6 为引力搜索法各样本的最优样本值，各维度样本值在迭代 3 次左右达到稳定，且有波速的变化大于传感器坐标值的变化。图 4.6-7 为各算法搜索过程的最优残差值。从图 4.6-7 中可知，引力搜索法在运行大约 3 次以后，其残差值趋于稳定，这是由于粒子在万有引力作用下前期具有快速移动的特性，当粒子间距离逐渐减小时，粒子间引力呈指数型下降。单纯形算法及粒子群算法在搜索过程中呈缓慢下降的趋势。当残差值达

到相对稳定时，引力搜索法的运行次数最小，为 3 次，粒子群算法次之，大约为 315 次，单纯形法最慢，在整个迭代过程中，残差值都在不断变化。在运行 1000 次后，引力搜索法的最优残差值约为 0.00041，粒子群算法的最优残差值约为 0.00042，单纯形算法的最优残差值约为 0.000725。由此可知，引力搜索法相对于其他两种搜索算法在迭代过程中具有快速、易收敛的优点。

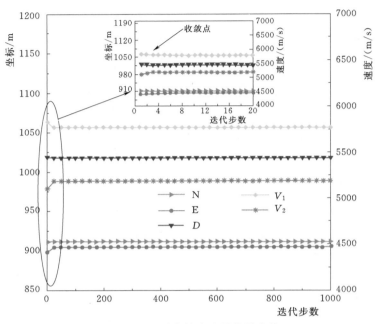

图 4.6-6　引力搜索法最优样本值

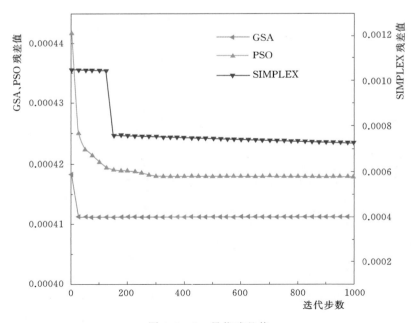

图 4.6-7　最优残差值

实际岩爆的微震事件定位分布如图 4.6 - 8 所示。基于引力搜索算法的震源定位获得了较为准确的结果 [图 4.6 - 8 (a)]，微震事件紧紧围绕在岩爆发生区域，这与实际岩爆微震事件的发育过程较为一致，也为后续震源参数计算和岩爆预警判据的准确性提供了保障。其他定位算法获得的定位结果如图 4.6 - 8 (b) 所示，微震事件的分布较为离散，与实际震源位置存在较大的误差。

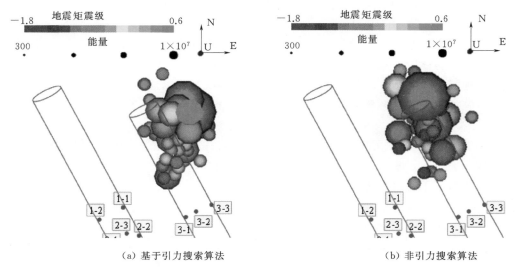

(a) 基于引力搜索算法　　　　　　　　(b) 非引力搜索算法

图 4.6 - 8　实际岩爆的微震事件定位分布

## 4.6.3　基于 EMS 微震参数的岩爆预警方法

### 1. EMS 方法的评价指标

利用震源参数评估岩体破裂及岩爆效应，即 EMS 方法的评价指标。其中，$E$ 代表地震能量 (seismic energy)，$M_0$ 代表地震矩 (seismic moment)，$\sigma_a$ 代表视应力 (apparent stress)。根据前人对震源参数的理解与研究，地震能量 $E$ 代表岩体断裂释放的弹性应变能，正比于震源应力降 $\Delta\sigma$、剪断位移 $D$ 和断裂面积 $A$ 之积，即存在关系：

$$E \propto \Delta\sigma AD \quad 或 \quad \frac{E}{\Delta\sigma} \propto AD \tag{4.6-15}$$

地震矩 $M_0$ 代表震源断裂驱动力，可等于剪断位移 $D$、断裂面积 $A$ 和剪切模量 $G$ 之积，如下：

$$M_0 = PG = ADG \tag{4.6-16}$$

式中：$AD$ 代表震源剪切变形或震源非弹性变形的岩体体积，近似为地震势 $P$。

应力降 $\Delta\sigma$ 反映震源的应力调整与释放，与震源半径 $r_0$ 相关。视应力 $\sigma_a$ 与应力降成正比，两者的关系式如下：

$$\Delta\sigma = \frac{7M_0}{16r_0^3} \propto \sigma_a = G\frac{E}{M_0} \tag{4.6-17}$$

根据式 (4.6 - 17)，可获得 EMS 方法中 3 种指标地震能量 $E$、地震矩 $M_0$ 和视应力

$\sigma_a$ 之间的联系为

$$\sigma_a \propto \frac{E}{M_0}, M_0 \propto AD \qquad (4.6-18)$$

由式（4.6-18）可知，地震矩 $M_0$ 与震源非弹性变形 $AD$ 成正比。视应力 $\sigma_a$ 正比于地震能量与地震矩的比值 $E/M_0$。在实际应用中，这 3 种指标可用于评估岩体灾变效应及特征，图 4.6-9 阐释了在微震监测范围内 EMS 方法各指标的取值及含义（地震矩由地震矩震级表述）：

（1）对于地震能量 $E$，随着指标量值的增大，监测现场可感受到从轻微到强烈的震感，并可诱发岩体崩落甚至岩体塌方灾害。

（2）地震矩 $M_0$ 评估了震源变形程度（由轻微到极大），随着指标量值增加，震源向周围岩体施加更大的变形量，造成变形驱动的岩体损伤，甚至将大量的应变能转移到周围岩体。

（3）视应力 $\sigma_a$ 评估了岩体应力调整的程度或岩体破裂特征。较大的视应力代表了更高的岩体起裂要求，此时相对较小的震源变形对应了相对较高的能量释放；随着视应力的增大，岩体趋近于完整断裂（即完整起裂要求）。

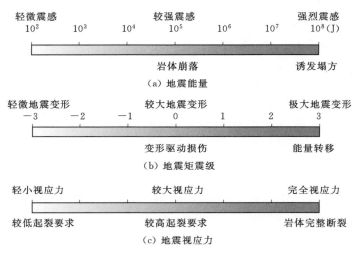

图 4.6-9　微震监测范围内 EMS 方法各指标的取值及含义

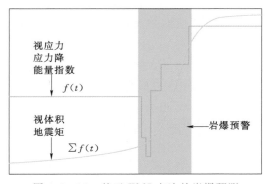

图 4.6-10　基于 EMS 方法的岩爆预测

2. 岩爆预测及岩爆等级评估

EMS 方法及相关指标可用于预测岩爆的发生。根据实际工程中岩爆发育过程及特点，图 4.6-10 总结和描述了各指标的演化趋势及岩爆的预警阶段。其中，实时演化曲线 $f(t)$ 可由视应力、应力降或能量指数 3 种指标代表，且三者互为正相关；累积演化曲线 $\sum f(t)$ 可由视体积或地震矩指标代表。岩爆的预警阶段（黄色区域）

可判识为：①实时演化指标经过一段时期的稳定发展后，出现迅速的降低；②累积演化指标出现大幅度的上升。结合这两种变化趋势，可判断岩体破裂行为由稳定发展进入加速破裂，岩体非弹性变形和损伤程度迅速增大，因此，可对岩爆灾害进行预警。

根据 EMS 方法实时、累积演化曲线判识岩爆预警阶段后，可评估当前岩爆发育范围（微震事件簇）的视应力级配曲线特征，预测潜在岩爆灾害等级。图 4.6-11 所示的为视应力级配分布及岩爆等级预测曲线，横坐标代表微震事件的视应力量级，纵坐标为小于（或大于）某量级的微震事件比重（累积百分比）。3 种可能出现的视应力级配曲线类型用于定性区分潜在岩爆等级。

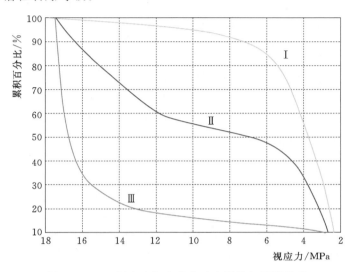

图 4.6-11　视应力级配分布及岩爆等级预测曲线

类型 I 描述先陡后缓的曲线特征。在这种情况下，低量级视应力的微震事件占有较大比重，表明岩体的起裂要求总体较低，破裂过程可出现明显的震源变形和更高的能量耗散。因此，潜在岩爆可判识为轻微等级。

类型 II 描述中间缓两边陡的曲线特征。在此情况中，低量级和高量级视应力的微震事件均占有较大比重，潜在岩爆的等级常强于类型 I。

类型 III 描述先缓后陡的曲线特征。在此情况中，高量级视应力的微震事件占有较大比重，表明岩体的起裂要求总体较高，岩性较完整且破裂过程能量耗散较少。因此，可出现较强烈等级的岩爆（如岩体抛掷）。

### 3. EMS 方法的震源参数空间

EMS 方法的评价指标可用于描述微震事件在震源参数空间 $\lg E - \lg M_0$ 中的分布［图 4.6-12（a）］。在震源参数空间中，横坐标代表对数地震矩，纵坐标代表对数地震能量，微震事件围绕在视应力为某一常量的斜线附近，三者的关系满足 $\sigma_a = G(E/M_0)$。

微震事件的运动路径（微震路径）定义为在震源参数空间中时间序列上相近出现两微震事件的连线，可总结出 4 种体现不同岩体力学行为的微震路径［图 4.6-12（b）］。微震路径①沿视应力斜线法向，此时微震事件表现出沿梯度方向的应力调整，直接体现了岩体破裂程度的变化。微震路径②平行于视应力斜线，表现出在恒定视应力条件下震源地震矩的变化，此时微震事件的震源变形占据主导变化。微震路径③平行于地震矩坐标轴，表明在恒定地震能量条件下震源变形占据主导变化，其次为视应力的变化。微震路径④平行于地震能量坐标轴，表明在恒定地震矩条件下地震能量占据主导变化，其次为视应力的变化。

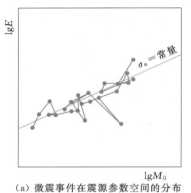 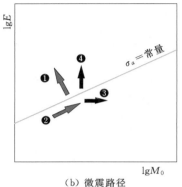

（a）微震事件在震源参数空间的分布　　　　　　（b）微震路径

图 4.6 - 12　震源参数空间分布及微震路径

通过引入 EMS 方法评价指标的阈值，可划分微震事件在震源参数空间的位置。如图 4.6 - 13 所示，在引入地震矩阈值 $M_c$、地震能量阈值 $E_c$ 和视应力阈值 $\sigma_{ac}$ 后，震源参数空间可划分为 6 个部分（Ⅰ～Ⅵ），各指标阈值可通过相应级配曲线 50% 比重确定。

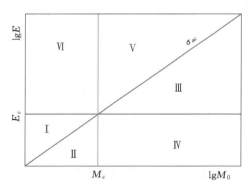

图 4.6 - 13　各指标阈值及震源参数空间的分区

类型Ⅰ：微震事件低于阈值 $E_c$ 和 $M_c$，高于阈值 $\sigma_{ac}$，表明小变形事件释放相对较高能量。

类型Ⅱ：微震事件同时低于阈值 $E_c$、$M_c$ 和 $\sigma_{ac}$，表明小变形事件释放低能量。

类型Ⅲ：微震事件高于阈值 $E_c$ 和 $M_c$，低于阈值 $\sigma_{ac}$，表明大变形事件释放相对较低能量。

类型Ⅳ：微震事件低于阈值 $E_c$ 和 $\sigma_{ac}$，高于阈值 $M_c$，表明大变形事件释放低能量。

类型Ⅴ：微震事件同时高于阈值 $E_c$、$M_c$ 和 $\sigma_{ac}$，表明大变形事件释放高能量。

类型Ⅵ：微震事件高于阈值 $E_c$ 和 $\sigma_{ac}$，低于阈值 $M_c$，表明小变形事件释放高能量。

根据不同的讨论对象，震源参数空间可有多种分区方案（图 4.6 - 14～图 4.6 - 16）。图 4.6 - 14 为根据指标阈值的空间分区，包括高能量事件区域、高地震矩事件区域和高视应力事件区域。

根据致灾类型（图 4.6 - 15），震源参数空间可分为：能量诱发崩落区域，区域内微震事件高于阈值 $E_c$；变形驱动损伤区域，区域内微震事件同时高于阈值 $E_c$ 和 $M_c$；岩体

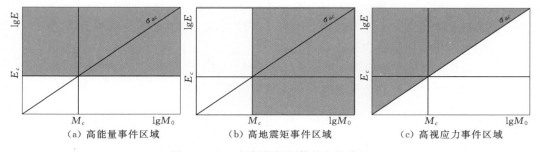

（a）高能量事件区域　　　（b）高地震矩事件区域　　　（c）高视应力事件区域

图 4.6 - 14　根据指标阈值的空间分区

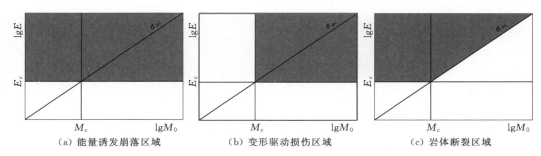

（a）能量诱发崩落区域　　　（b）变形驱动损伤区域　　　（c）岩体断裂区域

图 4.6 - 15　根据致灾类型的空间分区

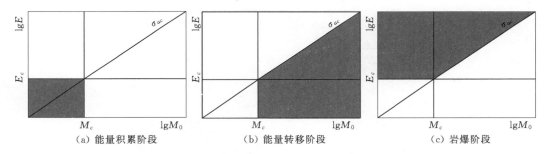

（a）能量积累阶段　　　（b）能量转移阶段　　　（c）岩爆阶段

图 4.6 - 16　根据能量演化过程的空间分区

断裂区域，区域内微震事件同时高于阈值 $E_c$ 和 $\sigma_{ac}$。

根据能量演化过程（图 4.6 - 16），震源参数空间可分为：能量积累阶段，区域内微震事件处于应力调整阶段，小于阈值 $E_c$ 和 $M_c$；能量转移阶段，区域内微震事件以较大的震源变形为主导效应，同时满足高于阈值 $M_c$ 和低于阈值 $\sigma_{ac}$；岩爆阶段，区域内微震事件具有极大的视应力（较小的变形对应较高的能量释放）。在实际中，此三阶段微震事件可在时间序列上先后出现。

4. EMS 方法在实际岩爆预警中的应用

微震监测区域围岩平均埋深约 1000m，最大水平主应力约 30MPa，与洞轴线夹角约 10°，属于高地应力的范畴。由于监测段内围岩具有不同的地质条件及微震特征，因此，在岩爆评估中将围岩开挖过程分为 a、b、c 段。

a 段围岩开挖后微震事件聚集在左拱腰和左拱底出现〔图 4.6 - 17（a）〕，分布范围可标识为微震事件簇1号，其中最大视应力量值达4.45MPa。该段围岩掌子面素描见图右，主要为石英闪长岩，两组主要节理均呈中倾—陡倾状态（节理较少出露在开挖面上），围岩在开挖后并未出现明显破裂失稳。

b段围岩开挖后微震事件簇1号内岩体处于稳定状态，几乎无后续微震事件发育［图4.6-17（b）］。此外，在当前开挖致使产生的微震事件簇2号区域内，微震事件主要出现在左拱肩和左拱腰，其数量远多于微震事件簇1号，最大视应力量值超过5MPa。围岩除发育两组陡倾节理面外，还可见一组缓倾节理面（倾角为$10°\sim15°$）。由于受到3组节理面切割且地应力较高，该围岩段微震事件数量激增，在左拱肩和左拱腰处发生了大量掉块和片帮等轻微岩爆现象。

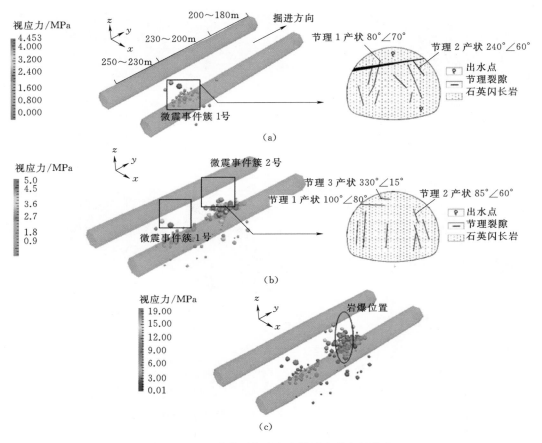

图4.6-17  隧道开挖过程中微震事件空间分布

c段围岩的开挖过程中，b段范围发生岩爆［位于微震事件簇2号内，图4.6-17（c）］。图4.6-18展示了现场围岩破裂及岩爆凹坑，现场岩爆等级判定为中等—强烈岩爆。

利用EMS方法获取了岩爆里程段微震事件簇2号在震源参数空间$\lg M_0 - \lg E$上的分布及微震路径。图4.6-19为岩爆过程的微震路径及其演化。通过判识图4.6-19（a）微震路径的类型，获取了典型微震路径在岩爆过程中（时间序列上）的演化［图4.6-

图 4.6-18　现场围岩破裂及岩爆凹坑

19（b）]。在岩爆发育早期，微震路径以①和④为主，夹杂少量的②和③，表明此时的微震事件以应力调整为主。在岩爆发育中期，微震路径以②和③为主，同时视应力量级出现明显降低，微震事件主要表现出震源变形。在岩爆发生期间，微震路径同样以②和③为主，但视应力量级显著增大。

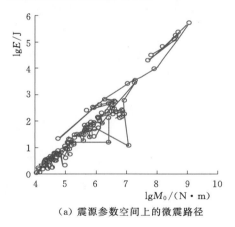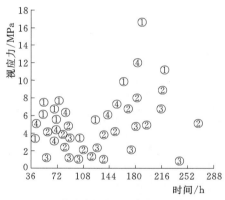

（a）震源参数空间上的微震路径　　　　　　（b）微震路径在时间序列上的演化

图 4.6-19　岩爆过程的微震路径及其演化

此外，获得了微震事件簇 1 号和 2 号在震源参数空间上的分布，结果如图 4.6-20 所示。根据级配曲线 50% 比重的原则，确定了 EMS 方法各指标阈值（视应力 $\sigma_{ac}=3$MPa，地震能量 $\lg E_c=2$，地震矩 $\lg M_c=6$）。

对于微震事件簇 1 号的震源参数空间 [图 4.6-20（a）]，根据微震事件分类图解，当前微震事件主要为类型 I 和类型 II，对应岩体脆性破裂的能量积累阶段（主要为应力调整事件），围岩无岩爆风险。

对于微震事件簇 2 号的震源参数空间，在 b 段围岩的开挖中 [图 4.6-20（b）]，微震事件不仅表现为类型 I 和类型 II，且出现了类型 III、类型 IV 和类型 V，说明此阶段岩体破裂行为包含了较大的震源变形，对应岩体脆性破裂的能量积累阶段（应力调整事件）和

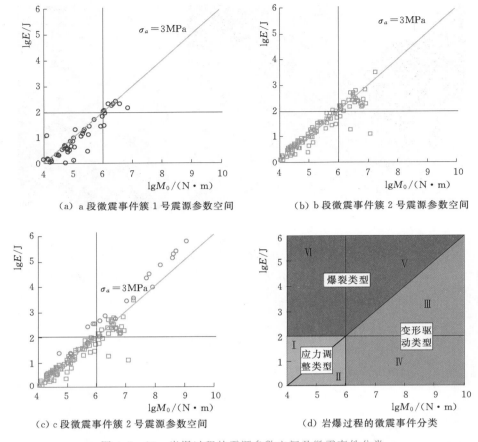

(a) a 段微震事件簇 1 号震源参数空间

(b) b 段微震事件簇 2 号震源参数空间

(c) c 段微震事件簇 2 号震源参数空间

(d) 岩爆过程的微震事件分类

图 4.6 - 20　岩爆过程的震源参数空间及微震事件分类

能量转移阶段（变形驱动事件），需要对 b 段围岩开挖的潜在岩爆灾害进行预警。在 c 段围岩的开挖中［岩爆发生阶段，图 4.6 - 20（c）］，新增微震事件（标识为蓝色）主要表现为类型Ⅴ及较少的类型Ⅰ，表明较多的爆裂事件出现。

　　对应微震事件分类图解［图 4.6 - 20（d）］，此 6 类微震事件可再分为 3 个大类：应力调整型事件、变形驱动型事件和爆裂型事件。应力调整型事件（包括类型Ⅰ和Ⅱ）为在高应力岩体卸荷和能量积累过程中的岩体微破裂事件。当岩体非弹性变形、损伤不断积累时，较大的地震变形事件（变形驱动事件，包括类型Ⅲ和Ⅳ）出现，并导致应力重分布和能量转移到其他岩体部位。最终，宏观的岩体破裂面形成，大量的能量释放伴随爆裂事件的发生（包括类型Ⅴ和Ⅵ）。因此，微震事件的发生响应了岩爆发展的不同阶段，即能量积累阶段、能量转移阶段和岩爆阶段。

　　岩爆过程中微震事件簇 2 号的震源参数演化如图 4.6 - 21 所示。视应力曲线随开挖阶段不断波动：在开挖阶段 $a$，视应力在 4MPa 上下波动；在开挖阶段 $b$，视应力变化不大，稍有降低；在开挖阶段 $c$，视应力激增并接近 20MPa，标志着岩爆的出现。对于累积视体积，曲线在整个过程持续上升，并于开挖阶段 $b$ 出现了上升的陡坎。根据 4.6.3 节对岩爆评估实时、累积演化曲线的介绍，震源参数曲线体现了与震源参数空间相似的规律，即岩爆

在开挖阶段 $c$ 发生 (对应开挖时间 190h), 且开挖阶段 $b$ (对应开挖时间 144h) 应作为岩爆的预警阶段。对于此次岩爆等级的评估, 微震事件簇 2 号的视应力级配曲线特征介于Ⅱ类和Ⅲ类之间, 与现场岩爆等级 (中等岩爆, 出现抛掷现象) 相符。

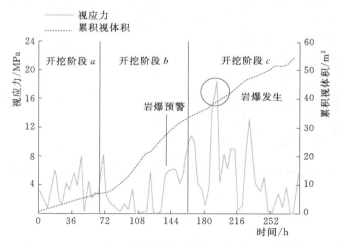

图 4.6-21　岩爆过程中微震事件簇 2 号的震源参数演化

## 4.6.4　基于微震信息的硬岩脆性破裂模拟与岩爆解译

微震监测技术能为岩体脆性破裂过程提供丰富的微震信息, 通过对破裂网络、震源参数或震源机理的分析, 可评估岩爆的孕育过程和机理。然而, 微地震源只是分布在监测空间的离散事件, 其震源信息并不能描述力学场效应, 并导致对岩体破裂行为的解译缺乏足够的有效性。因此, 深化岩体破裂微震特征的研究, 或将微震信息反馈到岩体脆性破裂模型, 利用模拟指标捕捉连续场的力学效应, 则能更好地理解实际岩体的脆性破裂过程及效应。

1. 微震信息的类型及获取

微震监测获取的各类信息主要来源于两个方面: 震源参数和震源机理。其中, 震源机理可包括应力场方位和破裂机理。各类型的微震信息及获取方法详述如下:

(1) 微震事件时空分布 (破裂网络)。微震事件时空分布可用于识别岩体内破裂网络的发育特征。引入微震事件关联系数 $d_s$ 描述两个连续微震事件 (在时间序列上前后发生) 的关联性, 即最近的微震事件是否关联到属于某破裂面的前次微震事件。关联系数可用于识别岩体内离散发育的破裂面, 其计算定义如下:

$$d_s = a \frac{(x_c)^2}{t_c} \qquad (4.6-19)$$

式中: $x_c$ 为连续微震事件 (在时间序列上前后发生) 的空间距离; $t_c$ 为时间跨度; $a$ 为场地修正系数。

关联系数反映了微震事件的时空分布特征。在实际应用中, 将当前微震事件关联到某一破裂面时, 关联系数需小于某一量值。对于时间跨度较小的连续微震事件, 要满足关联则需要更接近的空间距离, 代表短时间内形成的岩体破裂面具有更高的微震事件密度。图

4.6-22（a）为微震事件的时空分布，通过关联系数识别了岩体内两组破裂面（标记为红色和蓝色），其破裂网络发育示意图如图 4.6-22（b）所示。

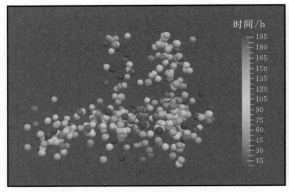
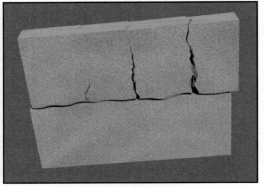

（a）微震事件时空分布（发震时间由不同颜色表示）　　　　（b）破裂网络发育示意图

图 4.6-22　微震事件时空分布及破裂网络识别

（2）震源参数。微震事件及包含的震源参数可为岩体破裂提供丰富的力学信息，如视应力/应力降、地震矩、地震能量等，震源参数量化了震源的动力破裂性质（如震源能量释放产生了破裂驱动力，破裂驱动力作用于周围岩体，并以地震波形式在岩体内传播）。对于岩体的脆性破裂，震源参数表现出特殊的特征或演化规律。因此，在数值模拟中设立量化破裂源动力性质的指标，从而联系、匹配模拟微震事件与监测微震事件是将震源参数反馈于数值模拟的关键。

（3）震源机理。根据矩张量的方位信息，如双力偶分量方位（描述滑移断裂面的走向、倾向和滑移角），通过下半球的赤平投影，可绘制描述震源机理的震源机制图。图 4.6-23 展示了不同的震源类型对应的震源机制图，包括了震源外爆/内爆、张拉膨胀和不同运动形式的剪切断裂等。

（4）应力方位。通过震源矩张量的坐标轴转换，可获得矩张量主轴方位（压缩轴 $P$、张拉轴 $T$ 和法向轴 $N$），这个过程类似于将应力张量转换得到主应力轴。根据矩张量主轴的方位及分布趋势，可用以判识岩体内主应力的方位（假设破裂发生时，主应力在对应矩张量主轴的方位上进行释放）。将获取的主应力方位信息反馈于数值模拟分析，有助于获得更准确的岩体破裂模拟结果。

2. 硬岩的脆性破裂模型及震源效应模拟

以上内容总结了微震监测获取的关于岩体破裂的各类微震信息，其中包括多种震源参数（如视应力、地震矩、地震能量等）。在岩体破裂模拟中，设立反映破裂源动力性质的指标，是进行硬岩脆性破裂和震源效应（声发射/微震）模拟的关键。此外，还能联系和匹配模拟微震事件与监测微震事件，实现基于微震信息反馈的硬岩脆性破裂模拟。以下将介绍硬岩的脆性破裂模型及震源效应模拟。

采用离散元颗粒流程序 Particle Flow Code（PFC3D）中的黏结颗粒模型（BPM）建立硬岩的脆性破裂模型。基于力学试验加载的岩石试样变形和强度参数，脆性岩石的黏结颗粒模型如图 4.6-24 所示。在完整岩石试样中置入离散节理网络（DFN），可建立接近

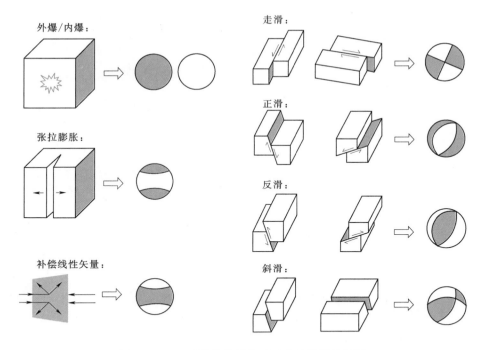

图 4.6 - 23  不同的震源类型对应的震源机制图

实际的模拟岩石试样。在单轴加载下模拟岩样可具有明显的脆性破裂特征，应力应变曲线表现出较大的变形模量 [图 4.6 - 25 (a)]，无明显屈服阶段，以及峰后阶段迅速的应力跌落；在三轴加载下岩石变形模量增大，并出现塑性屈服平台。颗粒动能随破裂过程不断演化 [图 4.6 - 25 (b)]，在单轴加载下，颗粒动能在峰前阶段平稳发展，并在峰后阶段急速增大；三轴加载下颗粒动能呈渐进发展的特征。

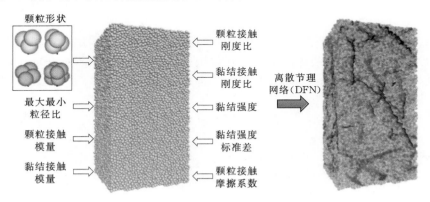

图 4.6 - 24  脆性岩石的黏结颗粒模型

设定自定义指标"破裂驱动力"（driving force）用以评估黏结破裂发生时分离颗粒对邻近颗粒施加的动力作用。黏结破裂破坏了局部颗粒的力学平衡 [图 4.6 - 26 (a)]，不平衡力促使了颗粒之间应变能/接触力 [图 4.6 - 26 (b)] 的释放，并驱动了分离颗粒向

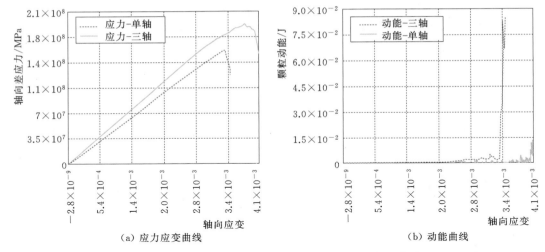

（a）应力应变曲线　　　　　　　　　　　（b）动能曲线

图 4.6-25　单轴/三轴加载下模拟岩样的力学特征曲线

邻近颗粒产生动力作用［即碰撞和传播运动速率，图 4.6-26（c）］。因此，破裂驱动力即为破裂产生的不平衡力，驱动力越高代表相邻颗粒间的动力作用越强烈。

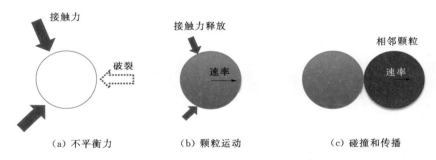

（a）不平衡力　　　　　　　（b）颗粒运动　　　　　　　（c）碰撞和传播

图 4.6-26　不平衡力驱动颗粒运动

图 4.6-27 所示为单轴/三轴加载下岩石模拟声发射事件。采用两种指标驱动力和应力降（stress drop）量化破裂源性质，其中应力降为驱动力与破裂源面积的比值（与震源视应力指标类似，其含义为破裂源单位面积上的驱动力/应力降）。从破裂事件分布可知，

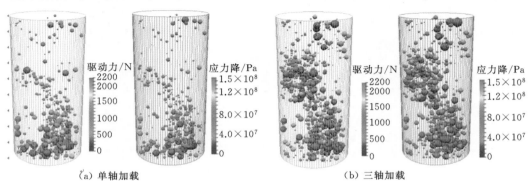

（a）单轴加载　　　　　　　　　　　　（b）三轴加载

图 4.6-27　单轴/三轴加载下岩石模拟声发射事件

较大驱动力量值的事件并不一定对应较高的应力降量值，但两者的高量值事件的分布趋势一致。与单轴加载相比，三轴加载下破裂事件分布范围更广，并出现了多处的事件聚集区域。破裂源应力降与驱动力的关系如下：

$$应力降\ \Delta\sigma = \frac{破裂驱动力\ F}{破裂源面积\ A} \tag{4.6-20}$$

上述内容阐述了模拟岩石试样的脆性破裂特征及内部破裂机制，并设立了评估破裂源动力性质的指标。在实际应用中，往往需要考虑工程对象的宏观尺寸，则需要采用将 BPM 岩块堆砌成宏观岩体模型的 AC/DC 方法（连续/非连续方法）。此外，需要在模型中置入岩体结构特征，即反映节理分布的离散节理网络（DFN），其由多组光滑节理接触面（SJ）组合而成，最终建立仿真岩体模型（SRM）。

3. 基于微震信息的硬岩脆性破裂与岩爆解译研究

（1）仿真脆性岩体模型的建立及输入各类条件。匹配模拟岩样与实际岩样（石英闪长岩）的基本力学性质和脆性破裂性质。模拟岩样受到微观参数的调控，其宏观力学性质呈现显著脆性破裂性质，包括储能系数达 0.85，最大颗粒动能为 357J，脆性系数达 0.77。

1）离散节理网络判识（微震信息输入）及宏观岩体模型的建立。根据图 4.6-28 中监测范围内微震事件获取的优势断裂面，获取方位在赤平投影极点密度图上的分布趋势，可辨识出两组明显发育的滑移断裂面（趋势 1 和趋势 2，对应密度最高位置），因此可获知岩体内两组主要滑移断裂面方位或主控节理面方位（组合关系如图 4.6-29 所示）。此外，结合现场对节理分布的观测，最终确定由三组节理构成的离散节理网络（各节理组的分布及参数见表 4.6-5）。将模拟岩块搭建成宏观的隧道围岩模型（立方体边长 60m，隧道断面宽、高均为 8m），置入离散节理网络信息后，隧道模型及围岩结构如图 4.6-30 所示。

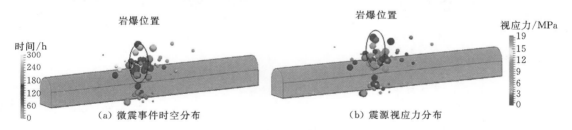

(a) 微震事件时空分布　　　　　(b) 震源视应力分布

图 4.6-28　岩爆段围岩微震事件分布

表 4.6-5　　　　　　　　　　　隧道围岩节理组的分布及参数

| 节理组编号 | 走向 | 倾角 | 法向刚度/(GPa/m) | 切向刚度/(GPa/m) | 剪胀角 | 摩擦系数 |
|---|---|---|---|---|---|---|
| 1 | 90° | 60° | 30 | 30 | 10° | 0.1 |
| 2 | 180° | 30° | 30 | 30 | 10° | 0.1 |
| 3 | 270° | 45° | 30 | 30 | 10° | 0.1 |

2）置入围岩初始应力场量值及方位。在仿真脆性岩体模型中，监测范围内应力场的获取依靠统计与计算区域内所有颗粒之间的接触力［图 4.6-30（b），黑色链接代表颗粒间的接触力］，同时还可获取其他力学指标，如体积应变、颗粒动能等。图 4.6-31 所示为经过三阶段加载与力学平衡后，应力监测范围内逐步生成的应力场及各分量（根据现场

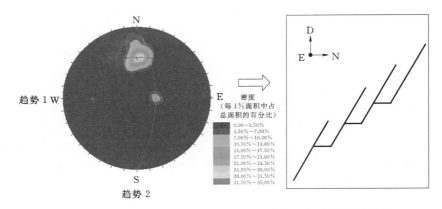

图 4.6-29 微震事件优势断裂面的极点密度图及主滑断裂判断

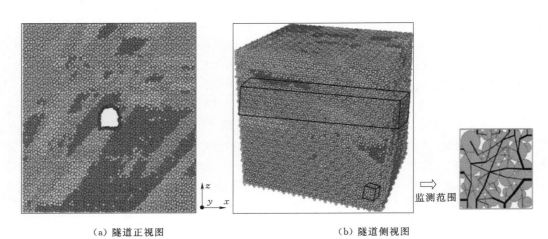

（a）隧道正视图 　　　　　　　　　　（b）隧道侧视图

图 4.6-30 隧道模型及围岩结构

实测，最大水平主应力为 30MPa，与洞轴线夹角约 10°）。

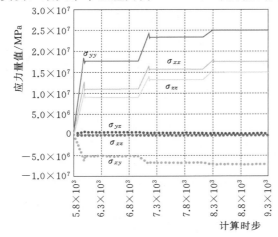

图 4.6-31 隧道围岩初始应力场生成

3）微震信息的匹配。根据建立的隧道围岩仿真岩体模型及开挖过程，获取了与实测微震事件相匹配的模拟微震事件分布趋势及参数特征（实测微震事件分布如图 4.6-28 所示）。如图 4.6-32 所示，模拟微震事件集中出现在隧道左拱角与左拱肩，较大的应力降事件集中出现在左拱肩，这与现场岩爆实际发生位置基本一致。

（2）岩体破裂行为的分析与岩爆解译。

1）应力场演化。对图 4.6-32 中微震事件簇范围内的连续场力学指标进行监测和解译，使在空间离散分布的微震事件转

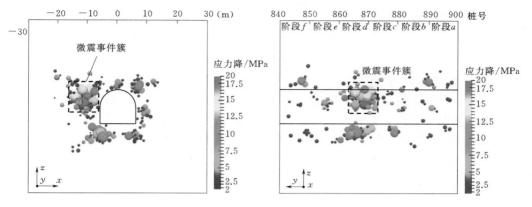

图 4.6 - 32　隧道模型微震事件分布及参数特征

化为更直观的关于岩体破裂的指标分析。将隧道模型分为 6 段（对应阶段 $a \sim f$），每段开挖长度为 10m，获取了应力场和体积应变随隧道掘进的演化曲线。由应力场演化曲线可知（图 4.6 - 33），径向应力 $\sigma_{xx}$、轴向应力 $\sigma_{yy}$ 和切向应力 $\sigma_{zz}$ 在开挖阶段 $a \sim c$ 逐渐增大，并在开挖阶段 $d$ 出现了分化。其中，切向应力 $\sigma_{zz}$ 在增加到峰值后开始降低，并在阶段 $e$ 的开挖中急降到最低值，预示宏观破裂面的形成和岩爆的发生。

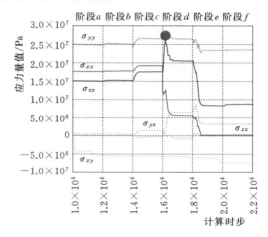

图 4.6 - 33　应力场演化曲线

2）体积应变演化。对于岩体体积应变演化曲线（图 4.6 - 34），在经历持续降低后，体积应变在开挖阶段 $d$ 出现轻微的回弹，并在阶段 $f$ 出现强烈的回弹。

3）颗粒动能演化。图 4.6 - 35 为微震事件簇区域内颗粒动能演化曲线，随微震事件

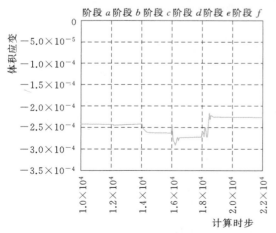

图 4.6 - 34　体积应变演化曲线

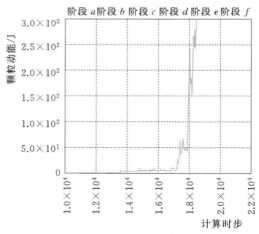

图 4.6 - 35　颗粒动能演化曲线

的发生，动能在经历一段平稳发展后，在开挖阶段 $d$ 突然抬升，并达到了较高的量值。因此，种种指标的分析与解译表明，开挖阶段 $d$ 应作为岩爆的预警阶段。在开挖阶段 $e$ 后，现场岩爆发生。

综上所述，将微震信息输入到仿真脆性岩体模型，匹配模拟微震事件与实测微震事件，建立了基于微震信息硬岩脆性破裂的模拟方法及流程。以实际隧道岩爆为工程背景开展了对岩爆发育过程的模拟与解译研究。相关连续场指标在岩爆发展各阶段展现出特殊的演化特征：应力场在岩爆过程中经历了增大、分化和急降；体积应变经历了降低、回弹和强烈回弹；区域颗粒动能经历了平稳发展和突然抬升。因此，模拟结果能较好地解译岩爆发育过程及微震事件簇的累进破裂效应，为岩爆预警提供了技术可行性。

## 4.7 基于岩渣形态和掘进参数的临灾预警技术

双护盾 TBM 施工时，其掘进参数设定后在均匀稳定围岩中保持相对不变，岩渣形态、块度等也相对恒定，在双护盾全封闭环境下成为窥见围岩的重要环节，围岩的变化往往直接引起转速、进尺、岩渣块度等的改变，因而根据掘进过程中所获取的岩渣信息和掘进参数差异性变化，反推围岩的变化与异常，可作为临灾预警的手段之一，该方法引起了很多学者的重视。

通过对双护盾 TBM 施作的具体工程岩体质量与岩渣特征和掘进参数的对比统计分析，发现岩体质量的变化在岩渣特征上和掘进参数上都有很大程度的相关性。在岩体完整性较好的洞段，岩渣形态普遍以片状为主，而在较破碎洞段，岩渣渣体中块状岩渣的含量明显增加，多为大块状或碎块碎粉状，岩渣形态随岩体质量的变化也出现明显的差异。同时，岩体掘进参数中的总推力、贯入度以及贯推比（贯入度/总推力）也随岩体质量的变化出现明显的波动。在多雄拉隧道出现集中卡机的不良地质洞段中掘进参数和岩渣形态出现了与正常洞段的明显差异性。因此，岩渣形态的变化和掘进参数的明显差异性波动可以作为双护盾 TBM 临灾预报的一种手段。

在本书岩体分类的相关章节已经证明片状岩渣含量和贯推比的变化趋势特征与岩体质量存在极强的关联性和相关性，可以利用上述指标进行临灾预警工作。

在施工中可以对已开挖洞段岩渣特征和掘进参数进行实时分析，将掘进参数和岩渣形态、粒度等数值记录形成随时间、进度的变化曲线，当曲线发生明显差异变化的趋势时及时进行预警，指导安全施工。

### 4.7.1 临灾预警模评价指标选择和获取

1. 评价指标的选择

通过统计分析发现，岩体质量可以由岩渣中的片状岩渣含量和掘进参数中的贯推比来综合辅助判断。因此，在掘进时可以依据片状岩渣含量和贯推比的变化趋势特征进行灾害的临灾预警。

为了更快捷地指导施工，快速评价岩体质量，便于实际操作，在临灾预警评价时利用岩渣形态和掘进参数进行综合评价，而且岩渣形态和掘进参数均选取单指标进行评价。岩渣形态评价系统的评价指标选择片状岩渣含量，掘进参数评价指标选择贯推比。

2. 评价指标数据的获取方法

为了进行临灾预警，必须及时获取片状岩渣含量和贯推比的动态指标数据，为预警分析提供基础数据。

片状岩渣含量的获取主要是通过施工期对岩渣取样进行几何形状特征筛分从而获取不同时段岩渣中片状岩渣的含量特征。在施工过程中岩渣将不间断地连续由皮带机向洞外输出，因此，可以随时在掘进过程中对皮带机上的岩渣进行取样分析从而获取岩渣中片状渣体的含量。为了快速准确获取片状岩渣的含量，在研究过程中也专门针对岩渣取样和岩渣几何形状特征筛分技术进行了研究，并研究了相关装置和分析技术。在获取片状岩渣含量时，可以借助地质信息采集新技术章节中提及的岩渣取样装置和岩渣机械几何形状特征筛分装置以及岩屑图像分析技术进行机械几何形状特征筛分和基于图像分析快速自动获取片状岩渣含量。

贯推比的获取主要是基于掘进机操控系统自带的总推力和贯入度机器参数进行简易计算从而快速获取。TBM 掘进机的机器参数包含了总推力和贯入度的参数数据，而且随掘进开挖可以即时自动获取每个时刻的参数数据。数据每 10s 自动读取记录一次，因此，掘进机每向前掘进 1m，可以产生 200～300 行掘进参数，相当于每掘进 3～5cm 即可以获取 1 组掘进参数，从而形成 1 个贯推比数据。同时，掘进参数也可以利用设备的通信接口便捷下载获取。

## 4.7.2　灾害评价判据

为了较为准确地判断围岩类别和对前方灾害进行临灾预警，基于片状岩渣含量和贯推比与岩体质量类别的关系，分别提出了片状岩渣含量和贯推比与灾害发生可能的评价判据。

1. 利用片状岩渣含量特征进行预警判据确定

依据多雄拉隧道岩渣形态特征与实际开挖岩体质量之间的关系，利用数据统计分析发现（图 4.7-1）：较好岩体洞段（岩体质量评分在 35 分以上）的片状岩渣含量普遍在 45% 以上且主要集中在 60% 以上，岩体质量较差洞段片状岩渣含量普遍在 20% 以下且主要集中在 10% 以下。同时，岩渣中片状岩渣含量的变化过程也反映了岩体质量演化的过程，通过在多雄拉隧道中长期对洞渣的观察发现：当片状岩渣含量曲线急剧持续降低时，岩体质量会明显变差；当含量降低至 20% 以下时，岩体质量类别可能会达到 Ⅳ ～ Ⅴ，而且不良地质洞段长度和规模往往较大，相应就会可能发生较大规模的地质灾害；当片状岩

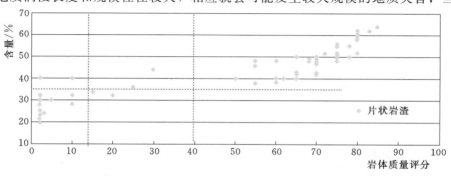

图 4.7-1　片状岩渣含量与岩体质量评分关系图

渣含量曲线局部偶尔降低并马上可以恢复时，岩体质量仅会局部小范围变差，且不良地质洞段规模较小、程度低，相反当片状岩渣含量曲线逐步抬升时，岩体质量也会逐渐变好；当含量升高至 60% 以上时，洞段发生地质灾害的可能性就较小。利用片状岩渣含量临灾预警评价判据见表 4.7-1。

表 4.7-1 利用片状岩渣含量临灾预警评价判据

| 评价指标 | | | 岩体质量类别预测情况 | 灾害可能发生情况 |
|---|---|---|---|---|
| 片状岩渣含量曲线变化特征 | 急剧持续下降 | 岩渣含量 | >80% ⟶ II～III | 不会发生灾害 |
| | | | 45%～80%（含）⟶ III | 灾害发生可能性小 |
| | | | 20%～45%（含）⟶ IV | 可能发生小规模灾害 |
| | | | ≤20% ⟶ V | 可能发生塌方、卡机等严重灾害 |
| | 局部轻微下降 | 岩渣含量 | >80% ⟶ II～III | 不会发生灾害 |
| | | | 45%～80%（含）⟶ III | 灾害发生可能性小 |
| | | | 20%～45%（含）⟶ IV | 灾害发生可能性小 |
| | | | ≤20% ⟶ V | 可能发生小规模灾害 |
| | 整体抬升 | 岩渣含量 | >80% ⟶ II～III | 不会发生灾害 |
| | | | 45%～80%（含）⟶ III | 不会发生灾害 |
| | | | 20%～45%（含）⟶ IV | 灾害发生可能性小 |
| | | | ≤20% ⟶ V | 可能发生小规模灾害 |

2. 利用贯推比特征进行预警判据确定

为了研究贯推比与实际开挖岩体质量之间的关系，依托对多雄拉隧道不同围岩类别以及卡机等重大地质灾害时的上万条掘进贯入度数据的统计分析发现：III 类围岩贯推比普遍在 0.4～0.8，IV 类围岩贯推比普遍在 0.8～2，V 类围岩贯推比普遍大于 2。但是，在卡机发生或临近发生时，由于盾体上承受的围岩压力大，导致盾体与岩壁之间摩擦力过大。为了向前推进，推力往往比正常掘进大得多，然而推力主要是为了克服卡机的侧向摩擦力，从而施加在刀盘上用于破碎岩体的有效推力较小，贯入度也往往急剧减小，甚至在卡机时可以达到贯入度为 0。在这种情况下贯推比往往很小，经统计发现普遍低于 0.03。同时，根据统计数据，预测岩体质量 I～II 类围岩的贯推比为 0.2～0.4。利用贯推比临灾预警评价判据见表 4.7-2。

表 4.7-2 利用贯推比临灾预警评价判据

| 评价指标 | | 岩体质量类别预测情况 | 灾害可能发生情况 |
|---|---|---|---|
| 贯推比 | 0.2（含）～0.4 | I～II | 不会发生灾害 |
| | 0.4（含）～0.8 | III | 不会发生灾害 |
| | 0.8（含）～2（含） | IV | 可能发生小规模灾害 |
| | >2 | V | 小规模灾害发生可能性大甚至发生大规模灾害 |
| | <0.03 | 卡机 | 可能发生塌方、卡机等严重灾害 |

## 4.7.3 预警实现方案

由于双护盾 TBM 施工工艺下岩壁暴露十分有限，临灾前难以通过已开挖洞段的详细地质编录进行综合地质类比分析从而进行灾害预警，因此，临灾预警主要依据双护盾 TBM 施工中易获取并且信息量丰富连续的片状岩渣含量结合掘进参数形成的贯推比进行综合辅助评价和判断。

1. 数据获取和整理

在 TBM 施工掘进过程中对已开挖洞段所有掘进机参数进行及时下载获取，同时，定期不间断地对皮带机岩渣取样进行几何形状特征筛分从而获取片状岩渣的含量数据，也可以在皮带机上方设置摄像装置和图像分析装置连续获取片状岩渣的含量特征。

对获取的掘进参数和岩渣中片状含量数据信息进行统计整理。首先，对掘进参数中掘进机初始启动段以及刀盘后退段的空转异常数据进行剔除；接着，选择总推进力和贯入度数据对贯推比进行计算，并对总推进力、贯入度、贯推比数据按掘进桩号形成掘进参数曲线；最后，将对应时刻的片状岩渣含量也形成对应的桩号曲线。

2. 预警分析评价模型

根据掘进参数曲线和片状岩渣含量曲线进行综合分析评价。首先，对掘进曲线结合评价判据中贯推比的量级和变化趋势特征进行初步评价；然后，结合片状岩渣含量变化曲线形态和片状含量进行综合评价。当两者一致时，进行相应判断和对应预警工作，当两者结论不一致时及时进行地质分析，分析原因并及时加密观察和统计分析。临灾预警模型流程如图 4.7-2 所示。

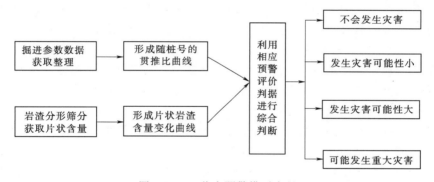

图 4.7-2  临灾预警模型流程

3. 灾害预警发布

根据预警结果，对发生灾害可能性大尤其是可能发生重大灾害的情况，经现场地质观察并结合中长距离预报手段及短距离预报手段测试成果进行综合地质分析确认后，应及时发布预警成果。尽快通知相关参建方采取相应处理措施或调整相应掘进参数以应对可能发生的灾害。对于不会发生灾害和灾害发生可能性小的情况，应持续进行相应工作。

## 4.8  多尺度、多手段动态超前地质预报综合分析技术

### 4.8.1  多尺度、多手段动态超前地质预报方法

#### 4.8.1.1  总体思路

多尺度、多手段动态超前地质预报方法相对传统的以单一物探测试手段为主的预报方

法，强调了地质分析工作的力度和重要性。该综合预报体系整体以"前期地质工作是基础，物探工作是手段，地质分析是主线"为指导思想，由宏观到微观、由粗略到精确、由远及近按不同距离尺度层次对前方地质条件进行分析预测。

利用该技术进行地质预报的过程中，首先对区域地质资料和前期地质工作成果进行初步分析，预判沿线施工中可能遭遇重大工程地质问题的类型、规模和大致位置；接着利用EH4、AMT等地表物探测试手段对隧道沿线进行测试和成果分析，深入了解全线工程地质条件并对不良地质洞段进行超前宏观初判；然后根据潜在工程地质问题的类型结合双护盾TBM的施工工艺特点选择多种适用于电磁环境复杂、作业面受限条件下的物探测试方法作为预报工作的物探手段，并考虑到各种手段在原理和测试侧重对象上的差异进行合理搭配使用，进行施工期跟进测试；最后，根据施工期各种物探测试成果的异常情况，在对前期地质资料分析预判的基础上结合施工过程中实时收集的地质资料和掘进参数信息进行综合分析解译，针对物探测试异常的多解性进行分析辨识，判断前方洞段不良地质灾害出露的可能性、规模、成因及发展趋势等，从而得出较为准确的施工期中远距离超前地质预报结论。

### 4.8.1.2　预报手段选择

1. 预报手段选择原则

预报手段的选择应基于以下原则：

（1）具备可行性。用于地质预报的各种手段必须在 TBM 施工环境下可行性良好，应具备实施条件，同时对 TBM 正常掘进以及 TBM 设备不会造成明显影响。应优先选择与 TBM 设备一体化程度高的手段。

（2）效果明显。在手段选择时应优先选技术成熟、择预报效果明显、资料成果丰富、便于地质分析判断、工程应用广泛的手段。同时应选择测试效果受电磁、风筒、照明设施、洞内积水、噪声等干扰小的手段。

（3）简便快捷。在手段选择时应优先选便于实施、操作简单、耗时短的手段，以免测试过于烦琐耗时过长造成与掘进进度不匹配。

（4）安全性好。在手段选择时应尽量避免选择测试时对人员、设备、支护措施等存在安全隐患的测试和预报手段。

（5）经济性好。在手段选择时也应考虑经济性因素，譬如超前导洞（坑）往往代价昂贵，不宜过多实施，可以考虑在关键洞段或利用物探难以解释时适当采用。

2. 预报手段选择

预报手段的选择应充分考虑各种预报手段的优缺点，结合由远及近、由粗到细不同尺度的思路对预报手段进行选择，以满足对双护盾 TBM 施工期间的基本地质条件、围岩类别、重大地质问题和灾害以及施工地质风险能够进行及时预报，合理指导施工。

（1）全洞宏观预判手段的选择。全洞宏观预判主要是对全线进行整体初步预测预报，预报不同洞段的基本地质条件，重大地质问题以及潜在风险等。全洞宏观预判手段目前主要有地质分析法和 EH4 大地电磁法两种。这两种方法均不受洞内施工影响，在具备一定交通和地形条件下均可实施。地质分析法是最传统和最基础的手段，EH4 大地电磁法在许多工程中也进行过应用，尤其多雄拉隧道中应用效果良好。因此，宏观预报手段以地质分析法为主，在交通和地形条件允许的情况下尽量靠近洞轴线进行沿线的 EH4 物探测试。

（2）中长距离预报手段选择。通常意义上的中长距离预报手段是指预报长度大于 50m 的预报手段。目前常用的中长距离预报手段主要有 GTRT、ISP、HSP、TSP 四种方法，预报距离都在 80～120m，且原理类似，均属于地震波反射法类。各种长距离预报手段在双护盾 TBM 施工环境下总体情况对比见表 4.8－1。同时，对各种方法的优缺点进行对比，常见长距离预报手段优缺点对比见表 4.8－2。经过对比，初步选择的中长距离预报手段以 GTRT 为主，考虑到 ISP 为 TBM 自带设备，因此将 ISP 作为辅助手段进行施工期 100～120m 范围内地层岩性变化情况、地质构造发育特征、地下水和岩体完整性的地质预报。

表 4.8－1　　　　各种长距离预报手段在双护盾 TBM 施工环境下总体情况对比

| 预报手段 | | 预报距离/m | 预报内容 | 适应性 | | | 总体评价 | 成果资料 | 工程应用情况 |
|---|---|---|---|---|---|---|---|---|---|
| | | | | 操作方法 | 主要影响 | 测试时间 | | | |
| 长距离 | GTRT | 100～120 | 岩性变化、构造发育、岩体完整性、地下水等综合地质信息 | 激发：有两种方式，第一种是在管片上钻孔（12 个 φ40～50mm）后插入钢棒，人工锤击钢棒激发；第二种是利用伸缩护盾缝隙（伸缩护盾在测试时应拉开）直接锤击岩面；　接收：在管片上钻孔（10 个 φ20～30mm），利用玻璃纤维锚杆和耦合剂将检波器安装在孔口 | 钻孔内插入钢棒激发方式影响较为明显，主要表现在需要对激发点和接收点造孔，测试准备工作烦琐且耗时长；　利用伸缩护盾缝隙直接锤击岩壁的激发方式可以减少激发点的造孔工作，影响较小，仅需要测试时打开伸缩护盾 | 利用钻孔插入钢棒式：8～10h；伸缩护盾处直接激发式：2～3h | 好 | 地震波反射层析成像三维成果图和对应地震波速图 | 钻爆法：大量应用；双护盾 TBM：多雄拉隧道 |
| | ISP | 100～120 | | | | | | | |
| | HSP | 80～100 | | 激发：利用设备自带气锤激发；　接收：在管片上钻孔（3 个以上 φ43mm），利用特制锚杆和耦合剂将检波器安装在孔内 | 检波器安装需造孔，孔径大，需要冲击钻成孔，测试准备工作烦琐且耗时长 | 5～6h | 较好 | 地震波反射三维成果图 | 目前全球仅应用 4 例，其中双护盾 TBM3 例 |
| | TSP | 100～150 | | 激发：利用 TBM 刀盘切割岩体激发；　接收：在管片上钻孔（3 个以上 φ20mm），利用耦合剂将检波器安装在孔口 | 检波器安装需造孔，但孔径小，利用风钻即可成孔，影响小 | 4～6h | 较好 | 地震波反射切片图 | 钻爆法：大量应用；敞开式 TBM：锦屏二级、引汉济渭等工程；双护盾 TBM：多雄拉隧道 |
| | | | | 激发：钻孔（24 个 φ38mm）内爆破激发；　接收：钻孔（2 个 φ45～50mm）内安装检波器，需要套管钻进 | 需要造孔，孔数多达 26 个，孔径大，且需要套管。掌子面后方盾体范围内无法造孔；需要爆破，对管片、盾体及设备影响大 | 视造孔效率而定 | 不适用 | 地震波反射三维成果图、波速和泊松比等 | 钻爆法：大量应用；敞开式 TBM：大伙房、锦屏二级等工程 |

表 4.8-2 　　　　　　　　　　　　　　常见长距离预报手段优缺点对比表

| 预报手段 | 优　点 | 缺　点 |
|---|---|---|
| GTRT | ①检波器可在管片上造孔后利用玻璃纤维锚杆和耦合剂直接在孔口安装，钻孔孔径小，利用风钻即可造孔，成孔便捷易操作，测试方式和数据读取自动化程度高，仪器安装流程和测试流程较为简便；<br>②激发点和检波器呈空间布置方式，且利用12个激发点发射地震波，通过10个检波器接收，数据量丰富。空间布置方式和丰富的数据量为测试效果提供保证；<br>③地震波反射图像呈3D显示，图像形象直观，同时，声波变化曲线为反射界面的性质和界面前后岩体质量的变化程度的分析提供了更为充分的依据，便于地质预报分析工作 | ①人工锤击的激发方式在双护盾 TBM 施工环境下受到一定程度影响。可利用两种方式解决：第一种方式是在管片上钻孔后在孔内插入钢棒并锤击钢棒激发，该方法造孔工作量大，耗时长；第二种方式是利用伸缩护盾缝隙直接锤击岩壁激发，该方式可以减少激发点的造孔工作，但需要测试时打开伸缩护盾，会对掘进操作造成轻微的影响；<br>②人工锤击方式自动化程度低 |
| ISP | ①激发方式采用气锤自动锤击，激发简便，易于实施；<br>②激发气锤与TBM一体化程度高，测试方式和数据读取自动化程度高，仪器安装流程和测试流程较为简便 | ①检波器需要在管片上造孔后安装，钻孔孔径大，需利用冲击钻造孔，成孔难度大；<br>②激发点和检波器呈平面布置方式，检波器数量较少，地震波激发和接收数据量小；<br>③测试成果无声波变化曲线，反射界面的性质及变化的趋势和程度难以分析，预报时易造成误报或漏报；<br>④工程应用案例相对较少 |
| HSP | ①利用 TBM 刀盘切割岩体的声波作为信号源，不需要额外提供人工主动震源；<br>②检波器可在管片上造孔后利用耦合剂直接在孔口安装，钻孔孔径小，利用风钻即可造孔，成孔便捷易操作，测试方式和数据读取自动化程度高，仪器安装流程和测试流程较为简便 | ①检波器数量较少且呈平面布置方式；<br>②测试成果无声波变化曲线，反射界面的性质及变化的趋势和程度难以分析，预报时易造成误报或漏报 |
| TSP | ①爆破方式产生的震源能量大，预测精度高，预测距离远；<br>②资料成果丰富，不仅包含地震波反射三维图像，同时提供波速变化曲线和泊松比变化曲线，可为地质预报分析工作提供更多信息，便于分析判断；<br>③在工程中应用广泛，不仅在钻爆法中有所应用，同时在敞开式 TBM 中也有所应用 | ①震源采用爆破方式，需要火工产品，同时爆破对设备和管片等造成安全隐患；<br>②激发点为 24 个，数量多且孔径大，同时接收孔需要套管钻进，钻孔实施难度大，在双护盾 TBM 中实施效率低、耗时长、干扰大；<br>③掌子面后方盾体范围内受盾体阻挡无法造孔 |

　　（3）中短距离预报手段选择。通常意义上的中短距离预报手段是指预报长度小于50m的预报手段。中短距离预报手段主要有地质分析法、超前水平钻探法、地质雷达法等，预报距离都在20～30m。各种中短距离预报手段在双护盾 TBM 施工环境下总体情况对比见表4.8-3。同时，对各种方法的优缺点进行对比，常见中短距离预报手段优缺点对比见表4.8-4。经过对比，初步选择的中短距离预报手段以地质分析法为主，关键洞段和重点洞段辅助少量超前水平钻探进行施工期20～30m 范围内地层岩性变化情况、构造发育特征和岩体完整性的地质预报。

表 4.8 - 3　　　　　各种中短距离预报手段在双护盾 TBM 施工环境下总体情况对比

| 预报手段 | | 预报距离/m | 预报内容 | 适应性 | | 测试时间 | 总体评价 | 成果资料 | 工程应用情况 |
|---|---|---|---|---|---|---|---|---|---|
| | | | | 操作方法 | 主要影响 | | | | |
| 地质分析法 | | — | 综合地质信息 | 结合地质编录成果、前期地质资料和物探测试成果进行地质综合分析 | 双护盾环境下掌子面和后方开挖岩壁难以观察 | — | 较好 | 地质分析结论 | 普遍应用 |
| 直接法 | 超前水平钻探法 | 20～30 | 综合地质信息 | 利用超前钻机在掌子面前方实施水平钻孔 | 钻进时，TBM 必须停机等待。钻机钻进速度偏慢，当孔深大、数量多时占用掘进时间，影响正常掘进进度 | 单孔需要 1～2 天 | 较差 | 岩芯，也可以进行孔内测试 | 普遍应用 |
| 间接法 | 地质雷达法 | 20～30 | 综合地质信息 | 直接拖动天线在掌子面岩壁上按"一""="或"井"字形测线进行探测 | 刀盘前方与岩壁之间空间狭窄，且存在安全风险。天线难以从人口进入刀盘前方。受高压电器和钢体设备影响，电磁干扰大。洞径较大时依靠人力难以对顶部进行测试 | 2～3h | 不适用 | 电磁波反射图像 | 钻爆法：普遍应用；敞开式 TBM：锦屏二级、引汉济渭等工程 |

表 4.8 - 4　　　　　　　　常见中短距离预报手段优缺点对比

| 预报手段 | | 优点 | 缺点 |
|---|---|---|---|
| 地质分析法 | | ①最直接、最基本的一种方法，可以依据地质经验对整体地质条件进行判断；②操作方便，经济 | 受刀盘、盾体、管片阻挡，地质资料收集难度大，影响地质分析判断 |
| 直接法 | 超前水平钻探法 | 直观、可靠，为地质分析判断提供最为真实的信息 | ①施工时间长；②代价昂贵；③存在"一孔之见"的弊端，孔数少时会遗漏相关地质现象 |
| 间接法 | 地质雷达法 | ①测试方便，直接利用天线进行测试，数据自动读取；②工程应用广泛，效果良好 | ①刀盘前方与岩壁之间空间狭窄，且存在安全风险；②人员和天线难以从人口进入刀盘前方进行测试；③电磁干扰大，防干扰措施难以实施，准确度难以保证；④天线笨重，洞径较大时，依靠人力对顶部进行测试的难度大 |

（4）临灾预警手段选择。目前，无相关方法作为临灾预警的物探手段。在本书研究过程中，提出了利用岩渣形态和掘进参数综合分析的方法作为临灾预警的手段。岩渣和掘进参数是双护盾 TBM 施工环境下独有的新产物，具有实时性、连续性、易获得性。通过派墨农村公路多雄拉隧道的实践发现，岩渣形态的变化和掘进参数的明显差异性波动可以作为临灾预报的一种辅助手段。

（5）专项预报手段。

1）地下水。目前常用的地下水专项预报手段主要有 BEAM 法、岩体温度法、红外探水法等，预报距离都在 20～30m。专项测水预报手段在双护盾 TBM 施工环境下总体情况对比见表 4.8－5。同时，对各种方法的优缺点进行对比，专项测水预报优缺点对比见表 4.8－6。经过对比，初步选择岩体温度法作为地下水的专项预报手段。

表 4.8－5　　　　专项测水预报手段在双护盾 TBM 施工环境下总体情况对比

| 预报手段 | 预报距离 /m | 适应性 | | 测试时间 | 总体评价 | 成果资料 | 工程应用情况 |
| --- | --- | --- | --- | --- | --- | --- | --- |
| | | 操作方法 | 主要影响 | | | | |
| BEAM 法 | 3 倍洞径 | 首先对掌子面周边进行钻孔，布置 $A_1$ 电极，然后将刀盘作为 $A_0$ 电极进行现场测试及数据收集 | 电极安装需要钻孔；台车在地下水发育洞段难以保证与地绝缘，存在触电风险；资料分析需外方参与，时效性差 | 5～6h | 差 | PFE 与电阻率变化曲线及地下水、岩体完整性的直接结论 | 敞开式 TBM：锦屏二级、大伙房等工程 |
| 岩体温度法 | 20～30 | 在洞壁进行钻孔并安装测温仪，用砂浆封孔，稳定一段时间后测试岩体温度 | 需要造孔，孔内岩体温度稳定所需时间较长 | 10～12h | 较好 | 岩体温度变化曲线 | 敞开式 TBM：锦屏二级、大伙房等工程；双护盾 TBM：多雄拉隧道 |
| 红外探水法 | 20～30 | 利用红外测温仪直接测试岩体的红外辐射强度，探测围岩的温度变化 | 掌子面后方岩壁未暴露，受风筒、照明设备、洞内积水干扰大 | 0.5～1h | 差 | 红外变化曲线 | 钻爆法：大量应用 |

表 4.8－6　　　　　　　　专项测水预报手段优缺点对比

| 预报手段 | 优 点 | 缺 点 |
| --- | --- | --- |
| BEAM 法 | ①测试较为方便，直接利用刀盘作为电极；②该方法为电法，对地下水敏感；③成果直观，可以直接形成对地下水和岩体完整性的分析结论 | ①$A_1$ 电极安装需要钻孔，钻孔施工难度大；②台车在地下水发育洞段难以保证与地绝缘，存在触电风险；③只能对地下水进行定性判断；④资料分析需外方参与，时效性差 |
| 岩体温度法 | ①测试较为方便；②工程应用广泛，效果良好 | ①测温计安装需要钻孔，钻孔施工难度大；②岩体温度稳定时间长，测试工作耗时长；③该方法为定性测试地下水的专项方法，无法对其他地质现象进行预测和评判 |
| 红外探水法 | ①测试较为方便；②工程应用广泛，效果良好 | ①掌子面后方岩壁受盾体和管片阻挡，红外场测试精度受影响；②测试精度受风筒、照明设备、洞内积水干扰大；③该方法为定性测试地下水的专项方法，无法对其他地质现象进行预测和评判 |

　　2）岩爆专项监测手段。目前，微震监测法是监测岩爆的唯一方法，该方法对岩爆敏感，效果良好，成果主要包含微震事件的位置、能量大小、震级和发生时间等。该方法为监测岩爆的专项方法，无法对其他地质现象进行预测和评判。该手段主要是对岩爆发生后

的微震事件信息进行捕捉，无法实现对岩爆的超前预判。但该方法是监测岩爆的唯一方法，可以通过对岩爆事件能量和震级大小以及事件发生的频度和丛集程度，来间接反映不同埋深洞段的地应力量级大小和完整性不同洞段围岩蓄积能量孕育岩爆能量的强弱，可以起到一定的指导作用。因此，初步选择微震监测法作为监测岩爆的专项手段。

3）地温专项监测手段。目前，针对高地温问题主要是利用地温测试在施工期进行不间断的监测，形成地温变化曲线。通过埋深对地温梯度的分析，预判地温随埋深的变化特征，进而对地温进行超前的预测分析。同时，在地温测试存在异常变化时或地温达到一定临界值时进行预警。鉴于超埋深隧道中地温问题较为突出，建议针对超埋深隧道应将地温测试作为地温预测的一种专项监测手段。

3. 预报手段选择结论

由于双护盾 TBM 相比传统钻爆法具有施工速度快、环境干扰大的特点，并且不同预报手段的预报距离、测试耗时、主要针对的地质问题类型以及测试费用各不相同，为了更全面地对施工前方洞段的基本地质条件、重大地质问题、岩体类别、施工风险进行预报，更好地指导和服务施工，必须对各种预报手段进行相互搭配组合使用，以便预报方案全面、可靠、经济。

不同预报距离推荐预报手段见表 4.8-7。专项监测推荐预报手段见表 4.8-8。

表 4.8-7　不同预报距离推荐预报手段

| 预报距离 | 推荐预报手段 | 预报距离 | 推荐预报手段 |
| --- | --- | --- | --- |
| 宏观全线 | 地质分析法、EH4 大地电磁法 | 短距离 | 地质分析法、超前水平钻探法 |
| 中长距离 | GTRT 为主，ISP 辅助 | 临灾 | 岩渣与掘进参数综合分析法 |

表 4.8-8　专项监测推荐预报手段

| 专项监测项目 | 推荐预报手段 | 专项监测项目 | 推荐预报手段 |
| --- | --- | --- | --- |
| 地下水专项测试 | 岩体温度法 | 地温专项测试 | 地温测试 |
| 岩爆专项测试 | 微震监测法 | | |

### 4.8.1.3　总体预报测试流程

1. 预报重要性等级划分

为了指导各种预报手段实施时机和实施密集程度并确定预报重要程度，根据可能出现灾害的规模、可能性、致灾程度等建立了不同的预报等级。初步分为一级、二级和三级共三种预报重要性等级，预报重要性等级见表 4.8-9。

一级预报等级主要是指基于前期地质资料综合分析和 EH4 大地电磁法物探测试成果的宏观预判推测可能存在重大工程地质问题、EH4 显示重大异常，同时中长距离预报手段进一步显示地震波反射异常强烈、负反射界面密集发育且连续、异常反射规模大、TRT 波速明显降低的情况，在该情况下无论是宏观预判还是中长距离预报均显示前方存在重大不良地质洞段，其规模大、存在可能性高、致灾能力强，极有可能会对施工造成重大风险或致命风险。在该情况下预报等级确定为一级。

二级预报等级主要是指基于前期地质资料综合分析和 EH4 大地电磁法物探测试成果

**双护盾TBM施工超前地质预报**

表 4.8-9　　　　　　　　　　　预 报 重 要 性 等 级

| 重要性等级 | 预 报 情 况 | | 施 工 风 险 | |
|---|---|---|---|---|
| | 全线宏观预判 | 中长距离预报 | 可能出现的施工风险 | 风险等级 |
| 一级 | 可能存在重大工程地质问题、EH4显示重大异常 | 地震波反射异常强烈、负反射界面密集发育且连续、异常反射规模大、TRT波速明显降低 | 大规模塌方、涌突水、高地温、大块状岩渣易造成皮带损坏、卡机、管片开裂等 | 高 |
| 二级 | 可能存在轻微工程地质问题、EH4显示轻微异常或宏观预测可能存在较大施工风险但经中长距离预报进行排除 | 地震波反射异常程度弱、负反射界面发育程度低且较连续、异常反射规模较小、TRT波速有轻微波动的情况 | 掉块、线状出水、卡稳定器、撑靴无法正常工作等 | 中 |
| 三级 | 岩体质量良好且无明显工程地质问题、EH4显示无异常或宏观预测可能存在轻微施工风险但经中长距离预报进行排除 | 地震波反射无异常或异常程度轻微、负反射界面零星发育、TRT波速值较高 | 无明显风险 | 低 |

的宏观预判推测可能存在轻微工程地质问题、EH4显示轻微异常，同时中长距离预报手段进一步显示地震波反射异常程度弱、负反射界面发育程度低且连续、异常反射规模小、TRT波速有轻微波动的情况，或宏观预测可能存在较大施工风险但经中长距离预报进行排除的情况，在该情况下无论是宏观预判还是中长距离预报均显示前方存在轻微不良地质洞段，其规模小、存在可能性低、致灾能力弱，可能会对施工造成轻微影响，施工风险较小。在该情况下预报等级确定为二级。

　　三级预报等级主要是指基于前期地质资料综合分析和EH4大地电磁法物探测试成果的宏观预判推测岩体质量良好且无明显工程地质问题、EH4显示无异常，同时中长距离预报手段进一步显示地震波反射无异常或异常程度轻微、负反射界面零星发育、TRT波速值较高的情况，或宏观预测可能存在轻微施工风险但经中长距离预报进行排除的情况，在该情况下无论是宏观预判还是中长距离预报均显示前方洞段岩体质量良好，不存在不良地质现象，无明显施工风险。在该情况下预报等级确定为三级。

　　2. 预报重要性等级评定方法

　　预报重要性等级的评定方法主要是依托全线宏观预判和中长距离测试手段的测试成果，见表4.8-10。

　　具体评定方法为：首先，利用前期地质资料综合分析和EH4物探测试成果进行宏观全线预测，根据预测成果按照可能出现的工程地质问题和施工风险的规模、程度以及对施工风险的影响情况确定预报的重要性等级。然后，利用中长距离预报对重要性等级进行复核调整，当中长距离预报成果和宏观预测结论一致时，保持重要性等级不变，当两者结论不一致时，根据中长距离预报成果进行调整，若中长距离预报成果显示前方洞施工风险段较宏观预测严重时进行等级的提高，反之则进行降低。最后，根据中长距离预报手段TRT与ISP预测成果的一致性进行调整，当两种方法的反射情况无论在位置上、程度上还是规模上有明显差异时预报等级适当提高。

*128*

表 4.8－10　　　　　　　　　　　预报重要性等级评定方法

| 宏观预判 | | 中 长 距 离 预 报 | | 预报重要性等级 |
|---|---|---|---|---|
| 前期资料分析 | EH4 测试情况 | TRT 测试情况 | ISP 测试情况 | |
| 岩体质量良好且无明显工程地质问题 | EH4 显示无异常 | 负反射界面零星发育，波速值较高且无明显波动，与 ISP 基本一致 | 反射无异常或异常程度轻微、反射界面零星发育，与 TRT 基本一致 | 三级 |
| | | 负反射界面发育程度低且较连续、异常反射规模小、波速有轻微波动的情况，或与 ISP 结论有较大差异 | 地震波反射异常程度弱、反射界面发育程度低且较连续、异常反射规模较小，或与 TRT 结论有较大差异 | 二级 |
| 可能存在轻微工程地质问题 | EH4 显示轻微异常 | 负反射界面零星发育，波速值较高且无明显波动，与 ISP 一致性高 | 反射无异常或异常程度轻微、反射界面零星发育，与 TRT 一致性高 | 三级 |
| | | 负反射界面发育程度低且较连续、异常反射规模小、波速有轻微波动的情况，与 ISP 基本一致 | 地震波反射异常程度弱、反射界面发育程度低且较连续、异常反射规模较小，与 TRT 基本一致 | 二级 |
| | | 负反射界面密集发育且连续、异常反射规模大、波速明显降低，或与 ISP 结论有较大差异 | 地震波反射异常强烈、反射界面密集发育且连续、异常反射规模大，或与 TRT 结论有较大差异 | 一级 |
| 可能存在重大工程地质问题 | EH4 显示重大异常 | 负反射界面发育程度低且较连续、异常反射规模小、波速有轻微波动的情况，与 ISP 一致性高 | 地震波反射异常程度弱、反射界面发育程度低且较连续、异常反射规模较小，与 TRT 一致性高 | 二级 |
| | | 负反射界面密集发育且连续、异常反射规模大、波速明显降低，或与 ISP 结论有较大差异 | 地震波反射异常强烈、反射界面密集发育且连续、异常反射规模大，或与 TRT 结论有较大差异 | 一级 |

**3. 不同预报重要性等级的预测工作实施情况**

在确保预报效果和可靠性的前提下，为了实现预报的经济性，并减少预报工作挤占正常施工时间及对施工的影响，不同等级下的预报手段实施次数和间距以及超前钻探等耗时长、难度大的预测手段是否实施都有所差异。各种预报等级下的预报手段实施情况如下：

（1）一级预报等级。加密施工期中长距离预报 TRT 和 ISP 的测试次数和间距，实现对可能存在的重大不良地质洞段 2～3 次以上测试数据的覆盖，确保测试成果的准确性，开展超前钻探工作进行直接验证，必要时开展超前导洞揭示进行短距离预报，根据已开挖洞段地质条件的变化情况加强短距离预报中综合地质分析工作，并连续不间断地对岩渣形态和掘进参数的变化情况进行观测分析和临灾预警。当初步判断存在涌突水、岩爆、高地温等风险时，相应岩体温度法、微震监测法及地温监测法专项监测工作连续加密开展。

（2）二级预报等级。适当加密施工期中长距离预报 TRT 和 ISP 的测试次数和间距，实现对可能存在的轻微不良地质洞段 2 次测试数据的覆盖，确保测试成果的准确性，根据已开挖洞段地质条件的变化情况适当加强短距离预报中综合地质分析工作，并加密对岩渣形态和掘进参数的变化情况进行观测分析和临灾预警。当初步判断存在涌突水、岩爆、高地温等风险时，相应岩体温度法、微震监测法及地温监测法专项监测工作连续开展。二级预报原则上不进行超前钻探工作，根据需要必要时可开展少量超前钻探工作进行直接验证。

（3）三级预报等级。施工期中长距离预报 TRT 和 ISP 的测试工作正常开展，按照预测距离每间隔 80m 测试一次，根据已开挖洞段地质条件的变化情况正常进行短距离预报中综合地质分析工作，正常关注岩渣形态和掘进参数的变化情况并进行观测分析。当初步判断存在涌突水、岩爆、高地温等风险时，相应岩体温度法、微震监测法及地温监测法专项监测工作连续开展。

4. 超前地质预报体系具体实施方案

超前地质预报体系是多手段综合使用的多元预报体系，采用"宏观—中长—短—临灾"由远及近、由粗到精的顺序，利用综合预测手段和专项监测手段结合的方法，按照重要性等级开展多层次、多梯度的预报工作，确保预报成果的可靠性、准确性和经济性。

（1）施工前全洞宏观预测。宏观预判采用的预报手段为 EH4 大地电磁法及地质分析法。具体实施方案如下：

首先，对前期地质资料进行综合分析，地质资料包括区域地质、地层岩性、构造特征、地下水和地应力等，并对全洞沿线进行分段初步预测，形成工程地质分段，同时对各段的基本地质条件和围岩类别进行初步划分，对隧洞工程地质问题进行初步评价。

然后，对洞轴线沿线进行 EH4 大地电磁法测试，根据 EH4 成果对基于前期地质资料分析的成果进行调整和补充，预判沿线施工中可能遭遇重大工程地质问题的类型、规模和大致位置，并指出施工期预报工作的重点洞段。

最后，根据前期地质资料和 EH4 大地电磁法物探测试预判的成果对各洞段的预报重要性等级进行确定和划分。

（2）中长距离预报。中长距离预报采用的预报手段为 TRT 和 ISP，中长距离预报为施工期预测手段。施工期地质预报考虑到施工速度快，每天进尺可达 20～30m，为避免预报测试工作过于频繁，对正常掘进进度造成影响，按照不同预报重要性等级采用不同的实施方案。各等级具体实施方案如下：

1）一级预报。由于宏观预测精度低，预测桩号误差较大，从进入一级预报洞段 30m 前加密施工期 TRT 和 ISP 的测试次数和间距，初步确定预报测试间距为 30m，每次预报段长度均为 100m 左右，实现对可能存在的重大不良地质洞段 2～3 次测试数据的覆盖，确保关键洞段测试成果的准确性。

2）二级预报。进入二级预报洞段 10m 前适当加密施工期 TRT 和 ISP 的测试次数和间距，初步确定预报测试间距为 50m，每次预报段长度均为 100m 左右，实现对可能存在的重大不良地质洞段 2 次测试数据的覆盖，确保测试成果较为准确。

3）三级预报。TRT 和 ISP 根据预报长度在确保 20m 重叠长度的基础上正常连续测试，初步确定预报测试间距为 80m，每次预报段长度均为 100m 左右。

将中长距离的预测成果与宏观预判结论进行对比，同时对 TRT 和 ISP 测试成果的一致性进行比较，并对前方洞段的预报重要性等级进行调整。

（3）短距离预报。短距离预报采用的预报手段为：地质分析法和超前钻探法。由于超前钻探实施难度大、耗时长，按照不同预报重要性等级采用不同的实施方案。各等级具体实施方案如下：

1）一级预报。根据前序预报结论在进入一级预报段前 5～10m 时开展超前钻探工作进行直接验证，必要时开展超前导洞揭示进行短距离预报，根据已开挖洞段地质条件的变化情况加强短距离预报中综合地质分析工作。

2）二级预报。根据已开挖洞段地质条件的变化情况适当加强短距离预报中综合地质分析工作。二级预报原则上不进行超前钻探工作，根据需要，必要时开展少量超前钻探工作进行直接验证。

3）三级预报。根据已开挖洞段地质条件的变化情况进行正常短距离预报中综合地质分析工作，不进行超前钻探工作：

（4）临灾预警。临灾预警采用的预报手段为：基于岩渣形态和掘进参数的综合地质分析法。各等级具体实施方案如下。

1）一级预报。进入一级预报洞段前 30m 开始连续不间断地对岩渣形态和掘进参数的变化情况进行观测分析和临灾预警。

2）二级预报。进入一级预报洞段前 10m 开始加密对岩渣形态和掘进参数的变化情况进行观测分析并进行临灾预警。

3）三级预报。每天 1～2 次对岩渣形态和掘进参数的变化情况进行观测分析。

（5）专项监测。对前期宏观预判可能存在涌突水、岩爆、高地温等风险的洞段，开展相应岩体温度法、微震监测法及地温监测法专项监测工作，当风险加剧时进行加密测试。初步确定专项监测方案如下：

1）地下水监测。地下水监测主要在前期宏观预判地下水发育的洞段开展，主要包括进出口浅埋段、过沟段以及其他地下水补给和连通通道较好的地下水发育洞段，每次预测距离为 30m，每 30m 测试一次，进行连续测试。当地下水问题较突出，存在大规模涌突水等较大施工风险时加密测试。

2）微震监测。微震监测主要在前期宏观预判存在岩爆风险的洞段开展，根据多雄拉隧道实际岩爆特征初步确定在埋深大于 400m 的洞段进行连续测试。

3）地温监测。地温监测初步确定每 100m 测试一次并进行全洞连续测试，当地温梯度出现异常时或地温高于 35℃时加密到 30～50m 测试一次。

#### 4.8.1.4 预报案例

1. 工程概况

多雄拉隧道位于青藏高原地区，为一越岭深埋隧道，全长约 4.8km，开挖洞径约 9m，隧道最大埋深约 800m，采用双护盾 TBM 进行施工。

隧道沿线属构造剥蚀、冰蚀作用强烈的高山峡谷冰川地貌，隧道横穿某山体。穿越地层为元古界南迦巴瓦岩群，属喜马拉雅地层区，岩性单一，主要为条带状混合岩。

隧道施工过程中在 K10+076～K10+278 洞段发育断层破碎带，受高地应力共同作用，发生了卡机、塌方等灾害，给正常施工造成重大影响。

2. 超前地质预报实施方案

（1）预报尺度确定。预报工作过程中主要采用四个层级的预报尺度，分别是区域宏观预判、全线初步预测以及施工期长距离预报、短距离预报。

区域宏观预判尺度范围涵盖整个工程区及外围；全线初步预测是对隧道沿线进行整体预测；施工期长距离预报是对掌子面前方80～120m范围进行预报；施工期短距离预报是对掌子面前方30m范围进行预报。

（2）预报手段选择和搭配。通过对该隧道地质因素、施工因素和操作因素的综合分析，对不同尺度预报阶段的手段进行了选择。

考虑到该隧道地下水、岩溶等地质问题不突出，主要表现为断层破碎带来的地质问题，优先选择地震波类对断层破碎带反应敏感的预报手段。

结合双护盾 TBM 施工环境下电磁环境复杂、作业面受限、无法爆破以及施工速度快的特点，尽量避免选择 TSP、地质雷达等需要爆破和受电磁干扰影响大的手段。同时，优先选择与 TBM 机械设备集成程度高的预报手段。因此，该隧道主要选择综合地质分析法作为区域宏观预判的主要手段；选择测试深度大的 EH4 大地电磁法地表剖面物探测试和地质分析法作为全线初步预测的主要手段；选择与 TBM 集成程度高的 ISP、利用刀盘切割岩体作为震源激发手段的 HSP 等测试距离在 100m 左右的物探手段作为施工期长距离预报的主要手段，同时可以将成果信息更为丰富的 TRT 作为有效补充；选择超前钻探作为施工期短距离预报手段。

（3）预报实施方案。在地质预报工作中按照确定的四个不同阶段的预报尺度层级，利用不同预报手段进行相应测试，具体预报实施方案如图 4.8-1 所示。

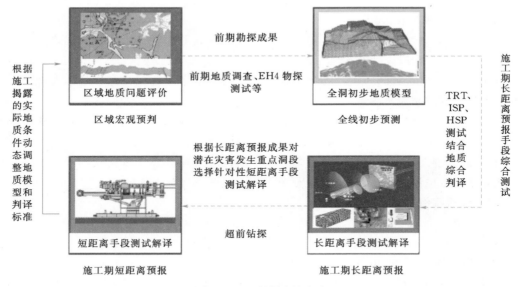

图 4.8-1　预报实施方案

3. 预报成果分析

（1）区域宏观预判。通过对前期地质工作中的区域地质资料、工程区地质测绘成果、勘探试验数据进行分析可知，隧道区地质构造相对简单，无区域性断裂通过，主要表现为穿越山体，整体表现为宽缓背斜、次级断层破碎带及节理裂隙等；沿线地层岩性单一，主要为条带状混合片麻岩，属于中—坚硬岩；大部分洞段埋深大，埋深普遍在 500～800m，深埋段地应力水平高，地下水主要表现为上层滞水和基岩裂隙水，受季节影响大。

初步分析判断，在断层、挤压带、裂隙密集带及背斜核部等岩体破碎洞段存在洞室稳定问题，局部会出现掉块、塌方等现象，并可能会造成 TBM 掘进时刀盘扭矩过大甚至卡机等；在进出口及过沟段等浅埋洞段可能会存在地下涌突水等问题；在隧道深埋高地应力洞段可能会出现因高地应力造成的岩爆、片帮、掉块、围岩收敛变形等一系列工程地质问题，并可能造成 TBM 掘进时出渣量过大、盾体外部掉块及围岩变形过大产生的卡机等。

（2）全线初步预测。为了进一步了解隧道沿线整体地质条件，尤其是大断层构造、破碎带、地下水发育程度和出露部位，在隧道沿线附近进行了 EH4 大地电磁法测试（图 4.8-2）。

隧洞洞线高程

图 4.8-2　EH4 测试成果

通过对测试成果的分析发现，隧道沿线整体电阻率较高，仅在进口段、出口过沟段附近以及桩号 K10＋080～K10＋280 段出现相对低阻带。结合前期地质资料综合分析认为：整体洞段岩体完整性好，地下水发育程度较低；在进口段和出口过沟段附近出现的相对低阻地层主要为富水地层或上覆覆盖层所致；桩号 K10＋080～K10＋280 段低阻带规模大，延伸长，由于前期地质资料显示该隧道沿线无区域性断裂通过，因此该段岩体破碎带为多条小规模与洞轴线小夹角断层及其破碎带所致。

在此基础上对全线进行超前初步预测，隧道进口、出口过沟段地下水较为发育，掘进时局部会发生小规模涌水现象；K10＋080～K10＋280 段为多条小规模断层带形成的岩体破碎不良地质洞段，掘进前应结合施工地质成果加强超前地质预报的测试和分析工作；其余洞段岩体相对较为完整，地下水整体不发育。

（3）施工期长距离预报。针对全线初步预测结论，EH4 测试成果显示在洞段 K10＋080～K10＋280 存在大规模异常，初步分析可能为断层构造发育的洞段。作为施工期地质预报工作的重点，在施工期利用长距离预报物探手段进行加密和重点测试。

施工期采取了 TRT、ISP、HSP 等三种综合物探方法作为长距离（测试距离为 80～100m）超前地质预报手段在掌子面后方进行了跟进测试。施工中在 K10＋050～K10＋350 洞段，采用 TRT、ISP、HSP 三种方法先后分别测试了 3 次、7 次和 5 次。施工期物探测试情况如图 4.8-3 和表 4.8-11 所示。

（4）施工期短距离预报。在施工过程中，为了排除物探的多解性，准确分析前方短距离内地质灾害的类型和程度，在 K10＋076～K10＋278 局部洞段采用超前钻探进行了超前揭示。钻孔岩芯显示，该段内普遍采取率较低，RQD 多在 30%～35%，裂隙裂面多见碎粉状物质，饼状岩芯发育（图 4.8-4）。

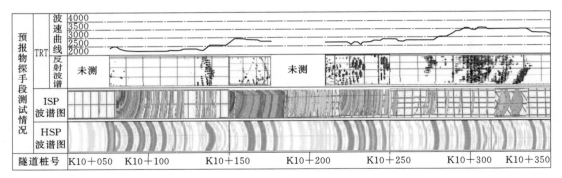

图 4.8-3　施工期物探测试情况（波速单位：m/s）

表 4.8-11　　　　　　　　　　　　施工期物探测试情况

| 分段 | 桩号范围 | 物 探 测 试 情 况 | | |
| --- | --- | --- | --- | --- |
| | | TRT | ISP | HSP |
| 第一段 | K10+050～K10+073 | 未测 | 反射稀少，仅在K10+070处零星反射 | 反射稀少，仅在K10+050处零星反射 |
| 第二段 | K10+073～K10+180 | 反射情况：K10+076、K10+090处零星负反射；K10+136处集中正反射；K10+148处零星正反射。<br>波速情况：该段波速整体偏低，整体在2200～2950m/s，波速均低于3000m/s | K10+081～K10+181段全段连续反射且反射强烈 | K10+073～K10+178段全段连续反射且反射强烈 |
| 第三段 | K10+180～K10+189 | 未测 | 无明显反射 | 无明显反射 |
| 第四段 | K10+189～K10+208 | 未测 | 全段连续反射 | 无明显反射 |
| 第五段 | K10+208～K10+224 | 反射情况：K10+224处零星负反射；<br>波速情况：波速恒定在2700m/s左右 | 仅在K10+210、K10+215、K10+218～K10+220处零星反射 | K10+214之前无明显反射，之后连续强烈反射 |
| 第六段 | K10+224～K10+275 | 无明显反射，<br>波速情况：波速略有波动，基本恒定在2700～2800m/s，其中K10+232～K10+236和K10+248～K10+256段较低，为2580m/s左右 | K10+226～K10+269全段连续反射 | K10+247之前连续强烈反射，K10+247～K10+273段无明显反射 |
| 第七段 | K10+275～K10+290 | 反射情况：连续正负交替反射；<br>波速情况：波速逐渐持续抬升，从2800m/s抬升至3250m/s | 反射稀少，仅在K10+281处零星反射 | 全段连续反射 |
| 第八段 | K10+290～K10+333 | 反射情况：连续正负交替反射；<br>波速情况：波速逐渐持续抬升，从3300m/s抬升至3550m/s | 反射稀少，仅在K10+319～K10+334处零星反射 | 未见明显反射 |
| 第九段 | K10+333～K10+350 | 反射情况：K10+333处集中负反射<br>波速情况：K10+333后波速逐渐下降，从3380m/s下降至3050m/s | 反射稀少，仅在K10+319～K10+334处零星反射 | 未见明显反射 |

岩芯特征表明该段岩体较破碎，且小规模断层较发育，地应力等级高，地下水不发育。可能会出现的工程地质问题主要是断层破碎带和高地应力共同作用带来的塌方和岩体变形问题，在隧道正常掘进时可能会出现塌方、掉块以及岩体变形造成的卡机问题。从而也表明长距离物探测试的异常是由岩体完整性的差异所造成的，而非地下水影响。

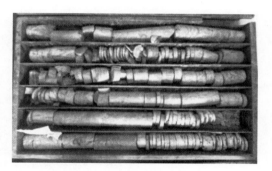

图 4.8-4　超前钻孔岩芯

（5）综合超前地质预报。根据前期区域宏观预判和全洞初步预测成果对 K10＋050～K10＋350 洞段形成的结论，着重对施工前重点开展的长距离预报成果进行分析，结合超前钻探的解释成果进行综合超前地质预报分析判译。对比 TRT、ISP、HSP 三种物探手段测试成果特点，相比 ISP、HSP 测试成果仅能反映岩体介质波阻抗差异反射分界面出现的位置和分布密集程度，TRT 测试成果同时包含了前方洞段波速变化曲线，不仅能反映岩体差异的反射界面位置和分布密集程度，而且对反射性质和界面前后岩体好坏的变化趋势可以作出准确判断。因此，在进行超前地质预报地质综合分析工作时，针对施工期物探测试成果，主要是利用 ISP、HSP 和 TRT 测试成果进行综合对比，判断前方洞段岩体质量发生变化界面的出露位置，结合 TRT 的视波速变化曲线，分析界面前后岩体的好坏变化特征和变化程度，从而推断岩体质量变化情况和构造发育特征。同时，对比 EH4 测试结论和超前钻探成果进行综合地质预报。预报过程中进行了分段预报，物探测试数据解译分析及综合预报成果见表 4.8-12。

表 4.8-12　　　　　　物探测试数据解译分析及综合预报成果

| 分段 | 桩号范围 | 物探测试及解译情况 | 岩体类别预报 |
|---|---|---|---|
| 第一段 | K10＋050～K10＋073 | 在该段 HSP、ISP 均零星反射，TRT 未测。零星反射表明该段节理面不发育，岩体较完整 | Ⅲ类为主 |
| 第二段 | K10＋073～K10＋180 | 在该段 HSP、ISP 均连续强烈反射，HSP 和 ISP 显示强烈反射起止桩号基本一致，TRT 成果显示从 K10＋076 附近出现负反射，波速值明显偏低，为 2200～2500m/s，虽然在 K10＋136 处出现集中正反射，但波速仅出现轻微抬升，仍低于 3000m/s。表明 EH4 探明的不良地质洞段从 K10＋073 开始发育，对应该段构造发育，岩体破碎。这与 EH4 探明的低阻带起点基本一致 | Ⅴ类为主 |
| 第三段 | K10＋180～K10＋189 | 在该段 HSP、ISP 均无明显反射，TRT 未测。零星反射表明该段节理面不发育，岩体较完整 | Ⅳ类为主 |
| 第四段 | K10＋189～K10＋208 | 在该段 HSP 无明显反射，ISP 显示存在连续强烈反射，TRT 未测。ISP 和 HSP 反射情况出现矛盾，保守起见认为该段岩体完整性较差—较破碎，节理裂隙较发育 | Ⅳ类为主 |
| 第五段 | K10＋208～K10＋224 | 在该段 HSP、ISP 零星反射，HSP 在后半段局部反射强烈。TRT 仅局部存在零星负反射，但该段 TRT 测试显示波速值仍较低，波速恒定在 2700m/s 左右。因此，基于 TRT 波速值判断该段岩体质量较差 | Ⅳ类为主 |

| 分段 | 桩号范围 | 物探测试及解译情况 | 岩体类别预报 |
|---|---|---|---|
| 第六段 | K10+224～K10+275 | 在该段HSP、ISP均连续强烈反射，TRT测试显示该段波速基本恒定在2700～2800m/s，局部略有波动最低，为2580m/s左右。结合HSP、ISP的反射情况和波速值较低的现象，该段对应构造发育，岩体破碎 | V类为主 |
| 第七段 | K10+275～K10+290 | 在该段HSP显示全段连续反射，而ISP显示仅局部零星反射，两者有所矛盾，而结合TRT测试显示在该段正负反射界面连续交替出现，波速逐渐持续抬升，从2800m/s抬升至3250m/s，说明该段岩体质量已经出现逐步的好转，但仍未达到较完整的程度。EH4探明的不良地质洞段也在该段逐渐结束 | IV类为主 |
| 第八段 | K10+290～K10+350 | 在该段HSP、ISP均无明显反射，仅局部零星反射，TRT测试成果显示在该段正负反射界面连续交替出现，波速逐渐持续抬升，从3300m/s抬升至3550m/s。说明该段岩体质量已经趋于正常，岩体完整性较好。EH4探明的不良地质洞段也在该段已经结束 | III类为主 |

**4. 预报效果验证分析**

针对双护盾TBM的施工工艺，对该段开挖过程中暴露岩壁的编录成果、洞渣形态特征、掘进的机器参数以及开挖施工中出现的特殊情况进行了综合分析，综合确定了该段实际开挖地质条件和岩体类别特征。

依据岩性特征、岩体完整程度、构造发育情况等基本地质条件结合掘进参数、岩渣形态特征及掘进异常情况的差异，K10+050～K10+350洞段整体可以划分为三段，开挖揭示地质条件及施工情况见表4.8-13。

表4.8-13　　　　　　　　　开挖揭示地质条件及施工情况

| 分段编号 | | 桩号范围 | 开挖揭示地质条件 | 掘进参数 | 岩渣形态 | 掘进情况 | 围岩类别 |
|---|---|---|---|---|---|---|---|
| 第一段 | | K10+050～K10+076 | 条带状混合岩，较完整，次块状，干燥 | 总推力：7000～10000kN 贯入度：8～12mm/rot | 片状为主 | 正常 | III |
| 第二段 | 2-① | K10+076～K10+118 | 条带状混合岩，节理发育较破碎，碎裂状，干燥 | 总推力：4000～7000kN 贯入度：15～24mm/rot | 大块状为主 | 大块岩渣造成皮带拉破 | IV～V |
| | 2-② | K10+118～K10+192 | 条带状混合岩，局部集中发育透镜状蚀变长英质脉体，断层发育，较破碎，碎裂状，干燥 | 总推力：10000～15000kN，局部可达30000kN 贯入度：8～12mm/rot | 碎块和碎粉状为主 | 蚀变长英质脉体集中出露处发生一次卡机现象 | V |
| | 2-③ | K10+192～K10+225 | 条带状混合岩，节理发育较破碎，碎裂状，干燥 | 总推力：普遍大于20000kN 贯入度：12～18mm/rot | 大块状为主 | 发生一次卡机现象 | IV～V |
| | 2-④ | K10+225～K10+293 | 条带状混合岩，局部集中发育透镜状蚀变长英质脉体，断层发育，较破碎，碎裂状，干燥，局部潮湿 | 总推力：10000～20000kN，单护盾模式大于20000kN 普遍大于15mm/rot | 大块状为主 | 发生两次卡机现象和一次塌方 | V（K10+278后以IV类为主） |
| 第三段 | | K10+293～K10+350 | 条带状混合岩，较完整，次块状，干燥 | 总推力：10000～13000kN 贯入度：8～12mm/rot | 片状为主 | 正常 | III |

　　在此基础上与预报结论进行对比分析，来验证综合预报结论的可靠性和准确性，开挖揭示地质条件与预报结论对比情况见表 4.8－14。

表 4.8－14　　　　　　　　　开挖揭示地质条件与预报结论对比情况

| 分段编号 | 开挖揭示围岩类别 | | 综合超前预报围岩类别 | | 效果评价 |
| --- | --- | --- | --- | --- | --- |
| | 桩号范围 | 围岩类别 | 桩号范围 | 围岩类别 | |
| 第一段 | K10＋050～K10＋076 | Ⅲ | K10＋050～K10＋073 | Ⅲ | 整体基本吻合，误差为 1～3m，但对于 K10＋180～K10＋189 段由于 HSP、ISP 均无明显反射，恰好 TRT 未测，无波速值参考，岩体类别判断出现偏差 |
| 第二段 2－① | K10＋076～K10＋118 | Ⅳ～Ⅴ | K10＋073～K10＋180 | Ⅴ | |
| 2－② | K10＋118～K10＋192 | Ⅴ | | | |
| 2－③ | K10＋192～K10＋225 | Ⅳ～Ⅴ | K10＋180～K10＋225 | Ⅳ | |
| 2－④ | K10＋225～K10＋293 (K10＋278 后为 Ⅳ 类) | Ⅴ | K10＋225～K10＋290 (K10＋275 后为 Ⅳ 类) | Ⅴ | |
| 第三段 | K10＋293～K10＋350 | Ⅲ | K10＋290～K10＋350 | Ⅲ | |

　　通过上述对比分析发现，预报效果良好，与开挖揭示地质条件基本吻合，桩号误差约 3m。

## 4.8.2　模糊神经网络综合预报模型

　　双护盾 TBM 隧道施工地质情况复杂多变，仅仅依靠地质分析或者一两种物探方法很难对掌子面前方实际情况进行准确的预测，综合物探方法和地质分析是目前最为重要的超前预报思路。然而，综合分析预报涉及太多的技术方法，这些方法大都是不同原理、不同工作方式、不同应用参数，进行超前预报需要丰富的经验、广泛的基础知识和对各种方法的深刻认识，并且还要处理大量的信息，整个判别思维过程是一个模糊化的系统过程。由此本节将模糊神经网络方法引入到超前地质综合预报领域，综合处理超前地质预报中产生的大量不同来源和不同类型的信息，建立不良地质预报的模糊神经网络综合预测模型。

### 4.8.2.1　不良地质综合预报流程

　　双护盾 TBM 隧道施工中常见的不良地质主要有断层破碎带、破碎岩体、富水情况、溶洞、软弱岩体等类型，依据上节隧道超前地质综合预报原则和综合预报工作体系，可建立综合预报断层破碎带、破碎岩体、富水情况、溶洞、软弱岩体等不良地质情况的工作流程（图 4.8－5～图 4.8－9）。为保证综合预报模型的完整性，图中包含了上述不良地质情况基本可用的物探预报方法。在实际综合预报中，可依据物探方法适宜性评价和"物性参数互补"等综合预报原则，选取适宜的一种或几种物探方法进行组合。

### 4.8.2.2　预测指标选取与分级

1. 指标选取

　　双护盾 TBM 隧道施工结合物探成果参数对断层破碎带、岩体破碎、溶洞、富水情况、软弱岩体等五种不良地质的响应

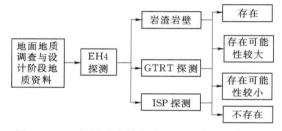

图 4.8－5　断层破碎带综合预报工作方法流程图

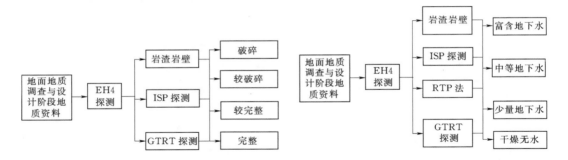

图 4.8-6　破碎岩体综合预报工作方法流程图　　图 4.8-7　岩体富水情况综合预报工作方法流程图

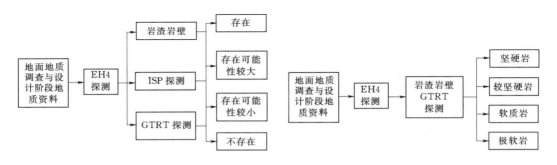

图 4.8-8　溶洞综合预报工作方法流程图　　　图 4.8-9　软弱岩体综合预报工作方法流程图

特点，选取相关参数指标。

（1）设计阶段地质信息。通过地面地质调查等方法分析大致的地质信息，选取的指标有岩溶地质信息、富水情况、围岩完整性、岩体强度信息、区域断层信息。

（2）岩壁岩渣调查。通过掌子面地质调查、测试等方法分析掌子面地质信息，选取的指标有溶洞发育特征、地下水情况、掌子面断层前兆信息、节理裂隙发育情况、岩体强度测试信息。

（3）EH4 大地电磁法。根据 EH4 成果对基于前期地质资料分析的成果进行调整和补充，预判沿线施工中可能遭遇重大工程地质问题的类型、规模和大致位置，选取的指标有视电阻率异常值、异常形态。

（4）GTRT 预报方法。地震波反射图像呈 3D 显示，图像形象直观，同时，声波变化曲线为反射界面的性质和界面前后岩体质量的变化程度的分析提供更为充分的依据，便于开展地质预报分析工作。选取的指标有反射界面、界面性质、视波速变化特征。

（5）ISP 预报方法。ISP 法也是一种地震波反射法测试手段，其测试原理和 TRT 类似，选取的指标有反射界面、反射特征。

（6）RTP 岩体温度法。该测试是专门进行地下水测试的一种测试方法，可以通过沿线岩体温度的变化趋势分析出地下水的定性化赋存情况，选取的指标有岩体温度。

根据上述论述，以地质分析为核心，建立适合于断层破碎带、破碎岩体、溶洞、富水情况、软弱岩体等不良地质的预报指标，不良地质综合预报指标选取见表 4.8-15。

表 4.8 - 15　　　　　　　　　不良地质综合预报指标选取表

| 方法与指标 | | 断层破碎带 | 破碎岩体 | 富水情况 | 溶洞 | 软弱岩体 |
|---|---|---|---|---|---|---|
| 地面地质调查与设计阶段地质信息 | 岩溶地质信息 | | | | √ | |
| | 富水情况 | | | √ | | |
| | 区域断层信息 | √ | | | | |
| | 围岩完整性 | | √ | | | |
| | 岩体强度信息 | | | | | √ |
| 岩渣岩壁地质调查与测试 | 溶洞发育特征 | | | | √ | |
| | 地下水情况 | | | √ | | |
| | 掌子面断层前兆标志 | √ | | | | |
| | 节理裂隙发育情况 | | √ | | | |
| | 岩体强度测试 | | | | | √ |
| GTRT 法 | 视波速变化特征 | √ | √ | | | |
| | 界面性质 | √ | | | | √ |
| | 反射界面 | | | | | |
| ISP 法 | 反射界面 | √ | √ | √ | √ | |
| | 反射特征 | √ | | | | |
| EH4 法 | 视电阻率异常特征 | √ | √ | √ | √ | √ |
| | 异常特征 | √ | | √ | | |
| RTP 法 | 岩体温度 | √ | | √ | | |

2. 指标分级

在选择预报指标的基础上,对预测断层破碎带、破碎岩体、富水情况、有无溶洞、软弱岩体等不良地质的指标进行分级。

(1)断层破碎带预测指标分级。根据断层破碎带综合分析预报工作方法流程图,总结 6 类因素作为断层破碎带综合分析预报的评价因子:设计地质资料、掌子面岩壁调查情况、GTRT 反射界面特征、视波速变化特征、EH4 视电阻率特征、ISP 法反射界面特征。

将断层破碎带预测目标划分为 4 个级别:存在、存在可能性较大、存在可能性较小、不存在,分别用符号Ⅰ、Ⅱ、Ⅲ、Ⅳ表示。结合各因子的特征,确定各预测指标的分级情况,见表 4.8 - 16。

(2)岩体破碎程度预测指标分级。根据岩体破碎程度综合分析预报工作方法流程图,总结 6 类因素作为掌子面前方岩体破碎程度综合分析预报的评价因子:设计阶段地质信息及围岩完整性、掌子面岩壁节理裂隙发育情况、GTRT 反射界面特征、视波速变化特征、EH4 视电阻率特征、ISP 法反射界面特征。

根据岩体破碎程度的不同,将预测段的岩体破碎程度划分为 4 个级别:完整、较完整、较破碎、破碎,分别用符号Ⅰ、Ⅱ、Ⅲ、Ⅳ表示。结合各因子的特征,按上述 4 种破碎程度,并且参考其他类似工程分级原则,确定各预测指标的分级情况,见表 4.8 - 17。

表 4.8－16　　　　　　　　　　　　断层破碎带预测指标分级

| 不良地质　　　　预测指标 | 断 层 破 碎 带 | | | |
|---|---|---|---|---|
| | 存在（Ⅰ） | 存在可能性较大（Ⅱ） | 存在可能性较小（Ⅲ） | 不存在（Ⅳ） |
| 设计地质资料 | 存在断层信息 | | 无断层信息 | |
| 掌子面岩壁调查情况 | 有断层前兆标志 | | 无断层前兆标志 | |
| GTRT 反射界面特征 | 存在强烈反射界面 | 反射界面较多 | 反射界面较少 | 基本无反射界面 |
| 视波速变化特征 | 有明显下降 | 有下降 | 有少许下降 | 稳定无变化 |
| EH4 视电阻率特征 | 明显低阻异常区 | 有小范围圈闭异常差异 | 零星异常点 | 无异常 |
| ISP 法反射界面特征 | 存在强烈反射界面 | 反射界面较多 | 反射界面较少 | 基本无反射界面 |

表 4.8－17　　　　　　　　　　　　岩体破碎程度预测指标分级

| 不良地质　　　　预测指标 | 破 碎 岩 体 | | | |
|---|---|---|---|---|
| | 完整（Ⅰ） | 较完整（Ⅱ） | 较破碎（Ⅲ） | 破碎（Ⅳ） |
| 设计阶段地质信息及围岩完整性 | 节理裂隙不发育，岩体呈整体结构、块状结构或层状结构 | 节理裂隙较发育，岩体呈层状镶嵌结构 | 节理裂隙发育，岩体呈镶嵌结构 | 节理裂隙很发育或发育断层破碎带，岩体呈散体结构 |
| 掌子面岩壁节理裂隙发育情况 | 不发育 | 较发育 | 发育 | 很发育 |
| GTRT 反射界面特征 | 存在强烈反射界面 | 反射界面较多 | 反射界面较少 | 基本无反射界面 |
| 视波速变化特征 | 有明显下降 | 有下降 | 有少许下降 | 稳定无变化 |
| EH4 视电阻率特征 | 明显低阻异常区 | 有小范围圈闭异常差异 | 零星异常点 | 无异常 |
| ISP 法反射界面特征 | 存在强烈反射界面 | 反射界面较多 | 反射界面较少 | 基本无反射界面 |

（3）岩体富水情况预测指标分级。根据岩体富水情况综合分析预报工作方法流程图，总结 7 类因素作为岩体富水情况综合分析预报的评价因子：设计阶段富水资料、掌子面出水情况、GTRT 反射界面特征、视波速变化特征、EH4 视电阻率特征、ISP 法反射界面特征、RTP 法岩体温度。

根据岩体富水情况的不同，将预测段的岩体富水情况划分为 4 个级别：大量、中等、少量和干燥，分别用符号Ⅰ、Ⅱ、Ⅲ、Ⅳ表示。结合各因子对应于不同岩体富水情况的表现特征，确定各预测指标的分级情况，见表 4.8－18。

（4）有无溶洞预测指标分级。根据溶洞综合分析预报工作方法流程图，总结 6 类因素作为有无溶洞综合分析预报的评价因子：设计地质资料、掌子面溶洞调查情况、GTRT 反射界面特征、视波速变化特征、EH4 视电阻率特征、ISP 法反射界面特征。

将溶洞预测目标划分为 4 个级别：存在、存在可能性较大、存在可能性较小、不存在，分别用符号Ⅰ、Ⅱ、Ⅲ、Ⅳ表示。结合各因子的特征，确定各预测指标的分级情况，见表 4.8－19。

表 4.8－18　　　　　　　　　　　富水情况预测指标分级

| 预测指标　　不良地质 | 富　水　情　况 | | | |
|---|---|---|---|---|
| | 大量（Ⅰ） | 中等（Ⅱ） | 少量（Ⅲ） | 干燥（Ⅳ） |
| 设计阶段富水资料 | 富水可能性极大 | 富水可能性大 | 富水可能性较小 | 基本无水 |
| 掌子面出水情况 | 淋水及股状水 | 线状水 | 潮湿、滴水 | 干燥无水 |
| GTRT 反射界面特征 | 存在强烈反射界面 | 反射界面较多 | 反射界面较少 | 基本无反射界面 |
| 视波速变化特征 | 有明显下降 | 有下降 | 有少许下降 | 稳定无变化 |
| EH4 视电阻率特征 | 明显低阻异常区 | 有小范围圈闭异常差异 | 零星异常点 | 无异常 |
| ISP 法反射界面特征 | 存在强烈反射界面 | 反射界面较多 | 反射界面较少 | 基本无反射界面 |
| RTP 法岩体温度 | 温度低异常，地下水发育 | 温度中低异常，地下水局部发育 | 温度未发现明显异常，地下水弱发育 | 温度无异常，地下水不发育 |

表 4.8－19　　　　　　　　　　　有无溶洞预测指标分级

| 预测指标　　不良地质 | 溶　洞 | | | |
|---|---|---|---|---|
| | 存在（Ⅰ） | 存在可能性较大（Ⅱ） | 存在可能性较小（Ⅲ） | 不存在（Ⅳ） |
| 设计地质资料 | 岩溶区 | | 非岩溶区 | |
| 掌子面溶洞调查情况 | 有溶洞前兆标志 | | 无溶洞前兆标志 | |
| GTRT 反射界面特征 | 存在强烈反射界面 | 反射界面较多 | 反射界面较少 | 基本无反射界面 |
| 视波速变化特征 | 有明显下降 | 有下降 | 有少许下降 | 稳定无变化 |
| EH4 视电阻率特征 | 明显低阻异常区 | 有小范围圈闭异常差异 | 零星异常点 | 无异常 |
| ISP 法反射界面特征 | 存在强烈反射界面 | 反射界面较多 | 反射界面较少 | 基本无反射界面 |

（5）软弱岩体预测指标分级。根据软弱岩体综合分析预报工作方法流程图，总结 5 类因素作为软弱岩体综合分析预报的评价因子：设计地质资料、掌子面岩体强度测试情况、GTRT 反射界面特征、视波速变化特征、EH4 视电阻率特征。将岩体强度预测目标划分为 4 个级别：坚硬、较坚硬、软弱和极软弱，分别用符号Ⅰ、Ⅱ、Ⅲ、Ⅳ表示，结合各因子的表现特征，确定各预测指标的分级情况，见表 4.8－20。

表 4.8－20　　　　　　　　　　　软弱岩体预测指标分级

| 预测指标　　不良地质 | 岩　体　强　度 | | | |
|---|---|---|---|---|
| | 坚硬（Ⅰ） | 较坚硬（Ⅱ） | 软弱（Ⅲ） | 极软弱（Ⅳ） |
| 设计地质资料 | 坚硬岩区 | 较坚硬岩区 | 软岩区 | 极软岩区 |
| 掌子面岩体强度测试 | 岩质坚硬 | 岩质较坚硬 | 岩质软弱 | 岩质极软 |
| GTRT 反射界面特征 | 存在强烈反射界面 | 反射界面较多 | 反射界面较少 | 基本无反射界面 |
| 视波速变化特征 | 有明显下降 | 有下降 | 有少许下降 | 稳定无变化 |
| EH4 视电阻率特征 | 明显低阻异常区 | 有小范围圈闭异常差异 | 零星异常点 | 无异常 |

#### 4.8.2.3　模糊神经网络综合预报

**1. 模糊神经网络简介**

模糊系统与神经网络两种系统各自具有不同的特点。神经网络对环境的变化具有较强的自适应学习能力，但其学习的模式采用了典型的黑箱型。当学习完成后，神经网络所获得的输入输出无法用容易被人接受的方式表示出来。而模糊系统的建模过程比较容易被人所接受，但是模糊系统的隶属函数和模糊规则的建立，却是一个比较主观的过程。模糊神经网络（Fuzzy Neural Network，FNN）结合了神经网络和模糊系统的优点，弥补了它们各自的缺点。两者结合形成的模糊神经网络同时具有模糊逻辑易于表达人类知识和神经网络的分布式信息存储以及学习能力的优点。

常见模糊系统和神经网络的融合形态有松散型结合、并联型结合、串联型结合、网络学习型结合等。本书采用串联型结合，即模糊系统和神经网络在系统中按串联方式连接，即模糊系统的输出成为神经网络的输入，使得网络在学习过程中更易收敛。

2. 模糊评价

在超前预报综合分析评判中，根据建立隶属度的基本原则，将评价因子分为两种方式分别计算。

第一类：当参评因子为软指标，即用文字描述的定性因子时，因其指标离散化，故其隶属函数采用特征函数，即

$$u(x)=\begin{cases} 1 & u=u_i(i=1,2,3,4,5,6) \\ 0 & u\neq u_i(i=1,2,3,4,5,6) \end{cases} \tag{4.8-1}$$

第二类：当参评因子为硬指标，即用数值描述的定量因子时，建立代表隶属度和指标数值之间的函数关系，即隶属函数。隶属函数的种类很多，综合各因子数据的分布特征，该模型采用"梯形"和"三角形"分布，其公式如下：

$$u_1(x)=\begin{cases} 1 & x\leqslant a_1 \\ \dfrac{a_2-x}{a_2-a_1} & a_1<x\leqslant a_2 \\ 1 & x>a_2 \end{cases} \tag{4.8-2}$$

$$u_2(x)=\begin{cases} 0 & x\leqslant a_1 \\ \dfrac{x-a_1}{a_2-a_1} & a_1<x\leqslant a_2 \\ 1 & a_2<x\leqslant a_3 \\ \dfrac{a_4-x}{a_4-a_3} & a_3<x\leqslant a_4 \\ 0 & x>a_4 \end{cases} \tag{4.8-3}$$

$$u_3(x)=\begin{cases} 0 & x\leqslant a_3 \\ \dfrac{x-a_3}{a_4-a_3} & a_3<x\leqslant a_4 \\ 1 & x>a_4 \end{cases} \tag{4.8-4}$$

式中：$u_i(x)$ 为各评价因子的隶属函数；$x$ 为评价因子的实际值；$a_1$、$a_2$、$a_3$、$a_4$ 为评价因子对评价级别的基准界限值。

3. 神经网络算法

采用误差反向传播 BP 神经网络算法，其指导思想是对网络权值 $w_{(i,j)}$ 和阈值 $b_{(i,j)}$ 进行修

正，使其误差函数沿负梯度方向下降。标准 BP 算法如下：

（1）权值和阈值的初始化，即给一个（$-1,1$）区间内的随机值初始化权值和阈值。

（2）给定输入模式对矢量 $P_{(i)}$（学习样本集）和期望输出模式对矢量 $T_{(i)}$。

（3）计算实际输出矢量。隐节点的输出为 $y_i = f(\sum_i w_{ij}^1 P_j - b_i^1)$，输出节点输出为 $O_i = f(\sum_i w_{ij}^2 y_j - b_i^2)$，其中 $w_{ij}$ 为连接权，$b_i$ 为阈值，$f$ 为传递函数。

（4）修正权值，即从输出层开始将误差信息反向传播，修正各权值使误差减小。

（5）计算输出层神经元和隐层神经元的一般化误差。定义累计误差 $E = \sum_k \sum_i \frac{1}{2}(T_i - O_i)^2$，其中 $k$ 为输入输出模式对序列。

（6）修正输出层（隐节点到输出节点间）神经元的连接权和阈值。计算误差 $\delta_l = (t_l - o_l) \cdot o_l \cdot (1 - o_l)$，则权值修正 $w_{li}^2(k+1) = w_{li}^2(k) + \eta \delta_l y_i$，阈值修正 $b_i^2(k+1) = b_i^2(k) + \eta' \delta_l$，其中 $k$ 为迭代次数。

（7）修正隐节点层（输入节点到隐节点间）神经元的连接权和阈值。计算误差 $\delta_i' = y_i(1 - y_i)\sum \delta_l w_{li}^2$，则权值修正 $w_{ij}^1(k+1) = w_{ij}^1(k) + \eta' \delta_i' p_j$，阈值修正 $b_i^1(k+1) = b_i^1(k) + \eta' \delta_i'$。

（8）选取下一个输入模式对提供给网络，返回步骤（3），直至全部模式对训练完毕。

（9）重新从输入模式对矢量中随机选取一个输入模式对，返回步骤（3），直至网络的全局误差 $E$ 小于预先给定的一个极小值 $e$。

标准 BP 算法在迭代计算过程中存在易陷入局部最小值和收敛速度慢的问题，为克服以上两个问题，采用加入自适应学习率和动量的改进算法。

加入动量，目的是降低网络对误差曲面局部细节的敏感性，有效地抑制网络陷于局部极小。当加入动量参数后，得到下述反向传播的动量改进公式：

$$\Delta w^m(k) = r \Delta w^m(k-1) + (1-r)\eta' \delta_i' p_j \tag{4.8-5}$$

$$\Delta b^m(k) = r \Delta b^m(k-1) + (1-r)\eta' \delta_i' \tag{4.8-6}$$

加入自适应学习率，目的是通过改变网络学习率来提高收敛速度。自适应学习率是在循环训练中根据权值的变化做调整，它检查权值的修正值是否真正降低了误差函数，如果确实如此，则说明所选取的学习速率值小了，可以对其增加一个量；如若不是这样，则说明产生了过调，那么就应该减小学习速率值。

此次算法在标准 BP 算法的基础上，根据算法的性能改变学习速度和动量值，方法如下：

1）如果均方差（在整个训练集上）在权值更新后增大了，且超过了某一个设置的百分数 $\zeta$（典型值为 $1\% \sim 5\%$），则权值更新被取消，学习速度被乘以一个因子 $\rho(0 < \rho < 1)$，且动量系数 $r$ 被设置为 0。

2）如果均方差在权值更新后减小了，则权值更新被接受，而且学习速度被乘以一个因子 $\eta(\eta > 1)$，如果动量系数 $r$ 被设置为 0，则恢复到以前的值。

3）如果均方差的增加小于 $\zeta$，则权值更新被接受，但学习速度不变，如果动量系数 $r$ 被设置为 0，则恢复到以前的值。

4. 模糊神经网络模型

采用串联型模糊神经网络，神经网络为三层 BP 网络，网络第一层前接模糊量化评价，构造合适的隶属函数，网络第三层输出后进行模糊还原，模糊神经网络结构示意图如图 4.8-10。以岩体富水情况、破碎岩体的模糊神经网络综合预报为例进行网络模型说明。

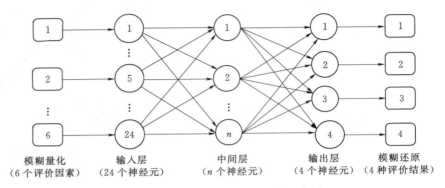

图 4.8-10　模糊神经网络结构示意图

（1）岩体富水情况的模糊神经网络模型。

1）输入层。通过构造合适的隶属函数，先可以计算出岩体富水情况每一个预测指标的隶属度，使之作为神经网络的输入节点。岩体富水情况预测指标有 6 个，对应 4 种岩体富水情况，网络输入层神经元的总个数为 $6 \times 4 = 24$ 个。

2）隐含层。隐含层的结点数在理论上尚没有硬性规定，一般来说，隐含神经元数目较少时，网络每次学习时间较短，但可能因为学习不足导致网络无法记住全部学习内容；隐层神经元的数目越多，那么网络也就越精确，训练时间也越长，但是隐层神经元不宜选取太多，否则会造成网络存储容量随之变大，导致网络对未知输入的归纳能力下降，降低网络的抗噪声能力。通过经验试算，一般隐含层神经元的个数定为 10~16 比较合适。

3）输出层。网络输出层的结果为模糊量（含大量地下水、中等含量地下水、含少量地下水、干燥无水），网络权值调整较困难，所以将输出层结果数量化，最后模糊还原。输出层设置 4 个神经元，与之相对应的输出结果为：大量（1000）、中等（0100）、少量（0010）、干燥（0001）。

（2）破碎岩体的模糊神经网络模型。

1）输入层。通过构造合适的隶属函数，计算出破碎岩体每一个预测指标的隶属度，使之作为神经网络的输入节点。破碎岩体的预测指标有 5 个，对应 4 种不同结果（完整、较完整、较破碎、破碎），网络输入层神经元的总个数为 $5 \times 4 = 20$ 个。

2）隐含层。隐含层层数和神经元个数与岩体富水情况的模糊神经网络基本相同。

3）输出层。将输出层结果数量化，并模糊还原。输出层设置 4 个神经元，与之相对应的输出结果为：完整（1000）、较完整（0100）、较破碎（0010）、破碎（0001）。

## 4.8.3　综合预报平台与快速发布技术

结合双护盾 TBM 隧道施工特点，为使"超前地质预报资料综合分析现场组"和"隧道超前地质预报专家顾问组"联合成一个整体，方便联系、交流，将综合预报咨询意见及时反馈给施工单位，利用现代网络技术，建立了一个隧道超前地质预报网上咨询平台。通过该网站平台，汇聚国内外隧道领域的专家，对施工单位提交的现场地质资料和物探测试等成果进行综合分析，获得比较可靠的预报结论，并及时反馈施工单位指导施工。

**4.8.3.1　综合预报平台**

通过上述隧道不良地质模糊神经网络方法的研究，以软件工程和数据库工程为技术核心，开发隧道超前地质综合预报平台。

1. 平台设计

（1）数据管理。超前地质预报数据管理内容包括：隧道纵剖面设计地质信息、掌子面地质调查与测试信息、GTRT 探测成果、EH4 探测成果、ISP 探测成果、RTP 岩体温度等。

（2）不良地质综合预报。依据隧道不良地质模糊神经网络综合预报模型，对富水情况、岩体破碎情况、有无溶洞等常见隧道不良地质进行超前综合预报。岩体富水情况综合预报流程如图 4.8 - 11 所示，其他不良地质综合预报流程与其类似。

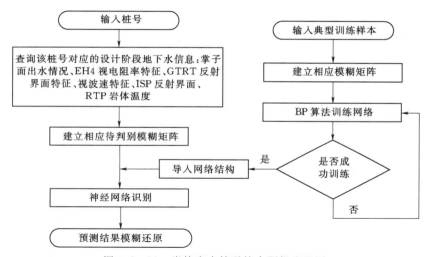

图 4.8 - 11　岩体富水情况综合预报流程图

（3）综合查询预报。对隧道某一里程统一查询各类地质信息、各种物理探测超前预报信息，形成综合预报初步结论，并可进行人工干预，生成超前地质综合预报文档，双护盾 TBM 超前地质预报综合查询预报流程如图 4.8 - 12 所示。

2. 平台数据库设计

（1）隧道设计纵剖面地质信息。对隧道设计纵剖面图中的基本地质信息，如隧道埋深、地层、岩性、断层、地下水情况、设计围岩级别进行管理，分别见表 4.8 - 21～表 4.8 - 26。

（2）掌子面跟踪调查地质信息。对掌子面现场地质信息进行跟踪编录，对高地应力地质标志、断层前兆标志、断层参数法节理裂隙、断层塌方等情况进行详细地质调查，见表 4.8 - 27。

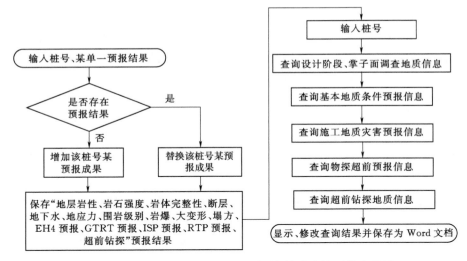

图 4.8－12 双护盾 TBM 超前地质预报综合查询预报流程图

表 4.8－21　　　　　　　　　　　隧道纵剖面埋深数据表

数据结构名：SectionDepth

说　　　明：存储隧道纵剖面埋深数据

| 数据项名 | 类型 | 长度/Byte | 取值范围 | 说明 |
|---|---|---|---|---|
| 编号 | Int | 4 | 1～9999999 | 如：1、2、… |
| 桩号 | Int | 4 | | 如：262271 代表 K262＋271 |
| 埋深 | Float | 8 | | |

表 4.8－22　　　　　　　　　　　隧道纵剖面岩性数据表

数据结构名：SectionRock

说　　　明：存储隧道纵剖面岩性资料

| 数据项名 | 类型 | 长度/Byte | 取值范围 | 说明 |
|---|---|---|---|---|
| 编号 | Int | 4 | 1～9999999 | 如：1、2、… |
| 起始桩号 | Int | 4 | | 如：262271 代表 K262＋271 |
| 终止桩号 | Int | 4 | | |
| 地层 | Nvarchar | 10 | 10 个字符以内 | |
| 岩性 | Nvarchar | 50 | 25 个汉字以内 | |

表 4.8－23　　　　　　　　　　　隧道纵剖面断层数据表

数据结构名：SectionFault

说　　　明：存储隧道纵剖面断层资料

| 数据项名 | 类型 | 长度/Byte | 取值范围 | 说明 |
|---|---|---|---|---|
| 编号 | Int | 4 | 1～9999999 | 如：1、2、… |
| 断层编号 | Nvarchar | 20 | 20 个字符以内 | |
| 断层说明 | Nvarchar | 50 | 50 个汉字以内 | |
| 断层起始桩号 | Int | 4 | | |
| 断层结束桩号 | Int | 4 | | |

表 4.8－24　　　　　　　　　　隧道纵剖面富水情况数据表

数据结构名：SectionWater

说　　　　明：存储隧道纵剖面富水情况资料

| 数据项名 | 类型 | 长度/Byte | 取值范围 | 说明 |
|---|---|---|---|---|
| 编号 | Int | 4 | 1～9999999 | 如：1，2，… |
| 起始桩号 | Int | 4 | | |
| 终止桩号 | Int | 4 | | |
| 富水情况 | Nvarchar | 10 | 10 个字符以内 | |
| 是否岩溶区 | Bit | 1 | | True/False |

表 4.8－25　　　　　　　　　隧道纵剖面围岩完整性情况数据表

数据结构名：SectionStability

说　　　　明：存储隧道纵剖面围岩完整性情况资料

| 数据项名 | 类型 | 长度/Byte | 取值范围 | 说明 |
|---|---|---|---|---|
| 编号 | Int | 4 | 1～9999999 | 如：1，2，… |
| 起始桩号 | Int | 4 | | |
| 终止桩号 | Int | 4 | | |
| 围岩完整性 | Nvarchar | 50 | | 完整性、稳定性等 |

表 4.8－26　　　　　　　　　　隧道纵剖面围岩级别数据表

数据结构名：SectionRockClass

说　　　　明：存储隧道纵剖面围岩级别资料

| 数据项名 | 类型 | 长度/Byte | 取值范围 | 说明 |
|---|---|---|---|---|
| 编号 | Int | 4 | 1～9999999 | 如：1，2，… |
| 起始桩号 | Int | 4 | | |
| 终止桩号 | Int | 4 | | |
| 围岩级别 | Nvarchar | 10 | 10 个字符以内 | |

表 4.8－27　　　　　　　　　　掌子面基本地质调查信息

数据结构名：GeologicSurvey

说　　　　明：存储掌子面跟踪调查及编录的内容

| 数据项名 | 类型 | 长度/Byte | 取值范围 | 说明 |
|---|---|---|---|---|
| 编号 | Int | 4 | 1～9999999 | 如：1，2，… |
| 桩号 | Int | 4 | | 如：262271 代表 K262＋271 |
| 地层 | Nvarchar | 10 | 10 个字符以内 | |
| 岩性 | Nvarchar | 40 | 20 个汉字以内 | |
| 岩石强度 | Nvarchar | 20 | 10 个汉字以内 | 如：软岩、坚硬岩 |
| 岩体结构 | Nvarchar | 20 | 10 个汉字以内 | |
| 地质构造发育程度 | Nvarchar | 20 | 10 个汉字以内 | |

续表

| 数据项名 | 类型 | 长度/Byte | 取值范围 | 说明 |
|---|---|---|---|---|
| 地下水特征 | Nvarchar | 40 | 20个汉字以内 | |
| 有无溶洞前兆标志 | Bit | 1 | True/False | True/False |
| 围岩级别 | Nvarchar | 10 | 10个字符以内 | |
| 日期 | Datetime | 8 | | 如：2007－08－25 |

（3）地球物理超前探测信息。管理 EH4、GTRT、ISP 超前探测预报成果，包括仪器类型、预报指标参数、预报内容、预报成果图等，分别见表 4.8－28～表 4.8－30。

表 4.8－28　　　　　　　　　　EH4 超前预报信息数据表

数据结构名：EH4

说　　　明：存储 EH4 预报结果

| 数据项名 | 类型 | 长度/Byte | 取值范围 | 说明 |
|---|---|---|---|---|
| 编号 | Int | 4 | | 如：1，2，… |
| 预报起始里程 | Int | 4 | | |
| 预报距离 | Int | 4 | | |
| 仪器类型 | Nvarchar | 20 | | |
| 视电阻率异常 | Nvarchar | 20 | | |
| 异常形态特征 | Nvarchar | 20 | | |
| 预报内容 | ntext | 150 | | |
| 不良地质起始里程 | Int | 4 | | |
| 不良地质结束里程 | Int | 4 | | |
| 不良地质类型 | Nvarchar | 20 | | |
| 不良地质危险性 | Nvarchar | 10 | | |
| 预报成果图 | Image | | | |

表 4.8－29　　　　　　　　　　GTRT 超前预报信息数据表

数据结构名：GTRT

说　　　明：存储 GTRT 预报结果

| 数据项名 | 类型 | 长度/Byte | 取值范围 | 说明 |
|---|---|---|---|---|
| 编号 | Int | 4 | | 如：1，2，… |
| 预报起始里程 | Int | 4 | | |
| 预报距离 | Int | 4 | | |
| 仪器类型 | Nvarchar | 20 | | |
| 反射界面 | Nvarchar | 20 | | |
| 界面性质 | Nvarchar | 20 | | |
| 视波速变化特征 | Nvarchar | 20 | | |
| 预报内容 | ntext | 150 | | |

续表

| 数据项名 | 类型 | 长度/Byte | 取值范围 | 说明 |
|---|---|---|---|---|
| 不良地质起始里程 | Int | 4 | | |
| 不良地质结束里程 | Int | 4 | | |
| 不良地质类型 | Nvarchar | 20 | | |
| 不良地质危险性 | Nvarchar | 10 | | |
| 电磁波反射成果图 | Image | | | |

表 4.8 - 30　　　　　　　　ISP 超前预报信息数据表

数据结构名：ISP

说　　　　明：存储 ISP 预报结果

| 数据项名 | 类型 | 长度/Byte | 取值范围 | 说明 |
|---|---|---|---|---|
| 编号 | Int | 4 | | 如：1，2，… |
| 预报起始里程 | Int | 4 | | |
| 预报距离 | Int | 4 | | |
| 仪器类型 | Nvarchar | 20 | | |
| 反射界面 | Nvarchar | 20 | | |
| 反射特征 | Nvarchar | 20 | | |
| 预报内容 | ntext | 150 | | |
| 不良地质起始里程 | Int | 4 | | |
| 不良地质结束里程 | Int | 4 | | |
| 不良地质类型 | Nvarchar | 20 | | |
| 不良地质危险性 | Nvarchar | 10 | | |
| 视电阻率图 | Image | | | |

（4）不良地质模糊神经网络综合预报指标视图。不良地质模糊神经网络综合预报指标从掌子面地质调查表、设计阶段地质信息表、EH4 预测表、GTRT 预测表和 ISP 预测表中选取，建立的视图见表 4.8 - 31。

表 4.8 - 31　　　　　　　不良地质模糊神经网络综合预报指标视图

视图名：SYNpredicion

说　　　　明：存储不良地质模糊神经网络综合预报指标信息

| 数据项名 | 数据来源 | 类型 | 长度/Byte |
|---|---|---|---|
| 编号 | GeologicSurvey | Int | 4 |
| 桩号 | GeologicSurvey | Int | 4 |
| 掌子面含水情况 | GeologicSurvey. 地下水特征 | | |
| 掌子面裂隙发育程度 | GeologicSurvey. 构造发育程度 | | |
| 掌子面有无溶洞前兆标志 | GeologicSurvey. 有无溶洞前兆标志 | | |
| 设计阶段是否岩溶区 | SectionWater. 是否岩溶区 | | |

149

续表

| 数据项名 | 数据来源 | 类型 | 长度/Byte |
|---|---|---|---|
| 设计阶段富水情况 | SectionWater. 富水情况 | | |
| 设计阶段围岩完整性 | SectionStability. 围岩完整性 | | |
| 异常形态特征 | EH4 | | |
| 视电阻率异常特征 | EH4 | | |
| 视波速变化特征 | GTRT | | |
| 界面性质 | GTRT | | |
| 反射界面 | GTRT | | |
| 反射界面 | ISP | | |
| 反射特征 | ISP | | |

3. 程序实现

程序开发环境为 Windows 操作系统，采用 Borland 公司 Delphi7.0 可视化编程语言和 Microsoft SQL Server 2000 中文版数据库系统进行开发。运行环境为 Windows 操作系统，需安装有 Microsoft SQL Server 2000 中文版数据库系统。

（1）数据管理。该模块主要用于隧道超前地质预报数据的输入、修改、删除等操作，如隧道纵断面地质信息管理如图 4.8 - 13 所示，隧道掌子面地质调查与测试信息管理如图 4.8 - 14 所示。EH4、GTRT、ISP 信息的管理界面与隧道掌子面地质调查与测试信息管理界面基本类似，不再重复叙述。

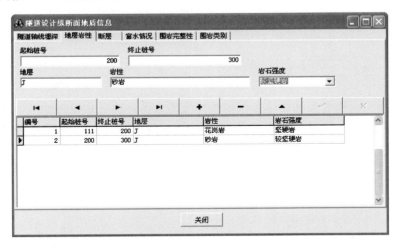

图 4.8 - 13　隧道纵断面地质信息管理

（2）不良地质综合预报。按不良地质模糊神经网络综合预报流程图进行代码编写，对常见隧道不良地质（如岩体富水情况、岩体破碎情况、是否含干燥溶洞等）进行超前综合预报（图 4.8 - 15）。

（3）综合查询预报。按流程图进行代码编写，对隧道某一桩号统一查询各类基本地质信息、各种物理探测超前预报信息，形成综合预报初步结论，并可进行人工干预，保存结

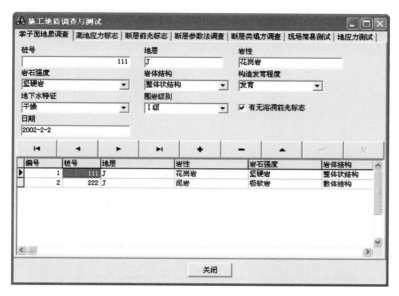

图 4.8-14 隧道掌子面地质调查与测试信息管理

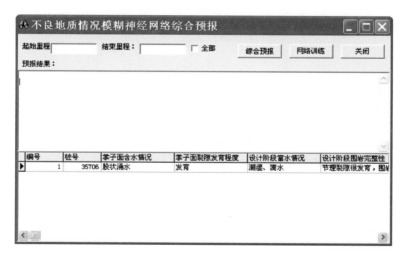

图 4.8-15 不良地质综合预报

果,并生成 Word 文档,综合查询预报界面如图 4.8-16 所示。

### 4.8.3.2 快速发布技术

1. 网站设计

网站总体结构如图 4.8-17 所示,板块包括关于我们、业务咨询等,各板块功能如下:

(1) 关于我们:介绍咨询平台、专有资源、预报设备等。

(2) 新闻 & 行业:发布新闻动态、行业法规。

(3) 资质 & 团队:介绍专家团队、中心资质。

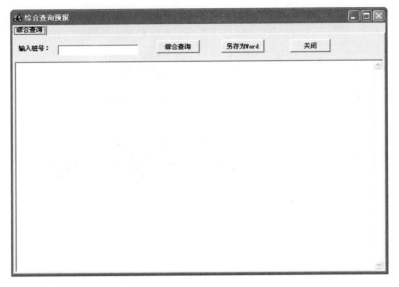

图 4.8-16　综合查询预报界面

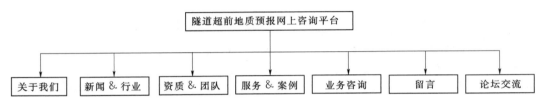

图 4.8-17　网站总体结构

（4）服务 & 案例：提供技术资料、成功案例、解决方案。

（5）业务咨询：开展隧道超前地质预报咨询。

（6）留言：提供普通浏览者留言提问。

（7）论坛交流：提供隧道超前地质预报技术交流，按预报方法分组，如地质分析组、EH4 法组、GTRT 法组、ISP 法组等。

2. 网上咨询流程

隧道超前地质预报网上综合分析咨询过程仿照"网上办公模式"，用户分三类：客户（超前预报工作组）、网站工作人员（简称"工作人员"）、专家。网上咨询流程如图4.8-18 所示，具体流程如下：

图 4.8-18　网上咨询流程图

（1）客户登录网站，在线输入超前预报表格数据和上传地质调查及物探测试报告、综合分析报告等文件资料，并以短信通知工作人员。

（2）工作人员登录网站，在线查阅，将待处理超前预报综合分析咨询问题传给专家，并以短信通知专家。

（3）专家登录网站，在线查阅超前预报综合分析咨询问题和下载资料，将综合分析成果上传网上平台，并以短信通知工作人员。

（4）工作人员登录网站，查阅和下载专家处理结果，综合整理成果，上传超前预报综合分析意见，并以短信通知客户。

（5）客户登录网站，查阅和下载超前预报综合分析意见，一次网上综合分析结束。

3．网站数据库设计

客户在上传资料时，可采用两种方式同时进行，其一是采用附件形式上传测试报告；其二是在线输入隧道超前地质预报表格数据，数据内容包括掌子面岩壁岩渣地质调查信息、地球物理探测信息、超前水平钻探信息，其中，地球物理探测信息包括 EH4 探测信息、GTRT 探测信息、ISP 法探测信息等。由此建立隧道超前地质预报数据库表，如掌子面岩壁岩渣地质调查信息数据表（表 4.8 - 32）、GTRT 超前预报信息数据表（表 4.8 - 33）。

表 4.8 - 32　　　　　　　　　　掌子面岩壁岩渣地质调查信息数据

| 数据项名 | 类型 | 长度/Byte | 取值范围 | 取值说明 |
| --- | --- | --- | --- | --- |
| 编号 | Int | 4 | 1～9999999 | 如：1，2，… |
| 隧道名称 | Nvarchar | 50 | 25 个汉字 | 如：多雄拉隧道 |
| 起始桩号 | Int | 4 | 1～9999999 | 如：42271 代表 K42＋271 |
| 结束桩号 | Int | 4 | 1～9999999 | |
| 地层 | NVarchar | 10 | 10 个字符以内 | 如：$J_3m$ |
| 岩性 | Nvarchar | 40 | 20 个汉字以内 | 如：灰岩 |
| 岩层产状 | Nvarchar | 20 | 20 个字符以内 | 按倾向、倾角格式，如：110°∠10° |
| 单层厚度 | Nvarchar | 20 | 10 个汉字以内 | 如：0.1～0.5m |
| 岩石强度 | Nvarchar | 20 | 10 个汉字以内 | 如：软岩 |
| 岩体结构类型 | Nvarchar | 20 | 10 个汉字以内 | 如：碎裂结构 |
| 地下水特征 | Nvarchar | 40 | 20 个汉字以内 | 如：渗水 |
| 围岩级别 | Nvarchar | 10 | 10 个字符以内 | 如：Ⅲ级 |
| 日期 | Datetime | 8 | | 如：2009 - 08 - 25 |

表 4.8 - 33　　　　　　　　　　GTRT 超前预报信息数据

| 数据项名 | 类型 | 长度/Byte | 取值范围 | 取值说明 |
| --- | --- | --- | --- | --- |
| 编号 | Int | 4 | 1～9999999 | 如：1，2，… |
| 隧道名称 | Nvarchar | 50 | 25 个汉字 | 如：多雄拉隧道 |
| 预报起始里程 | Int | 4 | 1～9999999 | 如：42271 代表 K42＋271 |
| 预报距离 | Int | 4 | 1～9999999 | |

续表

| 数据项名 | 类型 | 长度/Byte | 取值范围 | 取值说明 |
|---|---|---|---|---|
| 视波速变化特征 | Nvarchar | 20 | 20 个字符以内 | 如：明显下降 |
| 反射界面 | Nvarchar | 20 | 20 个字符以内 | 如：强正反射振幅 |
| 界面性质 | Nvarchar | 20 | 20 个字符以内 | 如：基本无变化 |
| 预报内容 | ntext | 300 | 300 个字符以内 | |
| 预报成果图 | Image | | | |

# 第 5 章

# 双护盾 TBM 施工围岩分类方法

## 5.1　概述

　　隧道施工中围岩分类是评价围岩岩体质量的一项重要的综合指标，在其近百年的研究历程中，提出的分级方法多达百余种。然而这些分级方法主要是针对早期钻爆法施工条件下隧道围岩稳定性等级的划分而提出的，难以满足 TBM 掘进施工的需要，直接将此类围岩分类方法用于施工方法完全不同的双护盾 TBM 隧道施工中显然不合时宜。目前，国内外针对双护盾 TBM 隧道施工也提出了一些围岩分类体系，但大多存在一些局限性，随着TBM 掘进技术的广泛应用，借鉴和吸收以往围岩分类方法的优点和经验，寻找适用于双护盾 TBM 隧道施工的围岩分类方法显得尤为迫切。

## 5.2　现有围岩分类及 TBM 模型研究

### 5.2.1　现有围岩分类方法简述

　　隧道围岩分类是从工程地质角度对围岩的差异进行一定的概括、简化和归纳，然后加以分类，并结合工程特性进行稳定性分析和评价，从而为工程设计、施工提供科学依据。一般围岩分类体系应满足以下 4 点：①形式简单、含义明确，便于应用；②分类参数要包括影响围岩稳定性的主要因素，指标应易于获取且简便；③评价标准尽量科学化、定量化并适用；④适应性较强，具有一定的推广应用价值。

#### 5.2.1.1　国外围岩分类简述

　　20 世纪 60 年代以前，人们对岩体在工程中的稳定性认识有限，主要采用经验类比方法对围岩进行分类。为便于不同地下工程的对比分析，一般只考虑影响围岩稳定的最主要因素以简化分析工作，从而产生了单指标围岩分类。比较有代表性的分类方案有普氏岩石坚固系数分类法、萨瓦连斯基分类法、太沙基载荷分类法、波波夫分类法、劳费尔分类法、迪尔的 RQD 分类法等。此外，以抗拉强度为依据的捷克分类法、日本围岩准抗压强度分类法以及法国隧道围岩分类法等都属于单指标围岩分类。单指标围岩分类以影响围岩稳定最主要的因素评价围岩的稳定性，指标容易获得，使用直观、方便。但由于岩体材料的结构特性异常复杂，影响岩体变形和破坏的因素多种多样，因此，用单一的分类指标不可能准确而全面地反映围岩质量，可靠度较低。60 年代以后，围岩分类研究有了新的发展，人们逐步引入了岩体完整性的概念，并逐渐以多因素对围岩进行分类。从事工程地质、岩土工程研究的科技工作者通过不断地探索，选取了能表征围岩工程性质主要特征的各种因素，按照它们对洞室围岩稳定性的影响程度，逐项评分，以总分的高低进行分类，并通过大量实际工程的应用逐渐完善，形成了各种各样较为完善的分类体系。

目前国外采用比较广泛的围岩分类方法主要有 N. Barton 的 Q 系统分类法、Bieniawski 的地质力学分类法（RMR 分类）以及迪尔的 RQD 分类法等。需注意的是，以上三种方法均为针对钻爆法的洞室开挖围岩分类方法。

#### 5. 2. 1. 2　国内围岩分类简述

20 世纪 60 年代，我国围岩分类多采用苏联的普氏分类法。70 年代以后，国内一些专家、学者开展了大量研究，并提出了多种围岩分类方案，至今已有 30 余种，如谷德振的岩体质量系数 Z 法、杨子文的岩体质量指标 M 法、陈德基的块度模数 MK 法等。

我国交通部、建设部、水利部等结合本部门的特点，分别制定了相应的围岩分类方案。如《水工隧洞设计规范》（SD 134—84）、坑道工程围岩分类、《铁路隧道设计规范》（TBJ 3—85）、《水利水电工程地质勘察规范》（GB 50287—99）等。结合各类工程岩体的特点，我国于 1995 年颁布了《工程岩体分级标准》（GB 50218—94）作为国家标准推广执行。

目前应用广泛的为：①BQ 分类法，其源于国际通用的《工程岩体分类标准》，后经修正作为国家标准《工程岩体分级标准》（GB 50218—94）广泛于国内使用，《公路隧道设计规范》（JTG D70—2004）、《铁路隧道设计规范》（TB 10003—2016）即是采用了该分类标准作为行业标准。②HC 分类法，其是国内水电系统围岩工程地质分类法的简称，《水力发电工程地质勘察规范》（GB 50287—2016）即是采用此方法对围岩进行工程地质分类；1999 年颁布的《铁路隧道设计规范》（TB 1003—99）修订稿，虽然仍以围岩工程地质条件的定性描述为主，但引入岩石强度和围岩弹性波速度两参数，并按照《工程岩体分级标准》（GB 50218—94），将围岩质量等级由好至坏划分成Ⅰ～Ⅵ级。

表 5.2-1 为代表性地下洞室围岩分类一览表。

表 5.2-1　　　　　　　　　代表性地下洞室围岩分类法一览表

| 分类指标 | | 典型分类方法 |
| --- | --- | --- |
| 单一指标分类 | | 普氏岩石坚固系数（$f$）分类法、迪尔的 RQD 分类法、捷克抗拉强度（$R_t$）分类法、劳费尔分类法、太沙基载荷分类法、波波夫分类法等 |
| 多指标并列分类 | | 《水工隧洞设计规范》（SD 134—84）、《铁路隧道设计规范》（TBJ 3—85）、新奥地利隧道法 NATM、国际岩石力学学会分类法等 |
| 多指标复合分类 | 积商法 | Q 系统分类法、岩体质量系数 Z 法、坑道工程围岩分类法等 |
| | 和差法 | 岩石构造评价 RSR 法、地质力学分类 RMR 法、QTS 岩石分类法、块度模数 MK 法、《工程岩体分级标准》（GB 50218—94）等 |
| | 系统分析 | 《铁路隧道围岩分类的专家系统》（张清等）、《铁路隧道围岩分类专家系统》（程士俊） |
| 岩体介质力学属性 | | 人工洞室围岩分类、地下洞室围岩分类 |

#### 5. 2. 1. 3　TBM 预测模型简述

从以上各分类体系及其演化历史中可以发现，工程建设中围岩分类的目的，一直以来主要都是围绕着"结果"而设定，即关注主体为工程最终状态。根据围岩自稳能力对不同条件下的隧道以及地下洞室的后期支护及设计，都需要对不同条件的岩石进行分类处理。

当然这与早期地下工程基本以钻爆法为主的开挖方式密不可分，在这种开挖方式下，施工中临时支护、后期永久支护类型，基本和围岩自稳能力分级相对应。而钻爆法施工方式主要流程为钻孔→放置炸药→爆破→清理→支护，围岩自稳能力对此过程的操作处理影响小，一般有施工经验的队伍均能较好地单独完成，因此对施工"过程"基本未进行单独约束和控制。

当TBM掘进兴起后，人们逐渐意识到，随着开挖方式发生了根本性改变，TBM虽有着成洞快速、自动化程度高、作业条件优等众多优势，但仍存在对地质条件适应性不强、开挖过程需进行严格控制等不足。而在TBM使用过程中，传统的围岩分类虽仍对开挖"结果"可控，但在开挖过程中掘进机所遭遇的问题却不能完全依靠围岩分类暴露出来，常出现围岩条件好，却施工困难的矛盾情况，围岩分类不能给施工过程提供指导，因此后来又出现了一系列单独针对TBM施工的围岩分类体系。

地下工程围岩分类是一项参与因素众多、需对外界地质环境认识深刻的工作，现加入了TBM作业环境下的新因素，使得分类工作更加复杂和难以准确判定，每一个新提出的分类方式都不能兼顾众多因素，一般采取选择性地将主因进行归纳剖析，并限定该分类方式的使用条件，如$Q_{TBM}$模型主要针对掘进条件较为均质的岩体，国内铁路隧道分类系统对围岩类别采取了双因素法进行简化处理，BQ分类法不适用于膨胀岩及冻土等特殊岩土体等。

1. 铁路隧道全断面岩石掘进机分类

我国TBM的应用起于铁路隧道的修建，1994—1999年，铁道部结合秦岭特长隧道采用TBM施工实践，将"TBM需要的裂隙岩体围岩分类及参数测试技术"列为科研项目，由铁道部第一勘察设计院、铁科院西南分院负责开展相关试验研究工作，提出了国内第一个TBM需要的围岩分类方法。该分级方法以《工程岩体分级标准》（GB 50218—94）为基础，以岩石强度、岩体完整性以及岩石耐磨性、石英含量等参数指标为依据，参照《工程岩体分级标准》（GB 50218—94）确定围岩级别，将每级岩体按TBM工作条件分成1～3个亚级。该分级方法通过了铁道部组织的鉴定，并于2001年获"中国铁路工程总公司科技进步一等奖"和"铁道部科技进步一等奖"。

之后结合国内其他TBM铁路隧道工程，针对我国TBM隧道施工的特点，铁道部于2007年颁布了《铁路隧道全断面岩石掘进机法技术指南》（铁建设〔2007〕106号）作为行业标准。该标准按设计、施工和验收三部分编写，内容全面，吸纳了当前掘进机法的先进技术，可指导采用TBM的铁路隧道勘察、设计、施工和验收工作。

该标准在地质参数的评价方面与国内其他传统围岩分类方法基本一致，且引入了新的评判参数，创新性地将围岩分类和掘进机工作条件分级分别进行了划分，首次实现了对TBM施工条件进行合理分级，这样就解决了在TBM施工条件下隧道支护设计和隧道工作条件不对等的问题。

2. 国内TBM性能预测模型研究进展

目前国内在TBM性能预测模型方面研究较少，开发的TBM性能预测模型更是屈指可数。国内主要通过以下3个方面研究TBM施工性能：一是基于TBM施工现场性能数据和地质资料，研究岩体参数（岩体完整性、岩石单轴抗压强度和岩石磨蚀性等）和机器参数（TBM 总推力和扭矩等）对 TBM 施工性能的影响；二是基于数值模拟和室内试验，研究岩体参数（节理间距、节理走向和围压等）和刀具参数（刀刃宽度和刃角等）对滚刀破岩的影响；三是根据国外的相关研究成果，探讨 TBM 性能预测研究思路。

**3. 国外 TBM 性能预测模型研究进展**

国外在 TBM 性能预测模型方面研究较多。自 20 世纪 70 年代以来，国外已经开发了 30 多个 TBM 性能预测模型。这些模型可以分为两大类，即理论模型和经验模型。理论模型基于刀具破岩机制，通过压痕试验或室内全尺寸切割试验，分析作用在单把刀具上的切割力，从而得到刀具力平衡方程，其中最著名的是美国科罗拉多矿业学院开发的 CSM 模型。经验模型通过收集大量的岩体参数和机器参数，构建庞大的 TBM 性能数据库，运用多元回归分析、模糊数学和神经网络等方法开发了众多复杂经验模型，其中最著名的是挪威科技大学开发的 NTNU 模型。另外，一些研究人员基于岩体质量分级思路，尝试开发新的岩体可掘性分级系统，将 TBM 性能与岩体可掘性分级系统联系起来，其中比较著名的有 $Q_{TBM}$ 模型和 RME 模型。

$Q_{TBM}$ 模型计算公式如下：

$$Q_{TBM} = \frac{RQD_0}{J_n} \frac{J_r}{J_a} \frac{J_w}{SRF} \frac{SIGMA}{F_n^{20}/20^9} \frac{20}{CLI} \frac{q}{20} \frac{\sigma_\theta}{5}$$

$$PR = 5(Q_{TBM})^{-0.2}$$

$$AR = PRU = PRT^m$$

其中
$$SIGMA = 5\gamma Q_c^{1/3} \text{ 或 } 5\gamma Q_t^{1/3}$$

$$Q_c = \left(\frac{UCS}{100}\right)Q \text{（不利节理方向）}$$

$$Q_t = \left(\frac{I_{50}}{4}\right)Q \text{（有利节理方向）}$$

$$CLI \cong 14\left(\frac{S_J}{AVS}\right)^{0.385}$$

$$m = m_1\left(\frac{D}{5}\right)^{0.20}\left(\frac{20}{CLI}\right)^{0.15}\left(\frac{q}{20}\right)^{0.10}\left(\frac{n}{2}\right)^{0.05}$$

式中：$RQD_0$ 为沿隧道轴向的 $RQD$ 值；$J_n$，$J_r$，$J_a$，$J_w$，$SRF$ 为应力折减系数；$SIGMA$ 为岩体强度；$CLI$ 为刀具寿命指数（源于 NTNU 模型）；$q$ 为石英含量；$\sigma_\theta$ 为沿隧道掌子面的平均双轴应力；$\gamma$ 为岩石密度；$S_J$ 为岩石表面硬度值；$AVS$ 为钢材磨损值；$T$ 为总时间；$m$ 为下降梯度（范围为 $-0.15 \sim 0.45$，推荐取值为 $-0.20$）；$m_1$ 为源于 $Q$ 值的基本值；$D$ 为隧道直径；$n$ 为孔隙率。

上述公式适用于 $Q_{TBM} > 1$ 的情况。当 $Q_{TBM}$ 逐渐减小到 1 时，TBM 净掘进速度呈幂函数增加。当 $Q_{TBM} < 1$ 时，由于掌子面不稳定、撑靴支撑困难和涌水等问题的出现，为避免因振动导致机器损坏和刀具过度磨损，TBM 操作手通常降低推力，从而导致净掘进速度降低。

针对 $Q_{TBM}$ 模型，一些学者如 O. T. Blindheim 等认为它没有阐明岩机之间的相互作用关系，且过于复杂，包含 21 个不同输入参数，同时一些输入参数与 TBM 性能无关，因

此不推荐使用 $Q_{TBM}$ 模型来进行 TBM 性能预测。A. Palmstrom 和 E. Broch 也认为 $Q_{TBM}$ 模型过于复杂，且存在一些错误，也不推荐使用其目前的形式。

而在经验模型中，存在一种针对特定的一条或几条隧道开发的 TBM 性能预测模型，称为特例模型，该类模型已在意大利 Varzo TBM 隧道、总长 22.4km 的新加坡 DTSS 项目 T05 和 T06 隧道、总长 5.3km 的伊朗 Zagross No. 2 输水隧洞、总长 15.9km 的伊朗 Karaj 输水隧道、总长 8.5km 的伊朗 Zagross No. 2 输水隧洞、瑞士 Lotschberg Base 隧道等工程中使用。特例模型虽然由于收集的数据有限，其普适性受到很大限制，但由于开发的针对性强，相比于通用模型，适用于具体工程特例模型的 TBM 性能预测精度反而更好。

## 5.2.2  现有围岩分类方法适应性简述

以国内某双护盾 TBM 隧道为例，在施工过程中采取了以 HC 分类法为主的围岩分类法对隧道沿线进行了统计，其代表性洞段及围岩类别评判依据见表 5.2-2。

表 5.2-2　　　　　　　　　　　　　　隧道围岩初步分类（HC 分类法）

| 段长 | 围岩类别 | 判别主要依据 |
|---|---|---|
| 42 | Ⅲ | 岩性整体为条带状混合片麻岩，岩体整体较完整—完整性差，呈次块状—镶嵌状。片麻理发育，产状较稳定，局部发育揉皱，节理裂隙较发育。地下水整体较发育，多呈线状流水，掌子面见股状涌水现象 |
| 13 | Ⅳ | 岩性整体为条带状混合片麻岩，岩体完整性差，呈镶嵌状。片麻理发育，产状较稳定，节理裂隙较发育。地下水发育，呈股状涌水，895m 处掌子面最大集中出水量可达 15~20L/s，903m 处掌子面最大集中出水量可达 15~20L/s。该段块状渣体含量偏高 |
| 17 | Ⅲ₂ | 岩性整体以条带状混合片麻岩为主，局部有黑云角闪片麻岩分布，岩体整体较完整—完整性差，呈次块状—镶嵌状，片麻理发育，局部发育揉皱，产状不稳定，局部顺洞向，节理裂隙较发育，地下水发育，呈线状—小股状涌水，902m 处掌子面最大集中出水量可达 3~5L/s |
| 10 | Ⅳ | 岩性为条带状混合片麻岩夹黑云角闪片麻岩和长英质条带，局部挤压错动蚀变。岩体较破碎，推测为一挤压破碎带，有掉块、塌方现象，塌腔高 1m。地下水整体较不发育，多呈湿润—潮湿状 |
| 10 | Ⅳ | 岩性为灰黑色片麻岩，局部浅色条带发育。岩体整体完整性差，多呈镶嵌状，局部出现掉块和小规模塌方现象。片麻理发育，节理裂隙不发育，偶见短小节理。地下水整体较发育，多呈渗水—线状流水状。546m 处侧窗见剥落现象（埋深 420m） |
| 42 | Ⅳ | 岩性为灰黑色片麻岩，局部浅色条带发育。岩体整体完整性差，多呈镶嵌状—碎裂状，局部出现掉块现象。片麻理发育，节理裂隙较发育。地下水整体较发育，多呈渗水—线状流水状。反映有声响、边墙掉块现象 |
| 132 | Ⅳ~Ⅴ | 为一处破碎带，岩体较破碎—破碎，呈碎裂—镶嵌状，岩壁干燥，出渣在 110m 处之前和 190m 处以后为大块状，其余段为碎块状，见多处断层挤压带物质和长英质条带状脉体蚀变错动现象。地下水整体不发育，干燥 |
| 90 | Ⅲ | 岩性为混合片麻岩，岩体完整，岩体结构以次块状—整体状结构为主，局部为镶嵌碎裂结构，地下水状态为干燥。该段曾发生两次中等岩爆 |
| 104 | Ⅳ | 岩性为条带状混合片麻岩，局部发育浅灰色—灰白色长英质条带和黑云闪长片麻岩，部分长英质条带存在蚀变现象，右侧局部湿润—部分渗水。该段岩体结构为镶嵌碎裂—局部次块状结构，测量表明该段在高地应条件下，存在围岩变形现象，单侧变形值一般为 5~8cm |

| 段长 | 围岩类别 | 判别主要依据 |
|---|---|---|
| 14 | Ⅲ | 岩性为条带状混合片麻岩，岩体完整，岩体结构以次块状—镶嵌碎裂状结构为主，地下水状态为干燥。在维修油缸期间拆去管片后揭示地质现象为：在高地应力条件下，岩体原生裂隙张开度增加与新的裂纹的产生，可见其断口新鲜，进而构成不利组合，产生顶部掉块现象。其两侧边墙也存在顺片麻理面产生剥离现象 |
| 114 | Ⅳ~Ⅴ | 其中，479~490m 段以Ⅳ类为主，局部蚀变带与岩体破碎区域为Ⅴ类。该段岩体以块裂—碎裂结构为主，地下水状态为干燥。385~479m 段渣体粒径大小差异性大，级配不均匀，多出现粒径30cm 的块渣体与块度为 5~8cm 的渣体。479~490m 段右侧窗口出现宽度为 40cm 左右的蚀变带，根据连续掌子面观察，推测其呈与洞轴线大角度相交状态，并且沿洞轴线多段分布，该段出渣多为块度 5~8cm 的小块状渣体，出渣水体呈灰白色。推测该段出露与洞轴线大角度相交的断层 f：N10°~30°E/NW∠30°~40° |
| 72 | Ⅲ | 岩性为条带状混合片麻岩，岩体完整，岩体结构以次块状—镶嵌碎裂状结构为主，地下水状态为干燥。出渣为较均匀的片状渣体，TBM 贯入度低，并且掘进后围岩形成完整面 |
| 10 | Ⅳ | 该段掘进贯入度大，由两侧视窗推测，该处存在长大结构面裂隙带，导致强度降低，但未见有断裂及构造发育迹象 |
| 136 | Ⅲ | 岩性为黑云二长片麻岩，岩体较完整，干燥，洞壁略粗糙。局部有轻微岩爆现象。片麻理不明显，局部推测产状为 N70°W/NE∠15°~20°。该段有裂隙发育，出渣观察含块状及大块状岩块，占40%~50% |
| 26 | Ⅳ | 岩性为黑云二长片麻岩，掘进参数变化较大，其中推力为 17000kN，贯入度为 10mm/rot 左右，在 366m 处掌子面中部发生局部垮塌，且观测裂隙较发育 |
| 49 | Ⅲ | 岩性为混合片麻岩，局部可见眼球状混合片麻岩及条带状混合片麻岩，但多揉皱，洞壁平整，局部粗糙有起伏，完整，干燥。该段有隐裂隙发育，掘进参数正常 |
| 121 | Ⅱ | 岩性主要为条带状混合片麻岩及眼球状混合片麻岩，片麻理产状近水平。岩壁开挖后平整、光滑，呈块状—次块状结构，岩体强度高，岩石新鲜，无地下水。局部有少量岩体轻微剥落现象，但剥落厚度多为 1~2mm。其中，510~578m 段多见脉体和团块状构造，团块规模最大长 5~8m，宽 1m。此外揉皱发育，形态随机发育。该段裂隙不发育，主要以片麻理为主。515m 处发育一随机节理，在 11 点方向受片麻理剥落影响局部张开 2~5mm，有掉块现象。该段岩渣以片状为主，含量一般为 70%~80%，其余多为岩粉状岩渣，偶见小块状岩块 |
| 186 | Ⅲ | 岩性主要为条带状混合片麻岩及眼球状混合片麻岩，掌子面起伏差一般，岩体新鲜较完整，岩体结构以镶嵌碎粒结构为主，地下水状态为干燥，围岩类别为Ⅲ类 |
| 148 | Ⅳ | 岩性主要为条带状混合片麻岩及眼球状混合片麻岩，弱卸荷至弱风化、强卸荷段，岩面起伏差较大，局部见裂隙张开充填泥膜，观察窗见部分裂隙面锈染，岩体结构以碎粒结构为主，局部渗水—干燥，出渣见锈染及风化块体，岩石强度低 |

由表 5.2-2 可见，实际工程施工中仍多采用规范中的围岩分类方法，但由于施工方法的改变，传统分类方式存在诸多局限性。如主流的 BQ 或 HC 等围岩分类方法均需对结构面进行详细的观察，对其状态特性进行分类，并以此作为围岩分类的重要依据之一。而在双护盾 TBM 施工条件下，由于刀具切割岩壁的特性，导致岩壁平整，结构面条件难以观察掌握，且多数情况难以近距离直接接触岩壁，因此依据传统方法对双护盾 TBM 施工工况下围岩类别及稳定性的判断常出现偏差，得到的结论往往和实际开挖揭示情况差异较大。解决的办法是结合双护盾 TBM 施工工况特点的非量化指标参数，或结合施工过程中对施工现象、机械设备运行情况等进行概述性描述，进行围岩类别的综合分类。

该方式下需进行大量信息的收集，而无统一规范的标准又使得判别结果过于主观化，因此，需针对双护盾 TBM 工况的特点，对各种环境条件及参数进行比选和取舍，确定最优参数并形成可量化参考的标准。

## 5.3 TBM 围岩综合分类法

传统围岩分类（以 BQ、HC 等为代表）一般采用多因素法，且分别将各单因素进行评分，并按一定方式进行汇总，以综合评判的方式对围岩进行分类。该类围岩分类方式所选取的指标类似，均包含基本的岩性构造信息、节理裂隙信息及地下水信息等几方面。在双护盾 TBM 工况下，以上信息均难以有效采集，或采集的信息严重失真，因此该类围岩分类的评价方法难以适用于双护盾 TBM 施工。

另一类则是以评判掘进机工作条件为代表的围岩分类方法，具体讲应该归为对 TBM 掘进适宜性的评判，而非完全对围岩客观条件的评价，与本书研究的初衷不一致，不能直接应用。

因此，本书基于特定的隧道研究了一套适用于双护盾 TBM 的围岩分类体系，进而为开挖后支护设计提供依据。

### 5.3.1 评价指标选取

评价指标选取原则为简单、快速、具有代表性、易获取。

1. 岩渣

岩渣是随 TBM 掘进产生的特有的产物且易于被观测。据国内外大量实践经验表明，作为非原位的破碎岩体同样可在一定程度上反映围岩的部分特征。在现场不具备围岩直接观察条件时，采用岩渣进行辅助判断，宏观上是与传统围岩分类方式具有较好的对应性的。岩渣特征由一系列的描述组成，但最核心的是形态的相关描述。不同的围岩条件，TBM 掘进后产生的岩渣形态不同。根据各形态岩渣的含量比例，可对围岩条件进行一个基本的判断。

2. 设备参数

该类参数在 TBM 掘进过程中可直接通过现场控制室内相关设备进行即时读取，因此即时性强，且各主要参数可进行保存、输出及生成分析曲线等。而该类参数是直接反映 TBM 设备状态的参数，进一步可反映不同围岩条件下设备的适应能力，与本书研究围岩分类的目的一致，因此研究此类型参数与围岩类别的相关性是有必要的。设备参数众多，因此应提取与围岩条件相关性最强的主要参数参与评判。

设备参数主要包括总推力、刀盘扭矩、贯入度、刀盘转速、掘进速度及贯推比，主要介绍如下。

（1）总推力。这里的推力是指当 TBM 采用双护盾掘进模式时主推系统在 TBM 掘进时施加在刀盘上的作用力 $F_1$，大小为各推进油缸的推力总和。而在单护盾掘进模式和辅助推进系统中推力 $F_2$ 除了包括刀盘推力外，还有 TBM 与洞壁及 TBM 内部部件摩擦力之和。其中，摩擦力又包括主机与洞壁间的摩擦阻力、后配套设备的牵引力、尾盾密封与管片间的摩擦力等。$F_1$ 按下式计算：

$$F_1 = k F_i N$$

式中：$N$ 为配置的滚刀数量；$F_i$ 为滚刀额定承载力，kN；$k$ 为储备系数。

由于设备损耗推力 $F$ 不是完全作用在隧道掌子面岩石上的，因此在 $Q_{TBM}$ 模型中采用刀头平均荷载 $F$ 对推力进行描述，而在另一些预测岩石可掘性的指标，如 Gong 等提出的 SRBI 指标，则采用了单刀压力（kN）描述推进力。

（2）刀盘扭矩。刀盘在破岩时不仅受推力 $F$ 作用向前移动，同时还受扭力进行旋转破岩运动，而刀盘旋转破岩时，要克服刀具破岩的总阻力矩 $M_1$、铲斗装渣阻力矩 $M_2$ 及铲斗与洞壁间的摩擦阻力矩 $M_3$。刀盘回转所需的总力矩 $T$ 如下式：

$$T = f(M_1 + M_2 + M_3)$$

式中：$T$ 为刀盘扭矩，kN·m；$f$ 为大于 1 的安全系数。

此外也可采用以下经验公式计算：

$$T = \alpha D^2$$

式中：$D$ 为刀盘直径，m；$\alpha$ 为扭矩系数，随机械直径和围岩条件而异，一般取 $\alpha \approx 60$。

TBM 回转总功率按下式计算：

$$W = Tn / (9.55\eta)$$

式中：$n$ 为刀盘的转速；$\eta$ 为刀盘传动机构的效率（变频电机驱动时通常取 0.95，液压驱动时通常取 0.65～0.75）。

TBM 扭矩及功率同样并非完全作用于岩石上，且在同样的围岩条件下扭矩可在一定范围内自由调节，因此该参数与围岩条件并非呈对应关系。

（3）贯入度。贯入度 $p$ 又称为净切深，为刀盘每旋转一圈的前进距离（mm/rot），该参数是研究掘进机推力与掘进速度之间关系的主要参数。该指标为关联性指标，当对 TBM 刀盘施加一定推力和扭矩时，此时产生贯入度，如缺失任意一项则贯入度为零。

（4）刀盘转速。刀盘转速 $n$ 指单位时间内刀盘旋转周数，该参数为人为可控的参数。一般在围岩条件较软弱、稳定性较差的洞段采用较低的转速同时配合较大的扭矩；在围岩条件较好、稳定性好的洞段则采用较高的转速和较小的扭矩。设备出渣能力也是制约掘进和转速的条件。刀盘的转速还与刀具承受的线速度及刀盘直径有关，计算公式如下：

$$n = v_{max} / (\pi D)$$

式中：$v_{max}$ 为边刀回转最大线速度，m/min，一般控制在 150m/min 以内；$D$ 为刀盘直径，m；$n$ 为刀盘转速，r/min。

（5）掘进速度。掘进速度 $v = np$，为 TBM 掘进的直线速度。在 TBM 保持相同的掘进速度情况下，刀盘转速高时的贯入度低、刀盘扭矩小，而此时推进力相对也较小，因此主电机的工作电流和刀具的承载负荷也就相应较小，此为理想情况下的掘进模式。

掘进速度是考察 TBM 掘进效率及 PR（在某段有效时间内 TBM 开挖隧道的平均速率）的最直接指标，但该指标受众多因素影响，且在实际掘进过程中变化幅度及频率大，一般难以直接对其进行分析。

（6）贯推比。一些研究认为，由于推力变化造成同样围岩条件下取得不同的贯入度，显然是不具备唯一性的，因此可将贯入度和推力的比值，即贯推比 [mm/(kN·rot)] 作为一项参数对 TBM 掘进效率进行研究，该指标可反映单位推力下设备掘进时对应不同围岩条件下的贯入度，且具备唯一性。

从以上分析看出，部分参数与人为操作相关，不能完全真实反映围岩的特性，因此初步选择总推力、贯入度及贯推比进行研究。

3. GTRT 参数

GTRT 作为双护盾 TBM 特有的技术手段，主要用于判断掘进前方地质条件，在一些隧道应用中取得较好的成效，而是其操作相对简便，相关参数易于获取。GTRT 成果中量化信息主要为地震波波速，因此可以进一步研究 GTRT 测试时获取的地震波波速与围岩稳定性之间的关系。

### 5.3.2　单因素相关性分析

根据前述隧道开挖揭示的地质条件及相应收集的地质资料，现对各指标进行相关性分析，进一步确认各指标与围岩稳定性之间的关系。

1. 岩渣

通过 TBM 施工隧道岩渣特征分析发现，完整岩体的岩渣普遍以片状为主，裂隙岩体的岩渣块状明显增加，破碎岩体的岩渣则多以碎块状为主。因此，通过宏观判断岩渣的形态特征与岩体的完整性和岩体质量之间存在一定的关联性。

为了进一步研究岩渣形态和岩体质量之间的具体的关联性和关系特征，对隧道双护盾 TBM 施工洞段选择了 106 处岩渣观测成果及对应的岩体质量评分作为研究样本进行了关联性分析。在分析过程中对 106 个样本数据按照片状、块状、碎块状和岩粉状岩渣的含量与岩体质量之间的分布趋势一一进行了统计分析，不同形态岩渣含量与岩体质量之间的分布趋势关系如图 5.3-1 所示。

通过对岩体质量与不同形态岩渣含量之间的趋势关系分析发现：岩体质量与片状岩渣含量之间存在一定的正相关关系。岩体质量较好的岩体，片状岩渣含量普遍为 $60\% \sim 80\%$；岩体质量较差的岩体对应片状岩渣含量明显降低，普遍低于 $10\%$。岩体质量与块状、碎块状以及岩粉状岩渣的含量具有一定的负相关关系。岩体质量较好的岩体对应块状、碎块状以及岩粉状岩渣含量偏低；岩体质量较差的岩体对应块状、碎块状以及岩粉状岩渣含量急剧增加。

为了进一步研究岩体质量与各形态组分含量之间的相关关系，分别对不同形态岩渣含量与岩体质量之间的相关性进行了统计分析，如图 5.3-2 所示。

通过对岩体质量与不同形态岩渣含量之间的相关性分析发现：岩体质量与片状岩渣含量之间存在一定的相关性，两者之间呈 $y=0.0003x^3-0.0315x^2+1.209x+33.276$ 的函数曲线关系，拟合曲线可信度达 0.8924。然而，尽管岩体质量与块状、碎块状以及岩粉状岩渣含量在整体趋势上具有负相关的关联性，但是从拟合曲线的可信度上来看，相互之间的关联性较差，拟合曲线的可信度普遍偏低，这可能与岩体质量评分和岩渣组分含量实际编录的精度有关。通过进一步分析发现，块状、碎块状以及岩粉状岩渣含量之和与岩体质量之间具有一定的关联性，但该关联性与片状含量具有重复性。因此，岩体质量评分可以单独以片状岩渣的含量来进行估算。

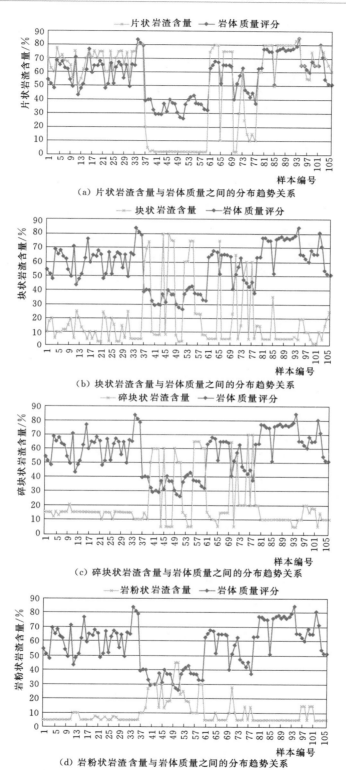

（a）片状岩渣含量与岩体质量之间的分布趋势关系

（b）块状岩渣含量与岩体质量之间的分布趋势关系

（c）碎块状岩渣含量与岩体质量之间的分布趋势关系

（d）岩粉状岩渣含量与岩体质量之间的分布趋势关系

图 5.3－1　不同形态岩渣含量与岩体质量之间的分布趋势关系

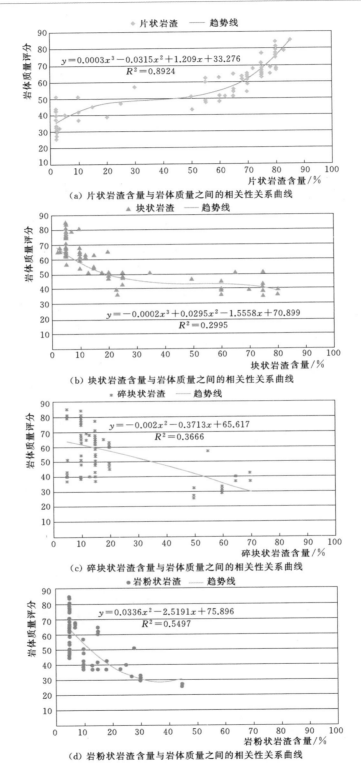

（a）片状岩渣含量与岩体质量之间的相关性关系曲线

（b）块状岩渣含量与岩体质量之间的相关性关系曲线

（c）碎块状岩渣含量与岩体质量之间的相关性关系曲线

（d）岩粉状岩渣含量与岩体质量之间的相关性关系曲线

图 5.3-2（一） 不同形态岩渣含量与岩体质量评分之间的相关性关系曲线

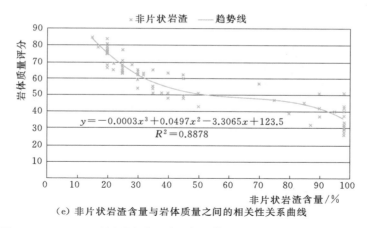

（e）非片状岩渣含量与岩体质量之间的相关性关系曲线

图 5.3-2（二）　不同形态岩渣含量与岩体质量之间的相关性关系曲线

**2. 设备参数**

设备参数是由 TBM 掘进时产生的，因此在反映了当前 TBM 状态的同时与围岩条件密切相关，良好地反映了设备与围岩条件间的直接关系。

对隧道中总推力、贯入度及贯推比三个参数进行统计分析。因 TBM 掘进原始记录数据量庞大，数据记录间隔时间为 10s，首先将数据进行合并、抽稀，同时剔除异常数据后，将统计结果绘制成折线图并按桩号与初判的围岩分类情况进行对应（图 5.3-3）。

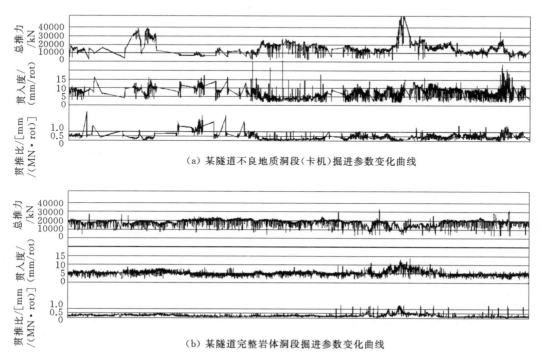

（a）某隧道不良地质洞段（卡机）掘进参数变化曲线

（b）某隧道完整岩体洞段掘进参数变化曲线

图 5.3-3　部分洞段设备参数（总推力、贯入度、贯推比）统计图

剔除无效数据后，可初步发现总推力、贯入度及贯推比随围岩条件的变化而变化。由于参数随时间不断地变化，存在波动，因此波动幅度及折线形态与选取的采样间隔相关。为了进一步描述数据间的相关性，找到具有统计意义的取值，比较后选取 1m 为采样间隔，以点为统计单位进一步对数据进行处理，并按围岩类别分段进行统计，结果见表 5.3-1。

从统计中可以发现，同样围岩条件下，由于操作原因，设备可在不同推力下进行掘进，增加推力造成了相应贯入度的增加，因此与围岩间不具备一一对应关系。而贯推比则限定了单位推力条件下贯入度的大小，将推力、贯入度同时进行考量，可实现与围岩条件的唯一对应关系。

另从表 5.3-1 中发现，贯推比与围岩条件对应性良好。当该值小于正常掘进值时，说明围岩条件好，掘进困难，反映了 TBM 掘进的适宜情况；而当该值大于正常掘进值时，则离散性较大。进一步分析认为，其原因是围岩条件差，贯入度离散性大幅增加，且由于此时围岩完整性差，结构面发育，掘进时掉块频繁，贯入度已不能真实反映设备入岩情况，因此难以从数值上找到与围岩条件良好的对应关系。因此，围岩条件较差时，应考虑采用围岩稳定性相关参数进行判别。

3. GTRT 参数

GTRT 原始数据较多，且无法直接对其进行分析，因此采用解译后的可量化指标地震波（P 波）波速进行相关性分析。在 K10+076～K10+576 段共计 500m 进行了 GTRT 测试，该段围岩条件变化大，现场开挖揭示表明，涵盖了从 Ⅱ 类至 Ⅴ 类围岩，基本代表了整个隧道沿线的地质条件，因此选用该段成果进行分析是具有代表性的。

该段解译后的原始数据中，地震波波速共计 120 组，平均采样间距为 4.2m，波速范围为 2205～4454m/s，按 HC 围岩评分标准对采样处的围岩条件打分，其分值范围为 15～85，对应围岩类别为 Ⅴ～Ⅱ 类（图 5.3-4）。

由统计分析可见，地震波波速与岩体质量间存在线性关系，当拟合方程为 $y = 0.0381x - 78$ 时，拟合直线可信度可达 0.66。同时分析可知，当波速大于 2800m/s 时，线性关系吻合度较高，而当波速小于 2800m/s 时，岩体质量差，对应关系弱，分析这可能与造孔位置选取及围岩稳定性差时离散性较大有关。

### 5.3.3 多因素相关性分析

通过片状岩渣含量、贯推比及地震波波速三个因素相关性分析，三个因素与岩体质量均存在较高的相关性，但三个因素间是否存在相互影响因素及如何进行综合评判，则需将三者进行叠加分析。

由于地震波波速采样点较少，按已采样的 K10+076～K10+576 段取 120 组样本进行分析，同时取隧道同桩号段的片状岩渣含量及贯推比各 120 组数据进行分析。由于三者取值范围不同，现将片状岩渣含量、贯推比、地震波波速进行归一化处理并进行比较。其中，需注意该段 TBM 存在卡机，卡机前后 TBM 掘进速度近似为 0，此时贯推比因贯入度趋于 0 而数值极小，为非正常状态，分析时已将该类数据进行了剔除（图 5.3-5）。

从该段的统计数据趋势分析可知，当 TBM 正常掘进时（前进速度正常时），三个因素中贯推比的相关性最佳，但岩体质量较差时，其数值会急剧增加；片状岩渣含量在岩体质

表 5.3 - 1　掘进参数取值分布与围岩类别相关性统计表

| 围岩类别 | | 代表洞段 | 段长/m | 统计样本数 | 统计参数 | 总推力/kN | 贯入度/(mm/rot) | 贯推比/[mm/(MN·rot)] |
|---|---|---|---|---|---|---|---|---|
| II | 1 | K12+500 ~ K12+550 | 50 | 2557 | 最小值 | 15013 | 3.07 | 0.16 |
| | | | | | 最大值 | 20532 | 6.28 | 0.36 |
| | | | | | 平均值 | 18459 | 4.88 | 0.26 |
| | | | | | 标准差 | 703 | 0.49 | 0.02 |
| | | | | | 80%置信区间 | 17300~18600 | 4~5.7 | 0.23~0.3 |
| | | | | | 正态曲线 | | | |
| | 2 | K13+050 ~ K13+100 | 50 | 5430 | 最小值 | 11108 | 3.91 | 0.19 |
| | | | | | 最大值 | 20491 | 7.24 | 0.59 |
| | | | | | 平均值 | 18049 | 5.87 | 0.33 |
| | | | | | 标准差 | 1256 | 0.65 | 0.046 |
| | | | | | 80%置信区间 | 16000~20000 | 4.7~6.8 | 0.26~0.4 |
| | | | | | 正态曲线 | | | |

续表

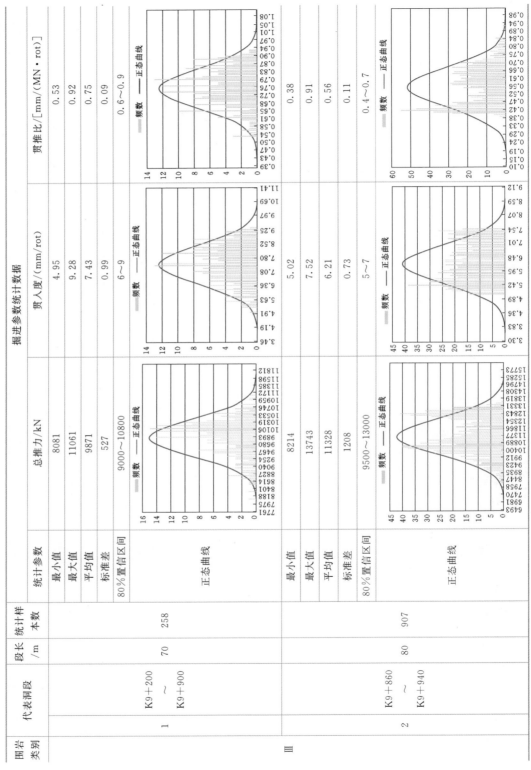

掘进参数统计数据

| 围岩类别 | 代表洞段 | 段长/m | 统计样本数 | 统计参数 | 总推力/kN | 贯入度/(mm/rot) | 贯推比/[mm/(MN·rot)] |
|---|---|---|---|---|---|---|---|
| III | 1 K9+200～K9+900 | 70 | 258 | 最小值 | 8081 | 4.95 | 0.53 |
| | | | | 最大值 | 11061 | 9.28 | 0.92 |
| | | | | 平均值 | 9871 | 7.43 | 0.75 |
| | | | | 标准差 | 527 | 0.99 | 0.09 |
| | | | | 80%置信区间 | 9000～10800 | 6～9 | 0.6～0.9 |
| | | | | 正态曲线 | | | |
| | 2 K9+860～K9+940 | 80 | 907 | 最小值 | 8214 | 5.02 | 0.38 |
| | | | | 最大值 | 13743 | 7.52 | 0.91 |
| | | | | 平均值 | 11328 | 6.21 | 0.56 |
| | | | | 标准差 | 1208 | 0.73 | 0.11 |
| | | | | 80%置信区间 | 9500～13000 | 5～7 | 0.4～0.7 |
| | | | | 正态曲线 | | | |

续表

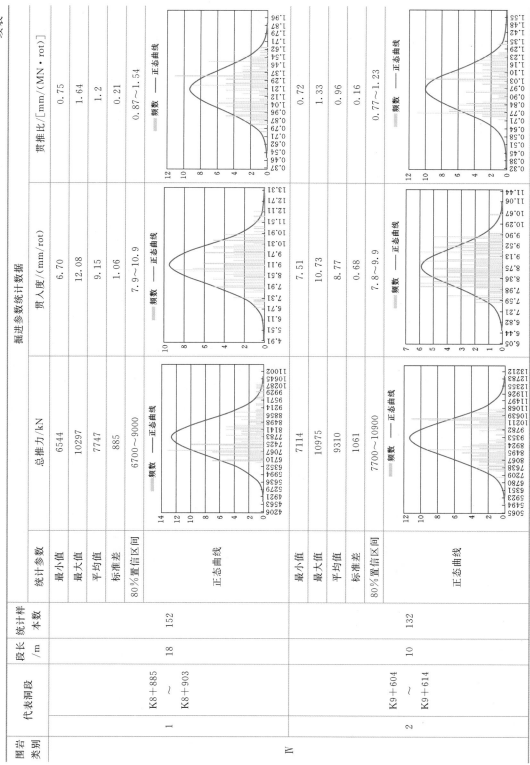

| 围岩类别 | 代表洞段 | 段长/m | 统计样本数 | 统计参数 | 掘进参数统计数据 | | |
|---|---|---|---|---|---|---|---|
| | | | | | 总推力/kN | 贯入度/(mm/rot) | 贯推比/[mm/(MN·rot)] |
| Ⅳ | 1　K8+885 ~ K8+903 | 18 | 152 | 最小值 | 6544 | 6.70 | 0.75 |
| | | | | 最大值 | 10297 | 12.08 | 1.64 |
| | | | | 平均值 | 7747 | 9.15 | 1.2 |
| | | | | 标准差 | 885 | 1.06 | 0.21 |
| | | | | 80%置信区间 | 6700~9000 | 7.9~10.9 | 0.87~1.54 |
| | | | | 正态曲线 | 频数　——正态曲线 | 频数　——正态曲线 | 频数　——正态曲线 |
| | 2　K9+604 ~ K9+614 | 10 | 132 | 最小值 | 7114 | 7.51 | 0.72 |
| | | | | 最大值 | 10975 | 10.73 | 1.33 |
| | | | | 平均值 | 9310 | 8.77 | 0.96 |
| | | | | 标准差 | 1061 | 0.68 | 0.16 |
| | | | | 80%置信区间 | 7700~10900 | 7.8~9.9 | 0.77~1.23 |
| | | | | 正态曲线 | 频数　——正态曲线 | 频数　——正态曲线 | 频数　——正态曲线 |

续表

掘进参数统计数据

| 围岩类别 | 代表洞段 | 段长/m | 统计样本数/本数 | 统计参数 | 总推力/kN | 贯入度/(mm/rot) | 贯推比/[mm/(MN·rot)] |
|---|---|---|---|---|---|---|---|
| Ⅳ | 3 K9+647 ~ K9+665 | 18 | 217 | 最小值 | 6342.45 | 8.01 | 0.27 |
| | | | | 最大值 | 11443.54 | 13.74 | 2.04 |
| | | | | 平均值 | 8767 | 9.81 | 1.15 |
| | | | | 标准差 | 1117 | 1.10 | 0.27 |
| | | | | 80%置信区间 | 7000~10600 | 8~11 | 0.8~1.5 |
| | | | | 正态曲线 | 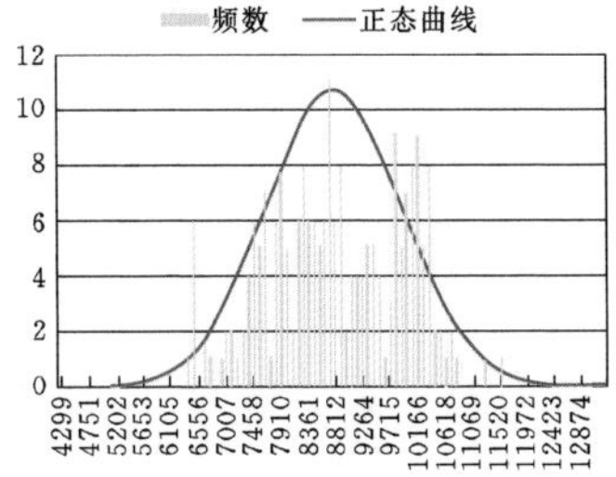 | 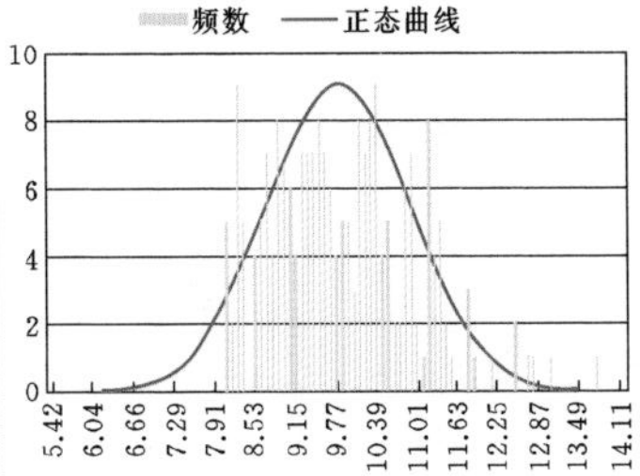 | 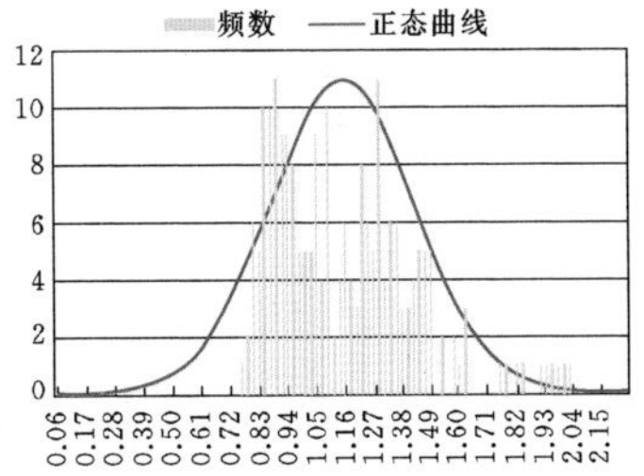 |
| | 4 K9+692 ~ K9+707 | 15 | 256 | 最小值 | 7352.93 | 7.21 | 0.67 |
| | | | | 最大值 | 11411.91 | 11.51 | 1.28 |
| | | | | 平均值 | 9453 | 8.66 | 0.93 |
| | | | | 标准差 | 1061 | 0.81 | 0.16 |
| | | | | 80%置信区间 | 7800~11000 | 7.5~9.8 | 0.7~1.15 |
| | | | | 正态曲线 | 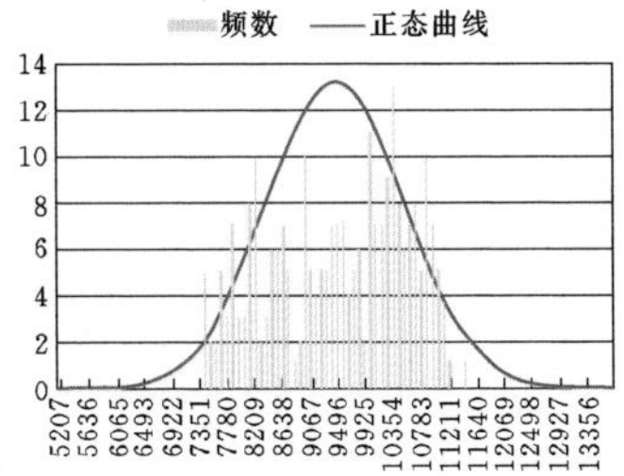 | 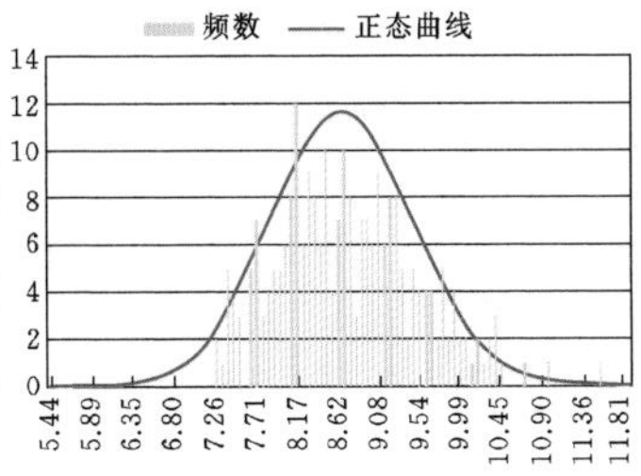 | 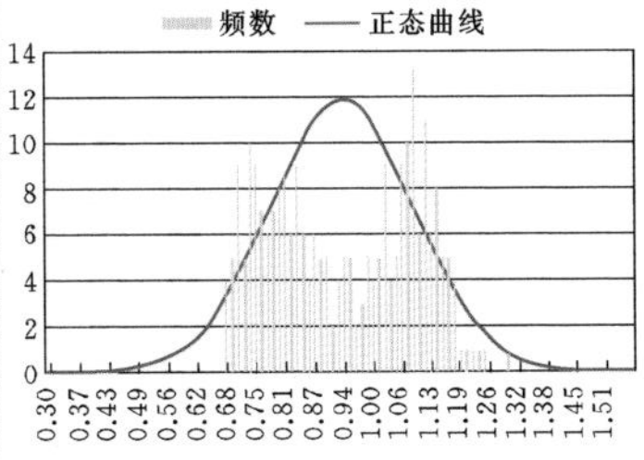 |

续表

| 围岩类别 | 代表洞段 | 段长/m | 统计样本数 | 统计参数 | 掘进参数统计数据 | | |
|---|---|---|---|---|---|---|---|
| | | | | | 总推力/kN | 贯入度/(mm/rot) | 贯推比/[mm/(MN·rot)] |
| 5 | K9+837 ~ K9+860 | 23 | 212 | 最小值 | 5510.00 | 7.81 | 0.76 |
| | | | | 最大值 | 10853.00 | 22.23 | 3.72 |
| | | | | 平均值 | 7945 | 12.71 | 1.73 |
| | | | | 标准差 | 1368 | 4.34 | 0.83 |
| | | | | 80%置信区间 | 5800~10000 | 8.5~18 | 0.8~3.2 |
| | | | | 正态曲线 | | | |
| 6 | K11+300 ~ K11+350 | 50 | 1058 | 最小值 | 8898.00 | 7.38 | 0.54 |
| | | | | 最大值 | 16055.00 | 12.14 | 1.19 |
| | | | | 平均值 | 12911 | 8.76 | 0.69 |
| | | | | 标准差 | 1441 | 0.93 | 0.12 |
| | | | | 80%置信区间 | 11000~15000 | 7.68~10 | 0.55~0.85 |
| | | | | 正态曲线 | | | |

续表

掘进参数统计数据

| 围岩类别 | 代表洞段 | 段长/m | 统计样本数 | 统计参数 | 总推力/kN | 贯入度/(mm/rot) | 贯推比/[mm/(MN·rot)] |
|---|---|---|---|---|---|---|---|
| V | 1<br>K10+078<br>~<br>K10+120 | 42 | 1042 | 最小值 | 3683.00 | 9.80 | 1.29 |
| | | | | 最大值 | 7863.00 | 27.68 | 6.35 |
| | | | | 平均值 | 4954 | 15.07 | 3.18 |
| | | | | 标准差 | 864 | 3.62 | 1.05 |
| | | | | 80%置信区间 | 3900~6500 | 11~20 | 1.9~4.9 |
| | | | | 正态曲线 | 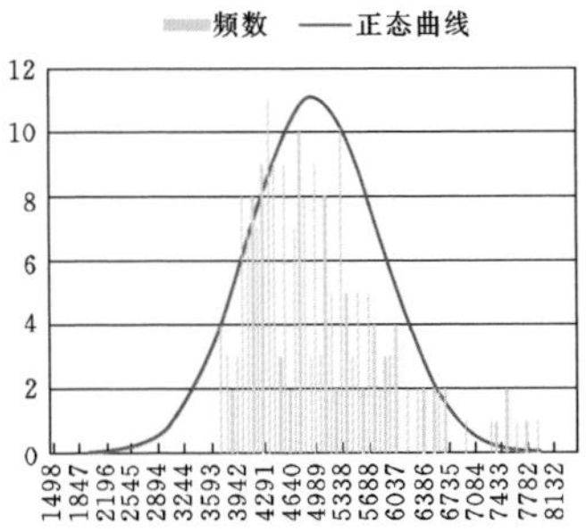 | 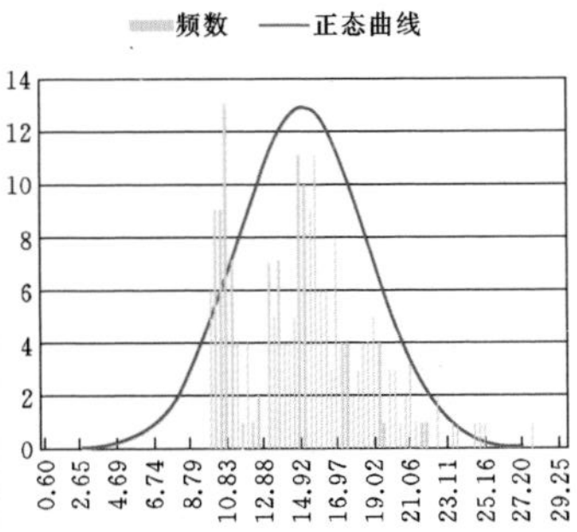 | 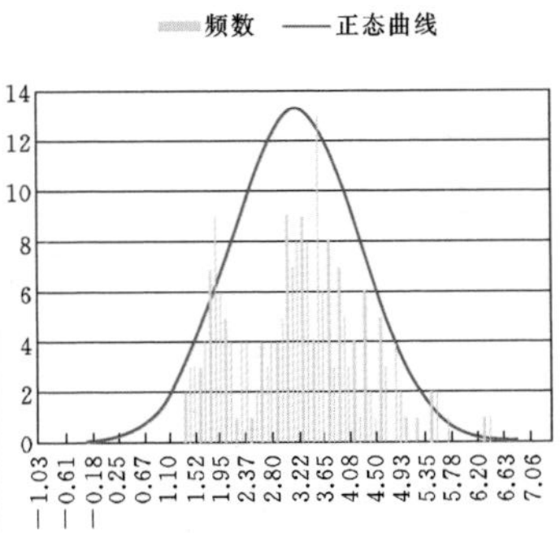 |

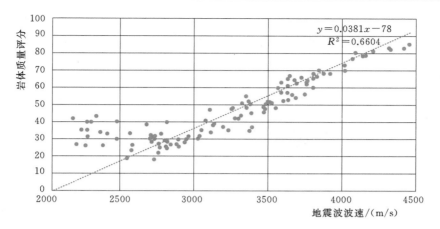

图 5.3 - 4　地震波波速与岩体质量的相关性趋势图

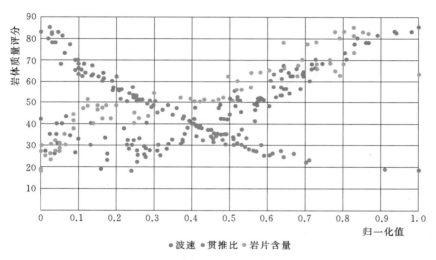

图 5.3 - 5　三因素叠加相关性趋势图

量下降时急剧下降，且基本趋于 0；波速同样在岩体质量下降时离散性较大，而在已观测的洞段其他部分，均可作为岩体质量的判别标准。

此外，经分析认为，三因素分别从不同角度单独反映了岩体的基本质量，并且片状岩渣及贯推比还侧面反映了岩体质量同掘进间的相互关系，因此均为综合性指标，不能直接简单按权重相加的方式进行围岩的综合评判。因此，参照现有规范，采用对三因素定档定级，并分别对围岩质量进行评判，最后综合考量的方式对围岩类别进行划分。

## 5.3.4　DT 三因素法围岩综合分类

围岩分类依据研究对象的特点及机型参数选取的不同，具体划分标准存在差异，基于该隧道的研究成果一般仅作为特例模型加以考虑。由于三因素法所考虑的因素及它们之间的关系是不变的，该项研究仍具有一定的推广价值，若应用于其他工程实例，则需对各分类指标取值进行大量数据的检验和修正。

另外，相关性分析时判别因素对比的是 HC 规范中的岩体质量评分，表 5.3-2 中围岩类别与 HC 规范中围岩类别划分标准一致。由于该隧道中未出现Ⅰ类围岩，故其不在此次分类范围。

表 5.3-2                                          DT 三因素法围岩综合分类表

| 围岩类别 | 判 别 因 素 | | |
|---|---|---|---|
| | 贯推比/[mm/(kN·rot)] | 片状岩渣含量/% | 地震波波速/(m/s) |
| Ⅱ | ≤0.3 | ≥75 | ≥3800 |
| Ⅲ | 0.3～0.8 | 50～75 | 3200～3800 |
| Ⅳ | 0.8～1.4 | 10～50 | 2500～3200 |
| Ⅴ | >1.4 | <10 | <2500 |

注　当围岩变形、垮塌时，TBM 因卡顿造成掘进速度极小，贯推比不作为判断依据。

需要指出的是，本书研究的是如何在双护盾 TBM 施工工况下利用简易、直观、可操作和量化的指标对围岩类别进行快速准确的判别，而研究结果则是可利用贯推比、片状岩渣含量和地震波波速进行综合判别，具体的分类标准随选用 TBM 机型的性能、地层岩性等客观条件的不同可能发生变化，需进一步验证。但是，一旦建立了以上三因素的围岩综合分类法，在任意工程初期都可通过试验的方法对各因素具体的分档标准进行量化，因此，本书研究仍具有一定的现实意义和推广价值。

# 第 **6** 章

# 结论与展望

# 6.1　结论

本书依托青藏高原地区公路工程双护盾 TBM 隧道施工实践，系统总结了双护盾 TBM 隧道施工环境下的地质信息采集及在超前地质预报和围岩分类中的应用技术。本书主要通过现场调查、技术改进、机理分析以及工程实践的手段，重点围绕双护盾 TBM 施工特点、双护盾 TBM 施工面临的主要地质问题、地质信息采集和预报手段的创新、综合地质预报、地质预报信息化网络化应用以及围岩分类新体系建设等方面进行了阐述，取得的主要成果如下。

1. 双护盾 TBM 施工特点及主要地质问题

系统地总结了双护盾 TBM 隧道施工的设备组成特点、施工工艺特点和支护方式特点，同时对施工中可能遭遇的常见地质问题以及对双护盾 TBM 施工造成的特殊影响进行了梳理和分析，从而明确了双护盾 TBM 施工与其他隧道施工工艺的差异性和特殊性，确立了地质信息采集和地质预报及其他信息应用工作的内容和重点，为地质信息采集和应用研究奠定了基础。

2. 双护盾 TBM 施工环境下地质信息采集新技术

全面分析了双护盾 TBM 施工工艺下地质信息采集工作具有必要性强、地质信息多元化、传统手段开展难度大的独特特点，系统梳理了传统地质信息和双护盾 TBM 特有信息的地质信息采集内容。在此基础上全面分析了现有地质信息采集手段在双护盾 TBM 施工环境下的适宜性，并分析了针对双护盾 TBM 施工适宜性差的各种采集技术的缺陷和改进方案，进而形成了涵盖岩壁观察全景成像、岩渣取样和形态分析、岩体强度便捷测试、地应力测试、岩体压力变形监测等一系列结合双护盾 TBM 施工环境特点的针对性改进和创新，并形成了相关地质信息采集新技术。

3. 双护盾 TBM 施工超前地质预报新技术

根据隧道施工在安全、经济和进度等方面对超前地质预报工作的要求结合双护盾 TBM 施工特点和主要灾害危害特征，明确了超前地质预报工作的主要内容。通过对现有预报手段在双护盾 TBM 施工环境下操作可行性、质量效果、时效匹配性、经济性等方面的全面分析对各种现有手段的适宜性进行了评价，并提出了各种手段的缺陷特征和改进方案。经过对现有手段的改进创新形成了针对双护盾 TBM 施工特点的新型超前钻探、物探测试、解译、岩爆微震监测等测试工艺和分析方法，完善了双护盾 TBM 施工超前地质预报体系。同时，利用模糊神经网络和网络技术对地质预报成果的解译分析和发布的信息化也进行了相应研究。

4. 双护盾 TBM 施工围岩分类新方法

针对现有传统围岩分类方法各评价要素指标特征在双护盾 TBM 施工环境下难以获取

进而难以开展质量评价工作的现状，结合双护盾 TBM 施工环境特点和各项地质指标信息采集的可行性，提出了依托容易获取的掘进机机器参数、岩渣特征以及 GTRT 测试的视波速作为岩体质量评价指标，通过三项指标与岩体质量相关性和关联程度的分析，形成了 DT 三因素围岩分类新方法。

## 6.2 展望

双护盾 TBM 问世以来，由于其掘进速度快、施工扰动小、成洞质量佳、自动一体化程度高、施工环境优、综合经济社会效益强等显著优点受到工程界的普遍关注，在大量的隧道工程中进行了广泛应用。但是其独特的设备和工艺特点也给施工期的地质编录和地质预报工作带来了新的难题和挑战，其岩壁基本无暴露、设备庞大、内部空间狭窄、电磁干扰强等特点造成传统地质工作方法在该施工工艺下难以应用。同时，其快速的掘进开挖速度也对地质工作效率提出了新的挑战。因此，双护盾 TBM 隧道施工地质信息采集应用和预报技术的未来研究方向主要体现在以下几个方面：

（1）与 TBM 设备集成程度高的信息化、自动化地质编录设备技术研究。

（2）与双护盾 TBM 适应程度高、集成程度高、快速便捷的地质预报物探新手段的研发。

（3）地质预报和围岩分类的自动化、智能化技术研究。

# 参 考 文 献

［1］ 王梦恕. 中国是世界上隧道和地下工程最多、最复杂、今后发展最快的国家［J］. 铁道标准设计，2003（1）：1-4.

［2］ 钱七虎，李朝甫，傅德明. 全断面掘进机在中国地下工程中的应用现状及前景展望［J］. 建筑机械，2002（5）：28-34.

［3］ 王梦恕. 中国盾构和掘进机隧道技术现状、存在的问题及发展思路［J］. 隧道建设，2014，3（34）：179-186.

［4］ 孙钧. 山岭隧道工程的技术进步［J］. 西部探矿工程，2000，1（62）：1-6.

［5］ 张倬元，王士天，王兰生. 工程地质分析原理［M］. 北京：地质出版社，1994.

［6］ 中华人民共和国铁道部. 铁路隧道全断面岩石掘进机法技术指南：铁建〔2007〕106号［S］. 北京：中国铁道出版社，2007.

［7］ 山西省万家寨引黄工程管理局. 双护盾 TBM 的应用与研究［M］. 北京：中国水利水电出版社，2011.

［8］ 李术才，刘斌，孙怀凤. 隧道施工超前地质预报研究现状及发展趋势［J］. 岩石力学与工程学报，2014，33（6）：1090-1113.

［9］ 刘绍宝，张应恩，周如成. 超前地质预报在 TBM 施工中的应用［J］. 现代隧道技术，2007，44（3）：35-41.

［10］ 赵永贵. 国内外隧道超前预报技术评析与推介［J］. 地球物理学进展，2007，22（4）：1344-1352.

［11］ 何发亮，李苍松. 隧道施工期地质超前预报技术的发展［J］. 现代隧道技术，2001，38（3）：12-15.

［12］ 何发亮，李苍松，陈成宗. 隧道地质超前预报［M］. 成都：西南交通大学出版社，2006.

［13］ 刘玉山，陈建平. TRT 技术在乌池坝隧道超前预报中的应用［J］. 铁道建筑，2008（9）：59-61.

［14］ 孙金山，卢文波，苏利军，等. 基于 TBM 掘进参数和渣料特征的岩体质量指标辨识［J］. 岩土工程学报 2008，30（12）：1847-1854.

［15］ 张庆松，李术才，孙克国，等. 公路隧道超前地质预报应用现状与技术分析［J］. 地下空间与工程学报，2008，4（4）：766-771.

［16］ 杨果林，杨立伟. 隧道施工地质超前预报方法与探测技术研究［J］. 地下空间与工程学报，2006，2（4）：627-630.

［17］ 何发亮，谷明成，王石春. TBM 施工隧道围岩分级方法研究［J］. 岩石力学与工程学报，2002，21（9）：1350-1354.

［18］ 杜立杰，齐志冲，韩小亮，等. 基于现场数据的 TBM 可掘性和掘进性能预测方法［J］. 煤炭学报，2015，40（6）：1284-1289.

［19］ 祁生文，伍法权. 基于模糊数学的 TBM 施工岩体质量分级研究［J］. 岩石力学与工程学报，2011，30（6）：1225-1229.

［20］ 裘著晖，鲁成勃，王彦峡，等. 双护盾 TBM 施工隧洞围岩分类方法及应用［J］. 土工基础，2014，28（3）：117-119.

［21］ 刘泉声，刘建平，潘玉丛，等. 硬岩隧道掘进机性能预测模型研究进展［J］. 岩石力学与工程学报，2016，35（1）：2766-2784.

[22] 王明华.金沙江溪洛渡水电站地下洞室围岩分类及稳定性评价 [D].成都：成都理工大学，2001.

[23] 刘志刚，赵勇，赵玉成.隧道施工地质工作及其任务 [J].石家庄铁道学院学报，2000，13（3）：28-32.

[24] 刘志刚，赵勇.隧道隧洞施工地质技术 [M].北京：中国铁道出版社，2001.

[25] 陈建峰.隧道施工地质超前预报技术比较 [J].地下空间，2003，23（1）：5-9.

[26] 吴俊，毛海和，应松，等.地质雷达在公路隧道短期地质超前预报中的应用 [J].岩土力学，2003，24（增）：154-157.

[27] 刘志刚，刘秀峰.TSP（隧道地震勘探）在隧道隧洞超前预报中的应用与发展 [J].岩石力学与工程学报，2003，22（8）：1399-1402.

[28] 陈成宗.工程岩体声波探测技术 [M].北京：中国铁道出版社，1990.

[29] 李忠，刘秀峰，黄成麟.提高 TSP-202 超前预报系统距离的技术措施的研究 [J].岩石力学与工程学报，2003，22（3）：472-475.

[30] 刘志刚，王连忠.应用地质力学 [M].北京：煤炭工业出版社，1993.

[31] 谷德振.岩体工程地质力学基础 [M].北京：科学出版社，1979.

[32] 赵永贵，刘浩，孙宇，等.隧道地质超前预报研究进展 [J].地球物理学进展，2003，18（2）：460-464.

[33] 赵永贵.中国工程物理研究的进展与未来 [J].地球物理学进展，2002，17（2）：305-309.

[34] 毛建安.秦岭特长隧道施工地质超前预报技术的应用 [J].世界隧道，1998（4）：36-39.

[35] 龚固培.超前地质预报在北京八达岭高速公路隧道施工中的应用 [J].世界隧道，2000（5）：38-41.

[36] 蔡美峰.地应力测量原理和技术 [M].北京：科学出版社，2000.

[37] 刘玉山，陈建平.地质层析超前报警技术及其在隧道超前预报中的应用 [J].现代城市轨道交通，2008（4）：36-38.

[38] 陈刚毅.TRT 地质超前预报技术及其在三峡翻坝高速公司中的应用 [J].资源环境与工程，2009（6）：304-307.

[39] 闫高翔.TRT 层析扫描成像预报系统的应用 [J].铁道勘察，2009（2）：40-42.

[40] 荆志东.特长隧道地质超前预报方法研究 [J].铁道勘察，2005，31（3）：46-47.

[41] 杜毓超，李兆林，韩行瑞，等.沪蓉高速公路乌池坝隧道区域岩溶发育特征及其涌水分析 [J].中国岩溶，2008，27（1）：11-18.

[42] 薛翊国，李术才，苏茂鑫，等.青岛胶州湾海底隧道含水断层综合超前预报实践 [J].岩石力学与工程学报，2009，28（10）：2081-2087.

[43] 王华，吴光，冯涛，等.渝怀线圆梁山隧道超前地质钻探预报技术应用研究 [J].铁道建筑，2007（2）：36-38.

[44] 曾昭发，刘四新，王者江，等.探地雷达方法原理与应用 [M].北京：科学出版社，2006.

[45] 刘斌，李术才，李树忱，等.复信号分析技术在地质雷达预报岩溶裂隙水中的应用 [J].岩土力学，2009，30（7）：2191-2196.

[46] 徐林生，王兰生，李天斌，等.二郎山公路隧道岩爆特征预测研究 [J].地质灾害与环境保护，1999（2）：55-59.

[47] 张志强，关宝树.岩爆发生条件的基本分析 [J].铁道学报，1998，20（4）：82-85.

[48] 王彦辉，东兆星.隧道施工中岩爆的成因及预防研究 [J].河北交通科技，2010，7（2）：27-29.

[49] 侯靖，张春生，单治钢.锦屏二级水电站深埋引水隧洞岩爆特征及防治措施 [J].地下空间与工程学报.2011，7（6）：1251-1257.

[50] 李庶林.试论微震监测技术在地下工程中的应用 [J].地下空间与工程学报，2009，5（1）：122-128.

［51］ 于群，唐春安，李连崇，等. 基于微震监测的锦屏二级水电站深埋隧洞岩爆孕育过程分析［J］. 岩土工程学报，2014，36（12）：2315－2322.

［52］ 张文东，马天辉，唐春安，等. 锦屏二级水电站引水隧洞岩爆特征及微震监测规律研究［J］. 岩石力学与工程学报，2014，33（2）：339－348.

［53］ 赵周能，冯夏庭，丰光亮，等. 深埋隧洞微震活动区与岩爆的相关性研究［J］. 岩土力学，2013，34（2）：491－497.

［54］ 陈炳瑞，冯夏庭，曾雄辉，等. 深埋隧洞 TBM 掘进微震实时监测与特征分析［J］. 岩石力学与工程学报，2011，30（2）：275－283.

［55］ 张照太. 大直径 TBM 通过深埋强岩爆洞段的岩爆防治方法［J］. 煤炭学报，2011，36（2）：431－435.

# 索　引

# Contents

of China.

As same as most developing countries in the world, China is faced with the challenges of the population growth and the unbalanced and inadequate economic and social development on the way of pursuing a better life. The influence of global climate change and extreme weather will further aggravate water shortage, natural disasters and the demand & supply gap. Under such circumstances, the dam and reservoir construction and hydropower development are necessary for both China and the world. It is an indispensable step for economic and social sustainable development.

The hydropower engineering technology is a treasure to both China and the world. I believe the publication of the *Series* will open a door to the experts and professionals of both China and the world to navigate deeper into the hydropower engineering technology of China. With the technology and management achievements shared in the *Series*, emerging countries can learn from the experience, avoid mistakes, and therefore accelerate hydropower development process with fewer risks and realize strategic advancement. The *Series*, hence, provides valuable reference not only to the current and future hydropower development in China but also world developing countries in their exploration of rivers.

As one of the participants in the cause of hydropower development in China, I have witnessed the vigorous development of hydropower industry and the remarkable progress of hydropower technology, and therefore I am truly delighted to see the publication of the *Series*. I hope that the *Series* will play an active role in the international exchanges and cooperation of hydropower engineering technology and contribute to the infrastructure construction of B&R countries. I hope the *Series* will further promote the progress of hydropower engineering and management technology. I would also like to express my sincere gratitude to the professionals dedicated to the development of Chinese hydropower technological development and the writers, reviewers and editors of the *Series*.

**Ma Hongqi**
**Academician of Chinese Academy of Engineering**
October, 2019

river cascades and water resources and hydropower potential. 3) To develop complete hydropower investment and construction management system with the aim of speeding up project development. 4) To persist in achieving technological breakthroughs and resolutions to construction challenges and project risks. 5) To involve and listen to the voices of different parties and balance their benefits by adequate resettlement and ecological protection.

With the support of H. E. Mr. Wang Shucheng and H. E. Mr. Zhang Jiyao, the former leaders of the Ministry of Water Resources, China Society for Hydropower Engineering, Chinese National Committee on Large Dams, China Renewable Energy Engineering Institute, and China Water & Power Press in 2016 jointly initiated preparation and publication of *China Hydropower Engineering Technology Series* (hereinafter referred to as "the *Series*"). This work was warmly supported by hundreds of experienced hydropower practitioners, discipline leaders, and directors in charge of technologies, dedicated their precious research and practice experience and completed the mission with great passion and unrelenting efforts. With meticulous topic selection, elaborate compilation, and careful reviews, the volumes of the *Series* was finally published one after another.

Entering 21st century, China continues to lead in world hydropower development. The hydropower engineering technology with Chinese characteristics will hold an outstanding position in the world. This is the reason for the preparation of the *Series*. The *Series* illustrates the achievements of hydropower development in China in the past 30 years and a large number of R&D results and projects practices, covering the latest technological progress. The *Series* has following characteristics. 1) It makes a complete and systematic summary of the technologies, providing not only historical comparisons but also international analysis. 2) It is concrete and practical, incorporating diverse disciplines and rich content from the theories, methods, and technical roadmaps and engineering measures. 3) It focuses on innovations, elaborating the key technological difficulties in an in-depth manner based on the specific project conditions and background and distinguishing the optimal technical options. 4) It lists out a number of hydropower project cases in China and relevant technical parameters, providing a remarkable reference. 5) It has distinctive Chinese characteristics, implementing scientific development outlook and offering most recent up-to-date development concepts and practices of hydropower technology

China has witnessed remarkable development and world-known achievements in hydropower development over the past 70 years, especially the 4 decades after Reform and Opening-up. There were a number of high dams and large reservoirs put into operation, showcasing the new breakthroughs and progress of hydropower engineering technology. Many nations worldwide played important roles in the development of hydropower engineering technology, while China, emerging after Europe, America, and other developed western countries, has risen to become the leader of world hydropower engineering technology in the 21st century.

By the end of 2018, there were about 98,000 reservoirs in China, with a total storage volume of 900 billion m³ and a total installed hydropower capacity of 350GW. China has the largest number of dams and also of high dams in the world. There are nearly 1000 dams with the height above 60m. 223 high dams above 100m, and 23 ultra high dams above 200m. There are also 4 mega-scale hydropower stations with an individual installed capacity above 10GW, such as Three Gorges Hydropower Station, which has an installed capacity of 22.5 GW, the largest in the world. Hydropower development in China has been endeavoring to support national economic development and social demand. It is guided by strategic planning and technological innovation and aims to promote project construction with the application of R&D achievements. A number of tough challenges have been conquered in project construction and management, realizing safe and green development. Hydropower projects in China have played an irreplaceable role in the governance of major rivers and flood control. They have brought tremendous social benefits and played an important role in energy security and eco-environmental protection.

Referring to the successful hydropower development experience of China, I think the following aspects are particularly worth mentioning. 1) To constantly coordinate the demand and the market with the view to serve the national and regional economic and social development. 2) To make sound planning of the

## Informative Abstract

This monograph is one of the National Publishing Fund Project "*China Hydropower Engineering Technology Series*". It is the first monograph on the advanced geological forecasting of the construction of the double shield TBM tunnel. Aiming at the characteristics of large double shield TBM construction equipment, environmental closure, small internal space and strong electromagnetic interference, this book has developed new means of geological information collection, improved the existing geophysical detection and testing technology, proposed a interpretation technology for the main adverse geological problems of the tunnel, and established an early warning of the disaster-prone phase of tunnel excavation. In this book, a new idea of surrounding rock classification is discussed, and a multi-scale, multi-means and comprehensive geological forecasting technology system is constructed. At the same time, the informatization, networking and intelligent application of advanced geological forecasting are studied and prospected, and major technological progress in geological information collection, geological advance forecasting and geological information application under the closed environment condition of double shield TBM driving in the whole process is realized.

This book can be used as a reference for scientific research, survey, design and construction personnel in hydropower, water conservancy, transportation, national defense engineering and other fields, as well as teachers and students of relevant majors in colleges and universities.

China Hydropower Engineering Technology Series

# Advanced Geological Forecasting of Double Shield TBM Tunnel Construction

Hao Yuanlin  Zhang Shishu et al.

中国水利水电出版社
China Water & Power Press

· Beijing ·